国家自然科学基金项目"长江经济带新型城镇化与水生态韧性的相互影响及耦合协调关系"（项目编号：72363022）

江西省社会科学基金项目"数字经济驱动中部地区水资源集约安全可持续利用研究"（项目编号：22GL56D）

江西省自然科学基金重点项目"中部地区新型城镇化与水生态韧性的耦合协调关系研究"（项目编号：20232ACB203024）

江西省社会科学基金项目"江西多维城镇化对水生态文明影响的理论分析与实证检验"（项目编号：21JL08D）

U0268060

Research on Water Pollution
Control Efficiency and
Water Resources Carrying Capacity in Central China

南昌工程学院经济贸易学院学术文库

阙大学　吕连菊　晏肖雅　昝冰　叶兴娅◎著

中部地区水污染治理效率与水资源承载力研究

经济管理出版社

ECONOMY & MANAGEMENT PUBLISHING HOUSE

图书在版编目（CIP）数据

中部地区水污染治理效率与水资源承载力研究/阚大学等著．—北京：经济管理出版社，2023.9

ISBN 978-7-5096-9300-1

Ⅰ.①中… Ⅱ.①阚… Ⅲ.①水污染防治—研究—中国 ②水资源—承载力—研究—中国 Ⅳ.①X52 ②TV211

中国国家版本馆 CIP 数据核字（2023）第 183972 号

组稿编辑：郭　飞
责任编辑：郭　飞
责任印制：黄章平
责任校对：蔡晓臻

出版发行：经济管理出版社
　　　　　（北京市海淀区北蜂窝 8 号中雅大厦 A 座 11 层　100038）
网　　址：www. E-mp. com. cn
电　　话：（010）51915602
印　　刷：唐山昊达印务有限公司
经　　销：新华书店
开　　本：720mm×1000mm/16
印　　张：20.25
字　　数：329 千字
版　　次：2023 年 11 月第 1 版　　2023 年 11 月第 1 次印刷
书　　号：ISBN 978-7-5096-9300-1
定　　价：88.00 元

前　言

　　自改革开放以来，中国经济发展取得了举世瞩目的成绩。中部地区东接沿海，西接内陆，在我国社会经济高质量发展中起着不可或缺的作用，但由于长期依赖传统要素驱动等原因，致使水环境污染成为该地区高质量发展亟待解决的问题之一。提高水污染治理效率显然是解决水污染问题、提高水资源承载力、促进水资源可持续利用的重要途径之一。目前针对中部地区水污染治理效率和水资源承载力的研究较少，难以为该地区水污染治理和水资源承载力提升提供可靠的科学依据，据此，本书以中部地区为研究对象分析该地区水污染治理效率和水资源承载力及两者的影响因素。

　　本书首先对水污染治理效率、水资源承载力的概念进行界定，阐述相关理论基础，包括可持续发展理论、公共物品理论、外部性理论、资源稀缺理论、系统论和循环经济理论等。其次利用超效率 SBM 模型和 Malmquist 全要素生产率指数从静态和动态角度具体评价了中部地区水污染治理效率，利用 Tobit 模型对中部地区水污染治理效率的影响因素进行实证研究。再次运用熵权-Topsis 法分析了中部地区水资源承载力的时间和空间维度，利用障碍度函数实证探讨中部地区水资源承载力的影响因素。最后依据实证结果，分别提出了提高中部地区水污染治理效率和提升中部地区水资源承载力的对策建议。

　　本书对中部地区高质量崛起以及水环境保护有着重要的现实价值，对加快推进中部地区水环境治理的进程具有现实价值。同时本书为中部地区制定合理的水资源开发与利用政策，提高水资源承载力提供了决策依据，有助于促进中部地区人水和谐发展，推进其水生态文明建设，对中部地区水资源的安全可持续利用有着重要的现实指导意义。

目　录

第1章 绪论

1.1 选题背景与研究意义

1.1.1 选题背景

为了贯彻"绿水青山就是金山银山"的理念，2016 年国务院发行了《关于全面推行河长制的意见》（以下简称《意见》），以实施河长制对河湖水安全以及水治理责任到个人，提高地方政府对水资源环境的管控力度，从而提高地区水资源承载力。该《意见》主要是为了解决面临的三个问题：一是中国人口不断增长，部分群体节水意识不强、用水粗放、浪费严重，导致人均需水量日益增加，水资源供需不平衡显著，各地水资源承载力在不同程度上呈现出临界超载和超载状态。二是中国水资源利用效率与国际先进水平存在较大差距，水资源短缺已经成为生态文明建设和经济社会可持续发展的瓶颈，提高水资源承载力对于缓解水资源短缺尤为重要。三是中国水资源地域分配不均，在提高城镇化水平的过程中，资源环境的匹配显得尤为重要，尤其以水资源为首的基础资源，在不破坏社会与生态系统的前提下，水资源应具备对三大产业、生态环境、城市规模人口的承载能力。此外，2016 年，第十二届全国人大常委会第二十五次会议通过了《中华人民共和国环境保护税法》，该税法将经济手段作为调控城市水资源的一种方式，以此提高城市的水资源环境及水质安全，增强城市的水资源承载力。不仅如此，2019 年，国家发展改革委、水利部在《国家节水行动方案》中也提出要大力推进农业、工业、城镇等领域节水，深入推动缺水地区节水，提高水资源利用效率，以提高各地区水资源承载力。在城镇化水平不断提高的同时，也要增强水资源利用效率与供给能力。

2021 年 3 月，《中共中央　国务院关于新时代推动中部地区高质量发展的意见》正式公布，要求中部地区坚持以水而定、量水而行，把水资源作为最大刚性约束，严格取用水管理；需坚持绿色发展，打造人与自然和谐共生的美丽中部。众所周知，水是满足人类基本生存需要最重要的资源之一，是人类生存和发展的源泉。只有在优质水资源充足的情况下，才能保障人类持续健康地发展，才能保证工业化进程持续推进以及社会经济不断发展。水资源的良性循环有益于生态的可持续发展，体现出社会与自然二元关系的和谐共生理念（Claudia 等，2008；Sigalla 等，2021；Fan 等，2021）。近年来，随着世界人口的不断增多，城市化、工业化的不断发展，各行各业对水资源需求量增加，而群众环保意识的淡薄与工厂污水排放引起了水环境的恶化，激化了人与自然之间的矛盾，水污染治理效率和水资源承载力也受到了影响。

当前我国工业化、城市化不断推进，随之而来的水资源问题和环境问题也日益凸显。由于我国水资源短缺，且水污染问题逐渐呈较为严重的态势，影响了人们生活，损害了人们健康，为了平衡人们生活质量和经济社会可持续发展的关系，2015 年国务院颁布《水污染防治行动计划》，重点治理我国七大主要流域和地级及以上城市黑臭水体，对水污染治理进行强有力的监督，并启动严格的问责机制，全力保障水生态环境的安全，这体现了我国全面治理水体污染的决心。当下环境保护和生态文明建设最重要的内容之一是治理水污染，切实解决水污染问题、明确水污染治理影响因素、提升其治理效率是水污染治理和水资源承载力提升的关键。

中部地区是中国东西部连接的"桥梁"，包含山西省、河南省、湖南省、湖北省、江西省以及安徽省六大省份，其东边毗邻沿海地区，西边与内陆相接。中部地区崛起是提升中国整体水平、协调我国东部与西部发展的关键。就自然资源而言，中部地区地处我国长江、黄河两大流域内，蕴含丰富的水资源。2021 年，中部地区水资源总量达到了 6179.5 亿立方米，其中地表水为 5865.4 亿立方米，地下水为 1678 亿立方米。就社会经济发展角度而言，我国中部地区仍然蕴含着十分巨大的经济发展潜力。2021 年，中部地区国内生产总值为 249139.5 亿元，占全国的 21.68%。与此同时，中部地区人口也在不断增长，由 2016 年的 36331 万人增加到 2021 年人口总数的 36445 万人，总共增长了 114 万人。在水环境层面上，随着中部地区国内生产总值的不断增长、城镇化进程的加快、工业化的快速发展、人口的不断增加，中部地区对水资源需求量也日益加大，水污染日趋严重。2021 年总用水量达 1475.1 亿立方米，占全国用水量的 24.92%。工业废水排放量达 469341.88 万吨，废水中主要污染物排放中的化学需氧量排放量为 727.3 万吨、氨氮排放量为 28.25 万吨、总氮排放量为 90.12 万吨、总磷排放量为 10.48 万吨，相对 2016 年分别增加了 544.15 万吨、12.68 万吨、59.01 万吨、8.05 万吨。中部地区的部分省市为了追求经济发展，没有给予水环境较好的保护，这影响了中部地区水资源承载力也不利于该地区可持续发展。同时，中部地区整体废水处理能力比东部发达地区低。2020 年，中部地区污水处理厂为 515 座，比东部地区少 858 座，也低于西部地区，仅占全国的 19.7%；污水治理设施处理能力为 3927.8 万立方米/天，较东部地区低 65.2%；工业污染治理废水完成投资额为 997629 万元，较东部地区低 57%，仅占全国的 22%。因此提高中部地区水污染治理能力亟待解决。2016 年，国务院颁布了《促进中部地区崛起规划》，明确将生态文明建设作为中部地区可持续发展的重要内容。显然水污染治理是生态文明建设的应有之义。2019 年，习近平总书记在中部崛起工作座谈会中进一步指出，促进中部地区高质量发展，需加强统筹协调。所谓高质量发展是经济、社会和环境的协调发展，提高水污染治理效率对于高质量发展中部地区很重要。

　　由山西省、河南省、湖南省、湖北省、江西省和安徽省组成的中部地区不仅是东西部的连接桥梁，也是我国经济的重要组成部分。近年来，各省份为了积极响应国家政策，水污染治理成为政府工作的重点。《山西省"十三五"环境保护规划》指出，山西省水污染治理面临的难度加大，地表水重污染断面比例仍高于全国平均水平，城市黑臭水体大量存在，整体水环境形势依然严峻；《山西省水污染防治2018年行动计划》的发布，明确了水污染的重点任务，说明了污染治理工作任重而道远；江西省印发了《江西省消灭劣Ⅴ类水工作方案》，对江西省劣Ⅴ类水质实施消灭计划，定期采取监测和加密监测制度。被称为"千湖之省"的湖北省城市废污水排放总量及废污水入河量均增加了9.6%，而城市污水处理设施远远不能满足需要，污水处理率为52.35%，有近一半的城市污水直接排入了城市水体及附近的湖泊；2014年，被称为史上最严的《湖北省水污染防治条例》正式实施，表明了湖北省已逐渐形成政府、企业、个人共同努力保护环境的态势。安徽省为了水污染治理相继出台了《2017年度安徽省水污染防治重点工作任务》《安徽省水污染防治工作方案》《安徽省饮用水水源环境保护条例》等一系列政策法规，安徽省水污染防治工作取得了积极成效，但同我国其他地区一样，水污染问题依旧十分严峻。为了打赢水污染防治的攻坚战，河南省先后发布了9个实施方案；此外，2015年河南省政府印发了《河南省碧水工程行动计划》，指出河南省地跨淮河、黄河、海河和长江四大流域，承担着保护淮河源头和南水北调中线工程等众多重任，应切实改善水环境质量，确保水环境质量"只能更好，不能变坏"。从总体水污染治理的进展情况来看，为落实国务院下发的《水污染防治行动计划》，各地区结合自身情况分别发布了水污染防治计划，但总体水污染治理状况却没有得到很好的改善，而政府职能部门目前尚未建立健全的评价水污染治理效率体系，基于上述背景，本书结合中部地区具体情况对水污染治理效率进行研究。同时为了保障中部地区对优质水资源的需求，提升水资源承载力，促进人水和谐发展，本书也将通过分析中部地区水资源承载力现状，寻找制约中部地区水资源承载力的障碍因素，并针对这些障碍因素，提出提高中部地区各省份水资源承载力的对策建议。

1.1.2 研究意义

1.1.2.1 理论意义

现今国内外正经历着深刻变革，我国迎来巨大机遇的同时也面临着一系列挑战，而环境恶化作为我国高质量发展的重大挑战之一，不仅影响着我国经济可持续发展，也对提高人们生活品质起到了负面的作用，因此，解决水污染治理效率低下的问题已刻不容缓。习近平总书记强调："我们既要绿水青山，也要金山银山，宁要绿水青山，不要金山银山，而且绿水青山就是金山银山。"这也深刻揭示了保护生态环境就是发展生产力的道理。为了严格贯彻生态文明的思想，2006年，中共中央、国务院发布了《关于促进中部地区崛起的若干意见》，要求中部崛起需坚持生态优先，着力建设绿色发展的美丽中部。2021 年，《中共中央　国务院关于新时代推动中部地区高质量发展的意见》发布，这是新发展格局下"中部崛起"战略的又一次升级。这意味着中部地区要想构建"两型社会"，早日崛起，必须提升水污染治理效率，解决水污染问题。本书将对水污染治理效率的影响因素做出分析，为中部地区水污染治理效率提升奠定理论基础。同时，本书在承载力和资源承载力概念的基础上，界定了水资源承载力含义。基于可持续发展理论、资源稀缺理论、系统论以及循环经济理论等相关理论，从"经济—社会—水资源—生态"角度构建中部地区水资源承载力评价指标体系，为中部地区水资源承载力的时空维度评价分析提供理论依据，本书对解决中部地区面临的水资源安全、水环境恶化及水资源可持续利用等问题具有重要的理论价值。

1.1.2.2 现实意义

水是人类基本生存需要的自然资源之一，是人类生存和发展的源泉，也是经济社会生态可持续发展的关键要素。本书通过整理归纳国内外环境污染治理研究的相关文献，结合中部地区的水污染实际情况，建立中部地区水污染治理效率的评价指标体系，来分析中部地区水污染治理效率，对我国中部地区高质量崛起以及水环境保护有着重要的现实价值，同时对加快推进中部地区水环境治理的进程具有现实价值。此外，弥补了现有研究的不足，实证分析中部地区水污染治理效率可能存在的影响因素，为中部地区各地方政府部门提升水污染治理效率、解决水污染问题、提高水资源承载力提供科学合理的参考依据，避免人力、财力、物力的浪费。同时，本书以中部地区为研究对象，深入探讨该地区水资源及其开发利用概况，把握水资源承载力的时空维度，分析其水资源承载力的障碍因素，为中部地区及其各省制定合理的水资源开发与利用政策，提高水资源承载力提供决策依据。总之，本书关于中部地区水污染治理效率和水资源承载力的研究，有助于促进中部地区人水和谐发展，推进其水生态文明建设，对中部地区水资源的安全可持续利用有着重要的现实指导意义。

1.2 国内外研究现状与发展动态

1.2.1 水污染治理相关研究

1.2.1.1 生态环境评价及影响因素

保护生态环境功在当代、利在千秋，对生态环境进行评价及其影响因素的探究有助于进一步了解现阶段生态环境状况，并从其主要影响因素方面采取相应的措施，这对建设生态文明城市具有重要的意义和价值，国内外学者对其进行了深入探究。

关于生态环境评价方面主要有成金华和王然（2018）运用熵权法和指标体系综合评价法，测算了长江经济带矿业城市水生态环境质量综合指数和各维度指数，并得出长江经济带上下游区域矿业城市水生态环境问题较严峻，中下游区域矿业城市水环境质量和上游区域矿业城市水生态安全面临着较大挑战。崔文彦等（2020）对永定河流域30个站点的相关指标进行评价参数选取、指标赋分及加权求和，获得了永定河流域各站点水生态环境质量综合指数，发现除少数监测站点水生态状况为较清洁外，轻度污染和中度污染站点占据了永定河流域的大部分，可以看出永定河流域整体水生态状况不容乐观。Han 等（2021）、Yang 等（2019）分别对兖州矿业、榆神府煤矿区生态环境质量进行了综合性评价。Singh 等（2017）通过陆地卫星热数据和对印度勒克瑙市的实地调查，评估了城市化在一段时间内的负面影响及其对气温上升趋势和城市生态退化的影响，并利用城市热场变异指数对该城市进行了生态评价。熊尚彦和李拓夫（2021）基于熵权物元模型，分析了长江中游经济区 4 个省份 2005~2019 年生态环境质量的演变、区域差距以及限制因素，结果表明：虽然该经济区 4 个省份生态环境质量逐步得到提升并达到"优"等级，但环境质量状态不稳定、区域顽固性环境因素等问题仍需解决。田艳芳和周虹宏（2021）从自然环境、社会环境、经济环境三方面构建环境质量指标体系，对上海市城市生态环境质量进行了评价分析。刘翔宇等（2021）从经济发展、社会保障、资源利用、生态健康四个方面构建生态环境质量评价模型对长三角中心区 27 个城市进行评价分析，发现经济发展对生态环境质量的影响在逐渐减小，而社会保障、资源利用以及生态健康对生态环境的影响均有所上升。学者虽然基于不同的生态环境评价指标体系对不同地区的生态环境质量进行了评价，但大部分学者得出了一致的结论，即目前大多数地区的生态环境质量并不乐观，仍需进一步采取相关的保护措施，对生态环境的保护仍然有很长一段路要走。

在生态环境影响因素方面，学者主要侧重于对城市生态环境、人居生态环境、流域生态环境、海洋生态环境的研究。王丽丽等（2021）指出人均 GDP、产业结构、人口密度、人均绿地面积是影响中原城市群生态环境响应的主要因素；杨万平和赵金凯（2018）研究发现改善以煤炭消耗为主的能源结构，提高能源强度和加强环境管制不仅对本省人居生态环境质量改善有显著促进作用，而且对相邻省份存在溢出效应；潘桂行等（2017）、郭泽呈等（2019）认为人为因素和自然因素是流域生态环境良性发展的主要推动力，社会压力因素和经济支撑因素对其影响较小；李华等（2017）认为影响环渤海地区海洋生态环境响应演变的主要因素是海域利用效率，此外，提高海洋科技发展水平和加强海洋污染治理力度等措施也对胁迫程度的减小具有一定的推动作用。由上可知，学者对生态环境的评价分析以及影响因素方面做了大量研究，但鲜有具体到对水生态环境的研究。

1.2.1.2 水污染现状及影响因素

在人类历史上，随着工业化的发展，英国、欧洲其他国家也相继经历和实现了工业革命。人们对这场工业革命和工业化给予了高度评价，并认为这是人类发展的新进程，可随着时间的推移和历史的考验，工业革命不仅带来技术与经济的革命，也带来严重的水体污染。水体污染按照来源可以分为工业废水、城镇生活污水及农业面源污水。自 20 世纪中期以来，发达国家的水污染事件层出不穷，因工业生产将大量化学物质排入水体导致的日本"水俣病"事件；因大量有毒化学品随灭火用水流进莱茵河，使事故地段附近河流生物灭绝，成为死河等。20 世纪 70 年代，联合国在瑞典的斯德哥尔摩召开了"人类环境会议"，会议发布的《人类环境宣言》指出保护和改善人类环境是关系到全球各国人民的幸福和经济发展的重要问题，也是全世界各国人民的迫切希望和各国政府的责任，这次会议无疑是世界环境保护工作的一个重要里程碑。由于工业化处于加速发展的阶段，水污染问题已经成为政治、社会生活的重要议题。学者纷纷开始反思他们赖以生存和随时享受的工业文明以及工业文明对待自然的态度，环境保护问题引起更多的关注。许多学者已在水污染的相关问题研究上运用了不同的指标和各种模型方法进行探究，并从不同角度分析得出结果。

水质受到诸多因素的影响，如降水、气候、土壤类型、植被、地质、水流条件、地下水和人类活动。Peng 等（2022）在节水和减少水污染的要求下，认为创新性地引入水资源责任可以确保长江经济带经济高质量增长的同时减少水污染。Wta 等（2022）认为中国水污染控制的制约因素是经济的快速增长，而不是人口的增长；应提高废水的收集和处理能力，并解决废水处理厂的污水排放限制与地表水环境质量标准之间的差距。Yeh 等（2020）采用重金属污染指数、污染程度指数、污染因子、地理积累指数等方法，评估工业影响的河流的协同重金属污染程度。王芳（2014）对跨省面板数据进行线性回归分析，得到居民消费对污水排放的影响最大，并且由于第三产业占 GDP 的比重比第二产业更影响污水排放量，而得出我国处于高污染的消费模式时期的结论。Chapagain 等（2020）采用了扩展的投入产出模型对尼泊尔的制造业和水污染之间的关系进行探究，发现对符合排放标准的激励政策对减少污染的行业是有效的。史芳等（2019）在拓展的 STIRPAT 模型上，运用岭回归对天津市水污染影响因素进行了分析，发现工业 GDP 比重的上升会加重水环境污染，并证明技术的创新可以改善水污染的加重。Panjaitan 等（2020）认为大量的水污染来自农业，由肥料和植物杀虫剂的错误使用导致；地下水与土壤所属区域密不可分，土壤中发生的污染将致使地下水污染。Liu 等（2020）定量和定性地研究了山东五年规划背景下南四湖集水区（济宁、枣庄、菏泽）水污染与经济增长的关系，得出了工业废水排放与经济增长之间逐步实现了协调发展的结论。吉立等（2017）主要研究了我国 2011~2015 年水污染事件及其原因，并且从地域分布、污染类型和物质等多个角度对水污染事件进行研究分析，最终发现了主要风险源为突然性排污和长期积累污染等。

研究表明，工业污水是我国水污染的主要污染源（Vennemo 等，2009；吴舜泽等，2000；茹蕾和司伟，2015）。孙玉阳等（2018）对 2004~2005 年突发公共卫生事件中全国 126 起水污染事件，以及我国各主要流域污染事件进行研究，结论均表明污染原因以工业废水污染为主，表明了工业废水治理的重要性。农村水污染一般分为内生性污染和外生性污染，《2010 年中国环境状况公报》指出，农村工矿污染凸显，城市工业污染向农村转移有加速趋势（童志锋，2016）。耿雅妮等（2022）认为水污染事件主要分布在珠三角、长三角、长江中下游、黄河中下游地区，并呈现"一核多带"的空间分布特征。袁平和朱立志（2015）、李玉红（2018）进一步阐述高污染排放的工业企业向中国西部尤其农村地区迁移，成为中国最主要的农业污染源。诸多研究从直接、间接层面均表明加强工业水污染治理对于农业污水治理、居民健康以及经济可持续发展具有重大意义，因此亟须掌握工业污染治理状况，提高工业废水综合治理水平（李胜和陈晓春，2011；牛坤玉等，2014）。

1.2.1.3　水污染治理研究

首先，水污染治理的理论研究。1962 年，蕾切尔为阐述保护环境的重要性，在西方掀起了一场环境保护运动。在国外学者关于环境问题的研究中，逐步将视角从管理转变为治理，治理主体也呈现出多元化的特征。Kirk 等（2011）通过构建合作治理框架，阐释跨境污染问题中不同利益主体的作用。Raman（2016）以中国环境污染治理为例，研究了环境治理中"合作治理"和"公私合营"（PPP）的新型治理模式。

治理的主体是公共机构、私人机构和非营利组织（王名，2014）。韦伯认为科层制理论是权力的施用与服从的关系。随着新公共管理运动的出现，契约理论成为主要代表理论。20 世纪 90 年代，埃莉诺·奥斯特罗姆（2012）提出多中心理论针对公共事务的自主治理模式提出了新的思路。中国政府应推广使用合作治理来实现各省份之间的双赢合作（Meng 等，2020）。范永茂和殷玉敏（2016）认为珠三角水污染治理是以网络机制为主导的合作治理模式，但同时需要和其他机制一同建立基于协调与配合的动态平衡政治秩序，以及平等、互利、自愿为基调的水污染合作治理模式。

我国学者从政府和市场两个维度，针对单中心环境治理问题提出建议。沈坤荣和金刚（2018）认为在河长制的环境治理过程中，政府可能存在治标不治本的粉饰性行为。在受到外部压力的情况下，地方政府在推行河长制的过程中，更倾向选择与经济不存在冲突的治污方式。但李正升（2014）认为我国流域水污染治理模式处于行政分割的状态，应由单中心治理模式转变为协同治理。也有许多学者认为在工业水污染问题上，仅靠政府实现水资源分配的效率和公平，不能完全协调政府、企业、社会公众等利益相关者间的矛盾。薛从楷（2019）认为由于排污税收设置的不合理，使河水主要污染物的排放并没有减少，反而使主要排放物随着排污费的增加而增加，政府应该加大对更新技术手段的企业税收优惠力度。朱林和李莉（2019）认为水污染治理相关的法律法规不够健全，漏洞和缺陷使水污染治理工作难以开展，应加快完善我国相关工作的监管制度。周康等（2021）发现工业园区水污染治理的"评—策—商—管"的管理机制，与"一企一策"的协同监管模式，对园区水污染治理水平和污染物排放起到了管控作用，并从技术和管理两方面提出了提高水污染治理能力的对策。

其次，水污染治理的实践研究。美国是最早采用指挥控制管理模式的国家，随后逐步形成了以指挥控制为主、经济激励和公众参与为辅的城市水污染防治机制。19 世纪 70 年代，美国颁布了《清洁水法案》，其中明确规定了工业废水的排放标准。日本也是较早认识到工业废水污染的严重性并采取强制处理措施的国家之一，通过限制和控制工业废水排放，强调特殊地区的水环境保护，在工业水污染治理方面积累了大量经验（王婷，2014）。英国采取与地方政府、社区和非政府组织合作的方式，加强工业废水污染控制的宣传；法国还实施了国家水污染控制计划，使公民不仅有权监督相关的污染控制主体，而且有权对水污染问题提出建议和对策（蒋华栋和杨明，2015）。许多学者从协作治理的角度思考工业废水水污染的治理问题，Jong 和 Kim（2015）认为韩国新的综合环境管理体系对韩国的工业水污染治理产生了重大影响，环境规制与欧盟监管趋势和先进水平有关。

随着现代化建设的不断推进，环境风险与日俱增，环境矛盾日益突出。如 2005～2006 年，广东省孟州坝电站工业废水镉超标；河北省保定市污水处理设备老化，造成周边城市大面积水污染。在太湖水污染治理中，第三方组织在环境治理中的参与仍然不足（邹馥庆，2012）。在处理集权与分权流域水污染治理问题中打破流域水环境的整体性，使治理过程中存在很强的外部性，造成个体和集体理性的矛盾（田园宏，2016）。我国工业废水污染的法律进程滞后，造成公众对工业废水防治观念的弱化现象。由此可见，水污染问题亟待解决，我国环境社会治理中公众和非政府组织的定位、参与能力还存在许多不足之处（张晓，2014）。中部地区由于整体水质较差，面临着水质型缺水的严重问题。尤其近年来随着经济的大力发展，工业化不断向西推进，水环境污染状况更加严重，中部地区江河流域面临严重的生态破坏、环境污染和水土流失等问题（傅春和姜哲，2007）。同时尽管中部地区水资源利用效率正在不断改善，但水污染问题仍不容乐观，废水治理水平有待提高（占明珍，2012）。杨艳琳和许淑嫦（2010）认为高能源高消耗产业的发展促使中部地区对能源资源过度依赖，使中部地区的经济增长与水污染问题日益凸显。

2015 年，中国颁布并实施了最严格的水资源保护和恢复制度，即《水污染防治行动计划》（以下简称《计划》）。该《计划》要求企业严格控制污染物排放，充分发挥市场调节机制的作用，政府明确并落实各方责任（娄树旺，2016）。中国各省份也积极响应国家发布的水污染控制计划，一方面，通过企业技术改造、产业结构改革和优化产业布局，促进清洁生产；另一方面，企业建立了污水排放和处理系统，大力推广第三方处理和评价模式。就中部地区而言，现有文献认为由于水污染问题的严峻性，有必要制定除《中华人民共和国水法》以外类似的区域水污染防治的法律法规（卢淑萍，2007）。利用法律约束机制调节水污染治理之间的利益冲突，建立统一优化的管理制度（吴巧生和王华，2002）。建议中央通过加大对中部地区的水污染处理厂及其配套设施的投资力度来推动形成更好的招商引资和社会力量投资氛围，治理水污染（潘鸣钟，2016）。

1.2.1.4 环境污染治理效率测度

由于环境问题日益凸显，国内外学者纷纷对环境问题的各个方面展开研究，学者越来越关注环境污染的治理效率问题。环境污染治理效率是指在污染防治工作中投入和产出之间的相对有效性，相关研究主要探究地区总体的环境绩效。在环境污染治理效率的测度方面，随机前沿分析法、数据包络分析法等是国外测度环境污染治理效率主要使用的方法。Reinhard 等（1999）第一次使用随机前沿分析法，基于荷兰奶牛场的面板数据，将荷兰奶牛场有关的污染要素纳入生产函数中，以此来测度荷兰奶牛场的环境效率。Reinhard 等（2000）将之前的研究方法扩展到更深层次，分别用参数分析法和非参数包络分析法来评估荷兰奶牛场的环境效率，选取了多个环境污染变量，比较分析两种方法评估出的环境效率得分，得出数据包络法可以计算全部要素的环境效率分数，该方法得到了更广泛的应用。Lee 等（2022）提出了智慧城市水污染治理环境保护科技投资效率的实证方法。李绍萍和张恒硕（2022）通过超效率 SBM 模型和 Malmquist-GIS 模型对东北产粮区进行静动态分析，得出农村地区经济发展水平和环境治理效率不完全匹配。刘浩等（2019）通过超效率 DEA 模型和超效率 SBM 模型，对我国 27 个省份的农村环境效率进行测算，认为应健全我国城乡环境治理协同发展和投入机制来缩小城乡差距，提高环境治理效率。刘冰熙等（2016）采用修正后的三阶段 Bootstrapped DEA 方法对我国 29 个地方政府环境治理进行研究，得出我国地方政府对环境污染治理效率存在严重的损失，完善环境治理投资金的绩效评估方法和体系是环境污染治理高效率不可或缺的一步。温婷和罗良清（2021）采用三阶段超效率 SBM-DEA 模型对我国 2008～2017 年的乡村环境污染治理效率进行测算，得出经济发达的地区其环境污染治理效率未必更高的结论。

在工业污染治理效率的研究中，刘涛（2016）运用 SFA 模型对 2010～2014 年华东六省一市的工业废水治理投资效率进行分析。尹怡诚等（2015）将工业污染治理中的资金等作为投入指标，将工业废气排放削减率、工业固体废物处置率等作为产出指标，并采用 DEA 模型研究影响工业污染治理效率。Umansky 和 Sergei（2007）分析了工业城市加里宁格勒的水污染治理效率，并对其在资金有限的情况下如何治理水污染进行探究。施本植和汤海滨（2019）通过四阶段 Window-DEA 模型，得出我国工业污染治理效率中部地区治理效率最低，西部地区治理效率最高，但整体省市工业污染治理效率偏低。Liu 等（2022）基于超效率松弛的数据包络分析法测算环境治理效率，考虑预期产出和非预期产出，将经济较发达的广东与中国其他省份相比，分析社会资本水平的环境治理效率的影响。王世雄等（2021）通过网络 SBM 模型和三阶段 DEA 方法结合，得出我国东北地区、华北地区以及华东地区的工业污染治理效率明显高于其他地区。Mandal 和 Madheswaran（2010）分析了印度工业污染排放物二氧化碳对环境效益的影响，并运用数据包络分析法和方向距离函数分析印度工业环境治理效率理想产出和不良产出的关系。

在中国大气污染治理效率的研究中，郭施宏和吴文强（2017）基于"投入—产出"视角，采用超效率 DEA 模型，对全国各个省级行政区大气污染治理效率进行测算，并采用实证研究方法研究了大气污染治理效率对改善大气环境的作用。吴传清和李姝凡（2020）认为长江经济带工业废气污染治理效率中游地区高于上游地区，下游地区最低。叶菲菲等（2021）基于关键投入、关键产出以及关键投入产出对我国 30 个省份的大气污染治理效率进行评估，发现考虑关键投入产出的大气治理效率的测算十分必要。

除以上研究之外，部分研究者还探究了不同部门或行业中污染治理效率，金超奇和王瑾（2016）采用数据包络分析法对浙江省纺织行业水污染治理进行分析，得出浙江省水治理部门在纺织行业水污染治理中起到宏观调控的作用，促使水环境问题得到逐年改善。范纯增等（2016）通过污染当量法和 DEA 模型研究得出了中国 38 个工业部门水污染物治理的投入、去除状况和治理效率的差异。何丽华（2018）认为政府环境治理竞争会使环境治理效率受到阻碍，即竞争越激烈环境治理效率越低。

1.2.1.5　环境污染治理效率影响因素

在环境污染治理领域，由于环境资源的紧缺性和政府资源的稀缺性，掌握环境治理效率影响因素尤其重要。陈奋宏（2021）认为经济规模的发展对农村环境污染治理起正向作用，而产业结构调整、城镇化水平使环境治理效率明显下降，让更多新的环境污染破坏了原有及周边的环境。刘莹等（2020）认为"十二五"时期我国工业用水和废水排放量越多，其工业废水治理综合效率越低；废水监测力度的提高和外资工业的进入有助于工业废水治理的综合效率。郑石明和罗凯方（2017）对全国 29 个省份多年的大气污染治理效率进行测算，并提出管制型和市场型政策工具与大气污染治理效率呈正相关关系，而自愿型政策工具则对大气污染治理效率无影响。张国兴等（2019）认为公众环境监督行为和公众环境参与政策起到了交互效应，对工业污染治理效率产生正向作用。徐成龙等（2014）也采用 SE-DEA 模型测算了山东省环境规制效率，并提出增加外商直接投资和提高经济发展水平都有利于提升山东省环境规制效率。常明等（2019）同样采用 DEA 模型对中国各省环境规制效率进行了测算，得出政府干预程度、环境治理投资程度和开放程度是环境规制综合效率的主要驱动机制。Zhang 等（2021）通过 CRS-SBM-DEA 模型和 Durbin 模型的应用，得出中国沿海地区金融和贸易的发展对环境污染控制、环境质量和资源利用效率具有积极影响。林琼等（2022）认为城市环境治理效率受到人口密度、工业化水平、财政分权、经济发展水平等因素的阻碍。张伟和李国祥（2021）认为在环境分权体制下，人工智能的精细化管理和智能化监督使环境污染得到了有效的治理。程钰等（2015）采用 SE-DEA 模型得出了中国环境规制效率东部高于西部的空间格局，并进一步研究了人均 GDP、城镇化水平等对环境规制效率的影响。毛媛和童伟伟（2020）认为产业结构升级、外商直接投资、技术创新和政府支持对环境治理效率具有正面影响，而城镇化对黄河流域环境治理效率有负面影响。孙静等（2019）分析了财政分权、政策协同强度对大气治理效率的影响机制，得出财政分权对大气污染效率有显著的抑制作用。喻开志等（2020）通过超效率 DEA 模型分析国家审计对我国 30 个省份的大气污染治理效率的影响，得出国家审计能够促进我国大气污染治理效率。Ma 和 Li（2021）认为江西省整体政策实施效率对社会经济发展整体水平有较强的反馈效应，其中大气污染和水污染政策实施效率对社会经济发展的反馈效应比较明显。张玉和李齐云（2014）将财政分权和公众认知设定为核心解释变量，主要考察两者对中国各地区环境污染治理效率的影响，认为财政分权、公众认知的发展对环境污染治理效率起着明显的负面作用。谢婷婷和马洁（2016）认为经济发展水平对新疆环境治理投资效率具有显著的促进作用，而环保意识、环保强度、金融发展水平和对外开放度则对其产生明显的负面作用。雷社平和余婷婷（2019）认为我国各地区环境污染治理效率提升空间较大；技术水平及外资依存度对环境污染治理效率有正面影响，经济发展水平、政府规制、产业结构等对环境治理效率具有负面影响。刘玮和柳婉睿（2022）实证分析了科技投入和创新水平对环境治理效率有显著的负面影响。Zaim 和 Taskin（2000）通过非参数分析法测算经济合作与发展组织国家的环境治理效率和影响因素。刘原希和王琳（2018）认为技术发展水平、城镇化水平对江苏省各地级市的大气污染治理效率存在有利影响。史建军（2018）认为河南省的工业废气治理效率低于工业废水和工业固体废物，且产业结构和环保系统人力资本投入对河南省工业废水的影响显著。苗世清等（2020）发现山西省整体环境治理效率波动较大，需进一步的提升和稳定，导致山西省生态环境治理效率低的主要因素是环保科技的研发创新、节能环保和工业污染治理投资等方面的因素。郭四代等（2018）采用门槛面板模型实证分析了我国环境治理投资效率的关键影响因素，认为能源消耗水平和科技的提高都有利于环境污染治理投资效率与大气治理投资效率的提升。孙文静（2018）认为我国大气污染治理的重要手段是提升技术创新能力。

1.2.2 水资源承载力研究

1.2.2.1 水资源承载力概念

早期为解决新疆地区的水资源问题，我国著名学者施雅风和曲耀光（1992）首次提出水资源承载力的概念。此后，学者对水资源承载力的概念进行了深入的探索和研究。在 20 世纪 90 年代，阮本青和沈晋（1998）初步提出水资源承载力的含义是指在未来不同的时间尺度上，在保证正常的社会文化准则的物质生活水平和生产条件下，一定区域（自身水资源量）用直接或间接方式表现的资源所能持续供养的人口数量。在 21 世纪，惠泱河等（2001）指出水资源承载力是指某一地区的水资源在某一具体历史发展阶段下，以可预见的技术、经济和社会发展水平为依据，以可持续发展为原则，以维护生态环境良性循环发展为条件，经过合理优化配置，对该地区社会经济发展的最大支撑能力。同期，张鑫等（2001）对此发表了不同的看法，他们认为水资源承载力在大多数情况下并不完全是某一区域的内在某种数值，它在很大程度上取决于水资源管理者对水资源的利用目标。近年来，学者对水资源承载力内涵依旧持有不同看法。左其亭和张修宇（2015）、王建华等（2017）均认为水资源承载力是在已有的水资源系统中所能支撑经济社会发展的最大规模。而 Marin 等（2018）、夏军和谈戈（2002）提出水资源承载力是指在给定区域内，当地水资源系统可支撑的最大人口数量。张橚橚等（2022）通过对"以水定城、以水定地、以水定人、以水定产"的原则进行解读，进一步认为水资源承载力是反映区域水资源对经济社会发展的支撑能力，是衡量水资源与经济、社会、自然和谐发展的重要指标。学者在不同时期阐述了水资源承载力的定义，但是随着水资源承载力研究的广度以及深度的不断发展，以上定义仍然存在一定的局限性。

综上所述，学者对水资源承载力概念的解读主要是以"最大"或者"支撑力"理念为基础。"最大"理论是以已有的水资源为基础，对水资源进行开发，测算已有水资源可承载的最大人口规模量;"支撑力"理论是研究区域水资源可支撑最大的社会经济发展能力。本书将借鉴上述概念,以中部地区为研究对象,探讨该地区水资源承载力。

1.2.2.2 水资源承载力评价方法

早期的学者主要针对农业进行水资源承载力研究,探讨农业生产能承载的人口数量,对于当时的社会经济发展具有很高的研究价值。Millington 和 Gifford(1973)充分考虑土地、水资源等要素制约下的发展策略和前景,在水资源约束条件下研究了最大人口承载力。我国早期对水资源承载力的研究主要由国家科委主导,在此之前,齐文虎(1987)通过将人口作为生变量处理的系统动力学模型,对多个国家的人口、资源、环境、发展进行了深入研究。后期,许有鹏(1993)利用模糊综合评价建立了统计分析评价模型,对和田河流域水资源承载力进行了评价,为水资源承载力方法研究提供了新的思路。

近年来,大多数学者通常采用灰色关联分析(李治军等,2021)、系统动力学分析(王琳和杨玲,2022)、模糊综合评价法(陈丽和周宏,2021)、多目标分析法(马忠华,2019)以及主成分分析法(任晓燕等,2022)等方法对水资源承载力进行研究评价。其中,以单一方法对水资源承载力进行研究的学者有沈映春和杨浩臣(2010)、章运超等(2020),他们运用主成分分析法分别以北京市、深圳市为例,对其水资源承载力进行研究分析。Yang 等(2019)基于系统动力学模型的改进 WRCC 评价方法,对铁岭市水资源承载力进行仿真模拟。康艳和宋松柏(2014)通过建立变权灰色关联模型,以三江平原为例建立指标体系,对其水资源承载力进行评价分析。Kion 等(2019)运用面板数据对青海省的水资源承载能力进行时空动态分析。康艳等(2020)运用系统动力学中的 LM-DI-SD 耦合模型提取出主要的影响因素,进一步将子系统设置成 5 个方案对灌区水资源承载力进行设定与预测,为后期水资源的合理配置提供科学依据。朱赟等(2020)以滇中 35 个县为例,运用模糊综合评价法对 2012~2015 年的农业水资源承载力进行研究分析。徐凯莉等(2020)采用系统动力学技术建立模型设置现状延续、节水、开源、开源节流四种情景预测周口市 2018~2030 年水资源承载力的动态变化。吴旭等（2021）运用多目标决策分析模型求解得到多目标最优pareto前沿，在水资源承载力最大的情况下，有效分析邯郸市的丰水、平水、枯水时期的人口、经济以及污染物排放的情况。虽然单一研究方法对水资源承载力研究较为普遍，但是单一的研究方法只能从单角度对地区水资源承载力进行研究探讨，无法进一步弥补自身研究的不足。

近年来，随着大数据与人工智能技术的不断发展，各种软件模型如"雨后春笋"般出现。这些软件的应用极大地丰富了水资源承载力的研究。但是各模型在研究上仍存在一定的缺陷，需要通过多种模型的有效结合弥补它们相互之间的不足，从多方面剖析水资源现状，提高水资源承载力研究的准确性。Maulana 等（2020）采用水的可用性和需水量计算水的承载力的方法对戈隆塔罗省布鲁巴拉分流域的水承载力进行定量分析。Pugara 等（2021）采用演绎—定量法有效结合对印度尼西亚卡扬的土地空间利用变化进行水资源承载力的空间分析，并对影响水资源承载力最重要的土地利用状况进行探讨。范嘉炜等（2019）将灰色关联模型与熵权法相结合，形成灰色关联—熵的水资源承载力评估模型，对珠三角区域水资源承载力的空间差异性进行探讨。魏媛等（2020）将因子分析法、熵权法以及灰色关联模型等方法有机结合对贵阳市水资源承载力进行动态变化分析。吴琼和常浩娟（2020）将因子分析法与K—均值聚类法相结合对我国 31 个省份的水资源承载力进行评估研究。王肖波（2020）将模糊数学中的模糊综合评价法与熵权法结合对张掖市的 18 个村镇水资源承载力进行横向比较分析。张礼兵等（2021）运用系统动力学方法对巢湖流域县市区的水资源承载力进行动态预测及调控，再通过敏感性分析法筛选出水质量的主要调度要素，最终对该地区水资源承载力提出优化的调度方案。于钋等（2021）以新疆地区为例，建立社会系统、经济系统以及水环境系统指标体系，结合主成分分析法与水足迹方法，对新疆2010~2015 年的水资源承载力进行分析探讨。而张桂林等（2021）将熵权-Topsis方法、空间自相关分析和耦合协调发展模型有效结合，对新疆白杨河流域的水资源承载力进行研究。Wang 等（2022）以广州市为例，运用系统动力学模型建立反馈系统，进一步通过耦合层次分析法、熵权法以及多目标线性加权函数对水资源承载力进行定量和定性评价。

综上所述，水资源承载力的研究方法具有多元化的特点，早期的水资源承载力的研究方法主要使用单一模型进行水资源承载力研究。近年来大数据技术的发展，为多方面、深层次的水资源承载力研究提供了必要的数据支持。因此，越来越多的学者开始使用多种模型有效结合对不同区域的水资源承载力进行研究，并提出了许多具有意义、针对性强的政策建议。

1.2.2.3　水资源承载力评价体系

水资源承载力的影响因素涵盖了政治、经济、社会及生态环境等各个方面。随着水资源研究进展的不断深入，水资源承载力评价指标体系也逐渐多元化。学者对不同的研究区域所选择的水资源承载力评价指标体系也不同；不同学者对同一研究区域所选择的水资源承载力评价指标体系也存在着差异。这一现象的产生是因为水资源承载力指标体系构建没有明确的规定。

目前部分学者通过在经济、社会以及生态环境等方面构建指标对区域水资源承载力进行研究。在早期研究中，李坤峰等（2009）选取重庆市的 12 个国民经济指标，运用主成分分析法对重庆市水资源承载力的影响因素进行分析，发现重庆市水资源承载力在降低，但因为其开发率较低，所以还有一定的承载空间。朱明雅等（2016）通过选取 17 个指标，利用主成分分析法对安徽省的水资源承载力进行评价研究，结果表明，安徽省 2005～2013 年水资源承载力呈逐步上升趋势。赵自阳等（2017）在考虑社会、经济和环境等因素条件下，选取 10 个指标对宁夏水资源承载力进行研究探讨，研究发现宁夏水资源承载力基本保持稳定上升趋势，宁夏 5 市的水资源承载力状况从大到小的排序为吴忠市、银川市、石嘴山市、固原市和中卫市。在近期研究中，张旭等（2020）对新疆阿克苏河流域 2006～2015 年影响水资源承载力的 15 个指标采用主成分分析法得到了 4 个主成分。章运超等（2020）分析了深圳市降水量、地表水资源量、用水量、用水结构、用水指标和废污水排放量等 13 个水资源承载力指标，研究表明该市近 20 年来用水量在急速上升，水资源承载力呈持续上升状态。Wang 等（2021）从水资源、水管理、工业发展、农业发展、社会发展、环境保护等方面构建了 16 个指标体系，以河北省为样本研究水资源承载力，运用主成分分析法实证发现，总人口、城镇化率、GDP 和固定资产投资是影响河北省水资源承载力的主要因素。Wu 等（2021）运用主成分分析法对江苏省淮安市 13 个指标进行评价分析，研究发现该市 2013~2019 年水资源承载力呈逐年下降趋势。

近年来，随着人与自然关系的不断恶化，DPSIR（驱动力、压力、状态、影响和响应）模型逐渐成为衡量环境及可持续发展的一种评价指标体系。不少学者将 DPSIR 理论框架运用于水资源承载力研究以构建水资源指标体系。刘志明等（2019）选取 12 个相关指标对宜昌市的水资源承载力进行综合评价，研究表明 2005~2015 年该市水资源综合承载力发展状态较好，并建议加强该市水资源保护和生态环境的治理工作。袁汝华和王霄汉（2020）利用 DPSIR 理论框架，从驱动力系统、压力系统、状态系统、影响系统以及响应系统五个系统方面构建了长三角 25 座城市的水资源承载力综合评价指标体系，研究发现杭州市的水资源承载力评价最优，浙南地区总体的评价结果优于苏南浙北地区与上海市，苏北地区总体水资源承载力综合评价较低。同期，孟梅和范文慧（2020）对新疆水资源承载力进行评估分析，结果表明东疆地区耕地后备资源水资源承载力水平高于南疆地区，耕地后备资源分布与水资源承载力等级较为吻合，因此，合理开发耕地后备资源，有利于缓解土地压力。唐爱筑和何守阳（2021）运用集对分析法诊断识别贵阳市水资源承载力的演变特征和脆弱性因子，研究发现该市水资源承载力评价等级均高于 2.0，处于濒临超载状态，人均水资源量和供水量不足以及农业灌溉定额偏高是该市水资源承载力减弱的主要因子。石晓昕等（2021）基于 DPSIR 理论框架，选取 14 个评价指标体系，采用熵权-Topsis 方法和障碍度模型对河北省 2010~2017 年水资源承载力进行研究，研究表明 2010~2017 年该省水资源承载力水平呈上升趋势。Qiao 等（2021）基于 DPSIR 中的 PSR 模型（压力—状态—响应）选取指标体系，对黄河流域各省份城镇化与水资源承载力进行评价，实证发现城市人口密度、建成区与城市面积比例、工业产出用水量、总量水资源、人均用水量以及工业用水污染控制投入等是影响沿黄河流域省份水资源承载力提升的主要因素。

在水资源承载力的研究中，也有部分学者把经济、社会、城镇化、农业以及水生态归类成系统化的评价指标体系，并采用这种体系对水资源承载力进行综合评价。而这种系统建立的评价指标体系也使水资源承载力的指标评价研究更具科学性与合理性。如屈小娥（2017）通过构建涵盖水资源、社会、经济及生态等方面的水资源承载力综合评价指标体系，运用 Topsis 综合评价方法实证发现，由于陕西省水资源整体匮乏、人口压力大、产业结构不合理以及节水意识不足等，导致该省水资源承载力仍处于较低水平。刘一江等（2020）从水资源、经济、社会以及生态环境四个角度对张家口市农牧交错区的水资源承载力进行研究，研究发现张家口市水资源承载力呈现小幅度上升态势，空间上具有显著的分异性；杜雪芳等（2020）从社会经济、水资源、生态环境三个层面，以黄河下游生态引黄灌区为研究样本对水资源承载力进行研究，结果表明该区域水资源承载力水平由严重超载状态逐渐转变为可承载状态；热孜娅·阿曼和方创琳（2020）从水资源、社会、经济、生态以及协调系统等方面对新疆 15 个行政区域的水资源承载状况进行时空研究，实证发现近年来该省多数区域水资源承载力综合水平整体向好发展；黄昌硕等（2020）从"经济—社会—水资源—生态环境"系统互馈机理出发，建立了水资源承载力的水量、水质、水域空间以及水流的全要素诊断体系，实证发现南水北调工程提升了黄河流域的水资源承载力。郑江丽和李兴拼（2021）以广州市为例，选取 11 个与水资源相关的指标，将其分为水资源系统、社会发展系统、经济系统以及生态环境系统，并对广州市各大区域进行分析，结果表明广州市 2019 年区域水资源承载力呈现由南向北递增的特征。田培等（2021）以长江中游城市群为研究对象，从水资源、社会、经济以及生态环境四个方面构建体系，对水资源承载力的时间和空间维度进行探讨，结果发现城市污水处理厂日处理能力、人均 GDP、城镇化率、第三产业比重和人均水资源量是影响该城市群的主要因素。

综上所述，水资源承载力的指标体系选取主要遵循层次性、独立性及稳定性的原则。学者从定义角度剖析了指标选取的合理性及实用性，并从多个角度把握了水资源承载力内涵，最终基于经济、社会、水资源以及生态环境维度进行指标体系选取。

1.2.2.4　区域水资源承载力研究

20世纪80年代，在水资源承载力的概念提出后，国际上众多学者开始对各国的水资源承载力展开研究，水资源承载力的研究对象越来越广泛，但主要还是以中国、东南亚地区、中东地区为主。

近年来，学者主要针对水资源短缺国家的水资源承载力开展研究。中国学者在国家层面对水资源也进行了相关探讨，刘雁慧等（2019）基于熵权法探讨了2000~2015年的中国水资源承载力，使用M—K趋势法分析其时空变化特征，并通过R/S分析法预测其未来趋势，确定了在未来趋势中，全国大部分地区的水资源承载力都存在恶化的趋势，建议有关部门及时采取相应措施进行合理调控。宋志等（2020）对以水四定原则进行解读，并引入"综合定额"概念对中国水资源承载力进行评价研究。吴琼和常浩娟（2020）基于我国31个省份2011~2017年数据，建立因子分析法和K—均值聚类法模型，对中国各地区水资源承载力进行诊断。郑德凤等（2021）将标准差椭圆、协调发展指数、空间差异系数以及灰色关联系数进行有效结合，对中国水资源承载力与城市化质量进行时空演化，并对整体协调发展状态进行分析。修红玲等（2020）从强载与卸荷两个角度对中国水资源承载能力提出了有效措施。Zheng和Xu（2019）通过计算"一带一路"沿线65个国家的水资源承载力指数，运用虚拟水理论将这些指数与中国水资源承载力指数进行对比分析。学者对水资源承载力的研究不仅提高了水资源承载力在学术上的认可度，而且促进了水资源承载力及判定方法的研究，增加了水资源承载力的应用区域，提出了更多有建设性的意见，为保护世界水环境做出了巨大贡献。

部分学者对某些流域或地区水资源承载力展开了进一步的研究。阮本青和沈晋（1998）对黄河下游沿黄地区水资源适度承载力进行了研究。李丽娟等（2000）、贾嵘等（2000）分别对西部干旱区柴达木盆地、关中地区水资源承载力进行了研究。朱一中等（2003）、丁超等（2021）分别对干旱、半干旱的西北地区进行了水资源承载力的分析。曹飞凤等（2008）以钱塘江流域为研究对象，对其水资源承载力进行测度。姜秋香等（2011）通过构建指标体系运用粒子群优化算法的投影寻踪评价模型对三江平原地区的水资源承载力进行了评价。王建华等（2016）以沂河流域为例，从水量和水质角度构建质量方程对该河段水资源承载力进行动态评估。Song 和 Pang（2021）采用二维水环境数学模拟法计算了狭义水环境承载力，利用综合指标评价法计算了广义水环境承载力，并结合影子价格法探讨了水环境污染造成的经济损失对美国奥克海贝湖流域水环境承载力的影响。Cui 等（2022）有效处理了评价样本与评价标准之间的不确定性，识别黄河流域水资源承载力及其障碍因素，提出随评价样本变化的动态差异度系数方法，建立了水资源承载力评价诊断模型，对黄河灌区水资源承载力进行定量评估与诊断。

此外，部分学者以不同省份为研究对象进行了水资源承载力的研究。巫春平和张济世（2007）运用密切值法的数学模型对半干旱地区的甘肃省水资源承载力进行评价分析。李建华等（2009）以半干旱地区的山西省为研究对象，运用定量分析法对其水资源承载力研究，并提出相应对策建议。汪菲等（2013）运用改进的相对资源承载力模型与耦合水足迹对新疆地区的水资源承载力进行分析与评价。Qion 等（2019）运用面板数据对青海省的水资源承载能力进行了时空动态分析。Liufeto 等（2019）采用定量估算方法系统评估了印度尼西亚西帝汶马拉卡摄政区发展养虾业的水资源承载力。Pugara 等（2021）将演绎—定量方法进行结合，对印度尼西亚卡扬的土地空间利用变化的水资源承载力进行了分析，并分析了土地利用状况对水资源承载力的影响。Fan 等（2021）、于钚等（2021）分别基于系统动力学模型、主成分分析法探讨了干旱地区的新疆水资源承载力，为世界干旱地区的水资源可持续利用提供了参考。Yan 和 Xu（2022）通过分析水资源承载力的内涵、特征和影响因素，建立了水资源承载力与社会经济发展水平的关系，构建水资源承载力评价模型，运用该模型计算不同承载水平下江苏省水资源可支撑的人口和经济规模，进一步对江苏省水资源承载力进行评估预测。

随着都市圈的形成，省内的部分城市经济、人口增长的速度加快，与其周围城市的经济、人口状况产生了明显区别，因此学者对地级市及城市群的水资源承载力进行了微观层面的研究。王建华等（1999）以干旱地区的乌鲁木齐为研究对象，对其城市水资源承载力进行预测。黎清霞（2005）以南方经济发达的珠江三角洲城市群为研究对象进行水资源承载力评价，为发达地区及水资源充沛区域的水资源承载力研究提供了借鉴参考。Li 等（2009）对中国义乌水资源承载力及短缺风险进行了研究。王晓晓等（2012）运用可变模糊识别模型对武汉市水资源承载力状况进行了分析。刘晓等（2014）以 GRACE 卫星数据为基础，将反演水量法与生态服务方法有效结合，对鄱阳湖区的水资源承载力进行了评价。陈新（2021）从水质与水量角度来研究了沿海城市水资源承载力现状。Yogafanny 等（2016）对近年来土地利用方面发生了显著变化的日惹城市群进行水环境承载力研究分析。Maulana 等（2020）基于水的可用性和需水量对戈隆塔罗省布鲁巴拉分流域的水资源承载力进行定量分析。刘志明等（2019）利用灰色预测模型对宜昌市的水资源承载力进行预测分析。章运超等（2020）将深圳市水资源承载力状况与国内其他大城市之间进行了比较分析。

1.2.3 文献评述

第一，通过对以上水污染治理相关研究文献的回顾，可以发现学者对于环境污染治理效率的测算进行了大量的研究，主要集中在环境规制、工业污染和大气污染等领域，部分研究者还探究了不同行业和部门中的污染治理效率。同时，对于环境污染治理效率测算的研究方法主要采用参数分析法和非参数分析法，在指标选取上将劳动力、资本等作为投入要素，污染物去除量作为产出指标，结合期望产出和非期望产出的研究框架，对国内环境治理效率做出了详细评价和深刻分析。同时在研究环境污染治理效率影响因素方面，国内外学者大多着重研究财政分权、产业结构、经济发展水平、城镇化水平和环境污染治理效率之间的关系，部分研究分别涉及技术创新能力、外资利用度、产业转移等因素。但通过对相关文献梳理可以发现，现有研究仍有以下不足之处：一是对于国内环境污染治理效率测度的评价分析，国内大多学者从宏观角度对国家层面和省域层面的环境污染治理效率予以测算，微观研究则主要集中在不同企业和部门层面，很少有文章研究特定区域的水污染治理效率。鲜有针对中部地区水污染治理效率的研究，本书将研究中部地区 6 个省份和地级市的水污染治理效率，有助于全面了解中部地区水污染治理效率状况。二是在当前研究环境污染治理效率方面，更趋向于整体的环境污染治理效率研究，对细分领域水污染治理效率的研究较为缺乏，有必要进一步研究水污染治理效率及影响因素。三是国内文献大多聚集于将经济水平和污染物排放作为期望产出和非期望产出的研究框架，污染物去除量作为合意产出，而将劳动力、资本、能源等作为要素投入。投入要素的研究视角过于单一，导致不能全面、系统地反映水污染治理效率现状。本书将人力、财力、物力等作为要素投入测度水污染治理效率，并予以详细分析，从不同层次出发考虑水污染治理的各个方面，使指标选取更加细致完善。

第二，学者对水资源承载力的研究越来越深入，对水资源承载力的定义范围不断精细化。但是由于学者对水资源承载力的看法仍然存在差异，导致水资源承载力的定义依旧是不确定的、模糊的。因此，目前仍然需要更进一步地明晰水资源承载力的概念。此外，在研究方法方面，大部分学者主要采用主成分分析法、因子分析法、灰色关联分析以及系统动力学模型等水资源承载力研究方法。本书则选择熵权-Topsis 法以及障碍函数模型对中部地区水资源承载力进行多维度分析。在研究区域方面，国内学者主要是以中国、省份及城市为对象进行水资源承载力研究，较少研究多个省份组成的区域，而中部地区是国家大力发展的区域。因此，本书以中部地区为研究对象，对中部六省份水资源承载力的时空变化进行分析探讨。在研究内容方面，借鉴现有学者关于水资源承载力的指标选取，科学客观地构建指标体系，进行水资源承载力分析。此外，本书还将研究影响水资源承载力的障碍因素，根据障碍因素的影响，提出提升水资源承载力的建议。

1.3 研究内容与研究方法

1.3.1 研究内容

第 1 章，绪论。搜集相关文献和资料，主要阐述本书的选题背景和研究意义，从水污染治理和水资源承载力两方面对国内外研究现状进行述评，引入本书的研究内容与研究方法，提出本书的研究思路与创新之处。

第 2 章，概念界定与理论基础。结合已有的文献界定水污染治理效率与水资源承载力概念，厘清水污染治理效率与水资源承载力评价分析的理论基础，包括可持续发展理论、公共物品理论、外部性理论、资源稀缺理论、系统论以及循环经济理论等，为后续章节的研究奠定基础。

第 3 章，中部地区水污染治理效率分析。首先对中部地区废水排放情况、主要污染物排放情况、水污染治理现状、水生态环境水平进行介绍，以全面了解中部地区水污染治理状况。其次构建评价指标体系，运用超效率 SBM 模型和全要素生产率指数分别从静态和动态两方面来测算中部地区 6 个省份和中部地区地级市的水污染治理效率。

第 4 章，中部地区水污染治理效率影响因素的实证分析。利用 Tobit 模型实证分析了中部地区水污染治理效率的影响因素，明确了水污染治理效率的影响因素。

第 5 章，中部地区水资源承载力分析。首先从降水量和水资源量分析中部地区水资源基本情况。其次从供水量、用水量和耗水量三方面探讨水资源开发利用现状。最后基于水资源承载力现有文献，合理构建评价指标体系，并对选取指标进行解释，利用 Topsis 和熵权法对中部地区水资源承载力的时间维度以及空间维度进行评价分析。

第 6 章，中部地区水资源承载力障碍因素分析。通过构建障碍度模型，对中部地区水资源承载力障碍度进行诊断分析，并以此进行准则层障碍因素分析，再以黄河流域的山西省和河南省为对象进行水资源承载力障碍因素分析，以长江流域的湖北省、湖南省、江西省以及安徽省为对象进行水资源承载力障碍因素分析，探讨水资源承载力的障碍因素。

第 7 章，研究结论与对策建议。基于中部地区水污染状况、水资源及其开发利用情况，根据中部地区水污染治理效率评价及影响因素、水资源承载力评价及障碍因素的研究结论，分别提出提高中部地区水污染治理效率与提升水资源承载力的对策建议。

1.3.2 研究方法

本书主要采用文献研究法、超效率 SBM 模型、Malmquist 指数法、Tobit 模型、熵权-Topsis 法及障碍度模型等研究方法。在定性描述和理论分析的基础上，建立科学严谨的定量模型，再通过收集相关数据，进行数理分析，以保证本书的结论和政策建议具有高度的科学性和可靠性。

1.3.2.1 文献研究法

通过查阅整理有关水污染治理效率与水资源承载力文献，明确水污染治理效率与水资源承载力含义界定，厘清有关水污染治理效率与水资源承载力指标体系构建，查找关于水污染治理效率与水资源承载力的测度方法及评价分析等文献，并进行梳理分类，最终对有关资料进行整合，为本书的后续研究奠定了文献基础。

1.3.2.2 超效率 SBM 模型与 Malmquist 指数法

采用超效率 SBM 模型对中部地区 6 个省份和中部地区各地级市进行水污染治理效率的静态测算；结合 Malmquist 指数对水污染治理效率进行动态分析比较，能更全面地反映水污染治理效率的变化情况。

1.3.2.3 熵权法与 Topsis 法相结合

本书在分析中部地区水资源现状的基础上，将熵权法和 Topsis 法相结合对中部地区水资源承载力水平进行评价分析。该分析基于 2011～2021 年数据，先运用熵权法对选取的指标进行客观赋权，再运用 Topsis 法对赋权的指标进行排序，得出最优解和最劣解。两种方法的结合可以更好地看出中部地区水资源承载力的时空发展变化情况。

1.3.2.4 Tobit 模型与障碍度模型

利用 Tobit 模型对中部地区水污染治理效率的影响因素进行实证研究，运用障碍度模型对影响中部地区水资源承载力的主要障碍因素进行分析，为中部地区水污染治理效率提高与水资源承载力提升提供政策性建议。

1.4 研究思路与创新之处

1.4.1 研究思路

本书遵循"问题提出—理论基础—现状分析—实证研究—对策建议"这一研究思路。主要是在已有研究的基础上，以中部地区为研究对象，分析中部地区水污染状况、水资源利用与开发现状；将人力、财力和物力三方面作为投入指标，将污水处理量、工业废水排放总量分别作为期望产出和非期望产出指标，构建水污染治理效率评价指标体系，运用超效率 SBM 模型和全要素生产率指数分别从静态和动态两方面进行分析，接着利用 Tobit 模型实证分析中部地区水污染治理效率的影响因素；并从"水资源—社会—经济—生态环境"4 个维度构建水资源承载力指标体系，运用熵权法对已选取的指标进行赋权，利用 Topsis 综合评价法得出最优解和最劣解，分析中部地区水资源承载力时空变化趋势，运用障碍度模型对中部地区水资源承载力的障碍因素进行实证研究，最终依据实证研究结果提出相应的对策建议。

1.4.2 创新之处

第一，在研究对象方面，现有文献鲜有以中部地区为研究对象来分析水污染治理效率与水资源承载力的影响因素，本书以中部地区为研究对象来考察其水污染治理效率与水资源承载力状况及两者影响因素。

第二，在研究指标方面，本书从不同角度出发选取并建立了较为系统完善的水污染治理效率评价指标，从静态和动态两个角度对中部地区水污染治理效率进行测算，能更全面深入地分析水污染治理效率状况。同时，参考现有文献，结合相关指标选取原则，综合考虑中部地区水资源实际情况，从"水资源—社会—经济—生态环境"4 个维度选取 41 个指标形成了更为全面的水资源承载力评价体系。

第三，在研究内容方面，考虑到以往研究多数聚集于水污染与单一影响因素的分析，本书综合分析了水污染治理效率的影响因素。同时本书进一步分省份研究水资源承载力状况及其障碍因素，探讨沿黄流域的山西省和河南省以及沿江流域的湖北省、湖南省、江西省和安徽省的水资源承载力的时空维度。

第2章 概念界定与理论基础

2.1 概念界定

2.1.1 水污染治理效率

效率概念是由 Farrell 于 20 世纪 50 年代首先提出的，Farrell 认为一个经济主体的效率包括技术效率和配置效率，技术效率是指在给定投入的情况下企业获得最大产出的能力；配置效率是指给定各自投入价格和生产技术条件时，企业以最佳投入比例使用各项投入的能力。技术效率和配置效率的侧重点不同，技术效率关注是投入和产出的问题，配置效率关注的是需求和供给是否匹配。

学者对于环境污染治理效率的定义主要来源于技术效率，本书中环境污染治理效率是指环境污染治理中投入要素与产出之间的比例关系，反映了环境污染治理的成绩和效果。根据研究重点主要分为两种：在环境污染治理投入要素不变的情况下，如何使环境污染治理产出最大化；在环境污染治理产出规模不变的情况下，如何使环境污染治理投入最小化。环境污染治理覆盖范围较广，当前针对我国环境污染治理体系尚不健全，相关法律制定方面也不系统，环境污染治理效率提升的速度缓慢，造成很多的人力和资源配置得不合理，因此探究如何节省投入成本情况下获得最大的收益对于我国环境污染治理具有重大意义。

本书研究的水污染治理效率要求在水污染治理过程中对投入要素与产出进行严格的把控，强调水污染治理资源的合理配置与效果优化。其中，水污染是指进入水中的污染物质超过了水中环境容量或水的自净能力，使水质变坏，从而造成水的使用价值降低或者丧失。严格来说，造成水污染的原因有两类：一类是人为因素造成的，主要是工业排放的废水、生活污水、农田排水、降雨淋洗大气中的污染物以及堆积在大地上的垃圾经降雨淋洗流入水体的污染物等；另一类是自然因素造成的水体污染，由于人类因素造成的水污染占大多数，因此通常所说的水污染主要是人为因素造成的污染。当前，我国水污染问题依然凸显，我国对水污染治理方面的投入也不断增加，政府以及社会公众对于水污染治理的意识与日俱增。然而，我国水污染治理现状较为严峻，治理效果备受局限，水污染治理效率则是将这两个方面进行了关联，本书以投入导向为角度，在产出规模不变的情况下，如何使水污染治理投入最小化。关于水污染治理效率评价体系的构建，由于水污染治理会受到多方面因素的影响，本书结合已有研究，将从人力、财力和物力三个方面作为投入指标，将从水污染减少量等方面作为产出指标，来评价我国中部地区的水污染治理效率。

2.1.2 水资源承载力

承载力的概念最初运用在工程领域中，主要表示的是地基对上层建筑物负重的能力。地基强度增加，则负重能力增加，即承载力提升，一旦超过承载的范围，则会造成地基损伤甚至造成建筑物沉降。而影响承载力的因素主要是地基的形状、地下土壤的环境以及地基浇灌的材料等。后将承载力概念引入生态领域中，指生态承载力，主要影响因素是地区生态总量以及监管严格的程度，如果某一栖息地的生物总量过多导致生态破坏速度过快或者监管力度不够，则会对整个生态系统造成一定程度的损伤。目前承载力的概念已被逐渐引入不同的学科中，影响承载力的因素也随学科的不同发生改变。

与水资源承载力概念密切相关的是资源承载力的含义，资源承载力是指人类活动在一定的范围内，生存环境可以通过自我调节和完善满足人类的需求，生存环境的最大限度就是资源承载力。资源承载力包括土地资源承载力、矿产资源承载力以及水资源承载力等，最早提出的是土地资源承载力，用来描述某个栖息地内的土地能够维持的最大人口数量，耕种面积与种植效率等因素会影响土地资源承载力。土地资源承载力主要应用于农业条件落后的地区，这些地区往往需要休耕来保障土壤肥力，因此，容易出现人口数量超出土地资源承载力的情况，这会影响区域内人口的生存质量。如何构建土地资源承载力的评价体系，实现地区的平稳增长，仍然是目前研究的热点内容。后来，由资源承载力衍生出的水资源承载力，其研究也逐渐在我国兴起。

水资源承载力是衡量地区水资源能否满足当地可持续性发展的重要指标。进行水资源承载力的评价是评估地区水资源能否支撑可持续性发展的关键。目前水资源承载力的概念仍没有明确的定义，是因为研究区域的不同，会直接影响到研究对象和研究侧重点，当研究的侧重点不同时，其概念就会存在一定差异。水资源承载力的评价方法以定性与定量结合的方法为主，如层次分析法、主成分分析法、Topsis 法与系统动力学方法等，定量研究水资源承载力的方法主要是生态足迹法，这种方法分为水资源生态足迹与水资源承载力两个部分，水资源生态足迹主要与用水量、水资源全球均衡因子与全球水资源平均生产能力有关，而水资源承载力则与水资源全球均衡因子、水资源总量、产水模数等相关，通过水资源生态足迹与水资源承载力计算水资源富余程度。如何根据各区域的统计指标，计算水资源承载力与影响水资源承载力的关键指标，并提出相应的发展建议，最终帮助各地区实现"人水和谐"的状态是目前水资源承载力研究的热点问题。

2.2　理论基础

2.2.1　可持续发展理论

可持续发展理论的形成经历了相当长的时间，在20世纪80年代以挪威首相布伦特兰为主席的联合国世界与环境发展委员会发表的一份报告首次正式提出了"可持续发展"的概念和模式。随后联合国环境与发展大会通过一系列环境保护的文件，使可持续发展开始了理论上的探索，成为各个国家制定可持续发展战略的一种重要选择。目前，对于可持续发展的认识可以分为以下几类：

第一，经济可持续发展。在人类可持续发展系统中，经济可持续发展是条件。当前全球经济发展存在明显差异，各国各地区贫富差距较大，部分地区人民生活仍处于"水深火热"之中，经济问题不断发生。因此，经济自身的可持续性显得尤为重要，可持续发展不仅重视经济增长的数量，更追求经济发展的质量，改变了传统的以"高投入、高消耗、高污染"为特征的生产模式和消费模式，强调在发展中保护生态环境和经济环境，合理利用和开发资源，避免低效高耗的经济发展方式。从某种角度来看，集约型的经济增长方式就是可持续发展在经济方面的体现。

第二，生态可持续发展。在人类可持续发展系统中，生态可持续发展是基础。生态可持续发展强调的是经济建设和社会发展要与自然承载能力相协调，在保护和改善地球生态环境的同时，以可持续的方式利用自然资源和环境，使人类在发展的同时也能保护生态环境。生态可持续发展强调环境保护，但不同于以往将环境保护与社会发展对立的做法，可持续发展要求通过转变发展模式，保证生态系统的完备性，实现人类生活与生存环境的长效循环。

第三，社会可持续发展。在人类可持续发展系统中，社会可持续发展是目的。社会可持续发展强调的是"以人为本"，以人的全面自由发展为核心，改善人类生活质量，提高人类健康水平，创造一个保障人类平等、自由、教育、人权和免受暴力的社会环境。社会可持续发展表明人类对于自身长久发展的关注，是追求以人为本位的"自然—经济—社会"复合系统的协调发展。

水生态环境具有一定的自我修复能力，是实现可持续发展的关键。但目前区域水资源匮乏、水环境恶化与污染情况较严重。因此，在修复水生态、防止水环境继续恶化的前提下，将可持续发展作为目标，区域水资源承载力作为限制条件，实现水资源的合理供给是目前水资源研究的重要方向。

本书研究的中部地区水污染治理效率就是在可持续发展的理论基础上，对水污染治理效率进行测度，分析出中部地区各省份水污染治理投入产出是否合理，及时调整在水污染治理过程中造成的资源浪费以及设备技术落后导致的水污染增加。总之，提高水污染治理效率，降低生态环境压力才能保证生态环境可持续发展。

2.2.2 公共物品理论

公共物品是指具有消费的非竞争性、非排他性、自然垄断性以及消费困难等特征的物品，具有规模效益大、初始投资量大的特点，市场和私人企业不愿意提供，难以提供或者提供难以做到有效益。公共物品主要具有三个特性：效用的不可分割性、消费的非竞争性和受益的非排他性。效用的不可分割性体现在公共物品是向整个社会提供的，具有共同收益和消费的特点，其效用由整个社会成员共同享用，而不能将其加以分割，如国防、外交、治安。消费的非竞争性表现在一个使用者对该公共物品的消费并不减少对其他使用者的供应，即增加消费者的边际成本为零。受益的非排他性指使用者不能被排除在对该物品消费之外。

从公共物品的特点来看，可以分为纯公共物品和准公共物品。纯公共物品是指能够严格满足消费上的非排他性和非竞争性等特征的物品，大部分由政府公共部门来提供。准公共物品具有临界点，超出临界点后会产生拥挤，具有不完全的非竞争性和非排他性，从而产生竞争性和排他性。水生态环境保护属于社会公益性公共物品，因此政府加大对水生态环境保护的资金投入在很大程度上能够控制环境的恶化，让大家消费更优质的水生态环境。

2.2.3 外部性理论

外部性在经济学中是市场失灵的一种情况，是某一个实体（个人或企业）的一项经济活动给社会带来危害，而他自己并没有承担造成危害的实际成本的现象，此时边际社会成本大于边际私人成本时，就会产生外部不经济的情况。环境资源属于公共物品，即具有非竞争性和非排他性特征的物品。一是会导致环境资源很难进入市场或市场竞争力不足的情况，一旦环境治理缺乏市场的参与，环境资源的价格很难合理评估，使环境资源的真实价值没有办法在市场中得以体现，造成环境治理效率低下。二是环境资源一但提供，很难将没有购买环境资源的人排除在享受环境资源带来的利益之外。这些特征就会带来外部效应，水环境污染通常被认为是外部性问题。目前水污染治理中存在的诸多问题，实质就是水环境污染的外部不经济，水资源的产权划分并不明确，使经济活动中个人成本和社会成本、个人收益和社会收益之间的不一致导致经济活动中产生外部性，从而引起环境资源的市场失灵问题。

2.2.4 系统论

系统论的思想就是把所研究和处理的对象当作一个系统，再分析这个系统的结构和功能，并研究系统、要素、环境三者的相互关系和变动的规律性，通过改造与管理系统，使其符合人的需要，最终达到优化系统的目的，该理论认为一个系统必须要具备整体性、关联性、等级结构性、动态平衡性以及时序性五大特性。而研究系统的核心就是研究系统中的事物或对象紧密相关的所有事物的整体，包括事物本身与事物之间的关系，进而保障系统整体能够实现"1+1>2"的工作效率。系统论目前主要的研究方向是与其他理论相结合，丰富系统论的内容。例如，将系统论与交通领域相结合进行交通系统网络研究，与大数据领域相结合进行数据挖掘与个性化推荐研究等。

系统论是一种研究水资源承载力的基础理论，一些学者通过系统论中的系统动力学方法，设置不同的情境，将水资源、社会与经济作为一个系统进行研究，观察水资源承载力在不同情境下的变化情况，预测在不同情境下水资源承载力变化趋势，可能对社会与经济造成的影响，最终提出提升水资源承载力的建议。

2.2.5 循环经济理论

循环经济理论萌芽于 20 世纪 60 年代时产生的环境保护思想。由于"二战"后的工业化进程推进，现代工业污染的危害日益严重，对美国公众的环保意识产生了重要影响，于是，美国经济学家波尔丁在 1966 年提出了循环经济理论，他将地球比喻为宇宙中的一艘飞船，而实现飞船内资源循环，减少飞船内废物的排出，才能增加飞船的寿命。因此，只有实现资源循环利用的循环经济，才能保障地球长期适宜人类生存。循环经济理论在提出后逐渐付诸实践，从无害化处理污染物到绿色消费，减少废弃物的产生以及废弃物的再生利用整合等。循环经济遵循减量化、再利用以及再循环的原则。减量化就是减少进入生产与消费过程中的物质，从根本上减少物质的浪费。再利用是指尽可能采用多种方式去使用物品，防止物品过早地变为废弃物。再循环原则也被称为资源化原则，可以分为原级资源化与次级资源化，原级资源化就是在将消费者产生的废弃物资源化后产生相同的新产品，而次级资源化就是转化为其他新的产品。

水资源循环经济在近几年成为了水资源领域研究的焦点之一。随着城镇化的推进，人口不断向城市迁移，城市中优质水资源供给的压力逐渐增大，城市水质型缺水、城市洪涝与水生态退化等问题日益严重。为了从根本上解决这些问题，许多研究者建议，可以通过完善基础设施建设，提升水资源高效利用的技术水平，实现城市水资源的高效循环利用，推动地区经济的可持续发展。

第3章 中部地区水污染治理效率分析

本章首先对中部地区水污染状况（废水排放情况、主要污染物排放情况）、中部地区水污染治理现状、中部地区水生态环境水平进行介绍，分析中部地区水污染治理状况。其次构建评价指标体系，运用超效率 SBM 模型和全要素生产率指数分别从静态和动态两方面来测算中部地区 6 个省份和中部地区地级市的水污染治理效率。

3.1 中部地区水污染状况

表 3-1 详细揭示了 2021 年我国中部地区及 6 个省份地表水质的情况。水质监测通常是通过设置监控断面，选择采样点，取得水样后依据水质检测标准对其进行测评。根据《地表水环境质量标准》（GB 3838-2002）进行评价，可将地表水分为五类，Ⅰ~Ⅲ类水质为优良水质，污染程度超过Ⅴ类的水质则称为劣Ⅴ类水。从表 3-1 中可以看出，在中部地区监测的 1915 个断面中，水质达到Ⅰ~Ⅲ类标准的比例在 80% 以上，劣Ⅴ类水质断面占比 1.14%，总体来说中部地区的水质还是优良的。山西省的劣Ⅴ类水质断面在 6 个省份之中占比最多，为 5.50%，同时山西省Ⅰ~Ⅲ类水质断面也是最少的，Ⅰ~Ⅲ类水质断面占比为 62.30%，这

· 37 ·

可能是由于山西省是我国煤炭开采的主要省份，煤炭的大量开采以及不规范的操作，给水资源造成了很多污染。除了山西省，河南省和安徽省的Ⅰ~Ⅲ类水质断面占比均在70%以上，分别为71.70%和77.30%，水污染情况相对良好。湖北省、湖南省和江西省3个省份的水环境较好，湖北省Ⅰ~Ⅲ类水质断面占比为88.70%，湖南省和江西省Ⅰ~Ⅲ类水质断面的比例都在90%以上，分别为96.10%和93.60%，且江西省没有劣Ⅴ类水质断面。总体来看，中部地区6个省份考核断面正逐步退出劣Ⅴ类，地表水环境质量逐渐好转。

表3-1 2021年中部地区地表水质量情况

省份	监测断面总数（个）	Ⅰ~Ⅲ类水质断面占比（%）	Ⅳ~Ⅴ类水质断面占比（%）	劣Ⅴ类水质断面占比（%）
山西省	183	62.30	32.20	5.50
河南省	205	71.70	27.32	0.49
湖北省	326	88.70	11.00	0.30
湖南省	534	96.10	3.80	0.20
江西省	346	93.60	6.40	0.00
安徽省	321	77.30	22.70	0.00
中部地区	1915	81.62	17.24	1.14

资料来源：中部地区各省份2021年生态环境状况公报。

在水污染问题中，湖泊水质的营养状况也是一个非常关键的指标，在水资源丰富的中部地区，有几大知名淡水湖泊，包括洞庭湖、鄱阳湖、巢湖等。湖泊富营养化会使水体中藻类以及其他浮游生物异常繁殖，水体溶解氧下降，造成水质恶化、鱼类及其他生物大量死亡的现象。不过，这种自然营养化过程非常缓慢，常需几千年甚至几万年。现代人为的营养化对湖泊营养化影响很大，进展极为迅速。现代将富含氮、磷等营养物质的工业废水和生活污水，大量直接或间接排入湖泊水体，是造成富营养化的最主要原因。

表3-2列出了2020年中部地区6个省份中规模较大的重点湖泊的总体水质

情况和营养状况，湖泊水库水体的营养状态是指水体中氮、磷等营养盐含量过多而引起的水质污染现象。其中，洪湖水质情况为Ⅳ类，营养状况为中度富营养，说明大量污水进入水体，带入大量的营养物质，极大地加速水体富营养化进程，因为水体富营养化完全"治愈"是非常困难的，只能预防和控制相结合慢慢治理，把其危害降低到最小，可见洪湖的水污染问题还是比较严重的。菜子湖、鄱阳湖、梁子湖和洞庭湖的水质情况为Ⅲ类或Ⅳ类，营养状况为中营养，中营养状态是指湖水磷含量相对不足，生物量及生产力高于贫营养湖，水体营养状况介于贫营养与富营养之间，是湖泊由贫营养发展为富营养的中间阶段，如不及时干预将会向富营养湖转化。其他湖泊水质情况为Ⅳ类，营养状况皆为轻度富营养。总体来看，中部地区内重点湖泊的水污染问题还是比较严重的，需要加大水污染治理。

表 3-2　2020 年中部地区内重点湖泊水质状况

主要水系	省份	总体水质情况	营养状况
巢湖	安徽省	Ⅳ类	轻度富营养
菜子湖	安徽省	Ⅲ类	中营养
鄱阳湖	江西省	Ⅳ类	中营养
仙女湖	江西省	Ⅳ类	轻度富营养
洪湖	湖北省	Ⅳ类	中度富营养
梁子湖	湖北省	Ⅲ类	中营养
洞庭湖	湖南省	Ⅳ类	中营养
大通湖	湖南省	Ⅳ类	轻度富营养

资料来源：《中国环境统计年鉴（2021）》。

3.1.1　废水排放情况

我国废水排放主要有工业废水和生活污水两大来源，图 3-1 详细揭示了

2010~2020 年中部地区工业废水排放总量的变化趋势。2016~2020 年中部地区工业废水排放总量整体呈现下降趋势，2020 年中部地区工业废水排放达 221648.61 万吨。2010~2015 年山西省、江西省、安徽省工业废水排放总量整体下降不明显，2016~2020 年排放量有所减少。2020 年河南省工业废水排放总量比 2016 年减少 32.9%，较 2019 年减少了 1245.84 万吨，河南省总体工业废水排放量还比较大，废水治理情况不容乐观。2019 年湖北省和湖南省工业废水排放总量减少幅度较大，较 2016 年分别下降 43.3% 和 68.5%。总体而言，我国中部地区 6 个省份工业废水排放总量在 2019 年达到最低值，2019 年比 2018 年减少 3.97%，与 2010 年相比排放量减少 44.3%。因此，中部地区各省份工业废水排放总量整体呈现下降趋势，下降较为明显，这说明工业废水的治理效果较为显著。

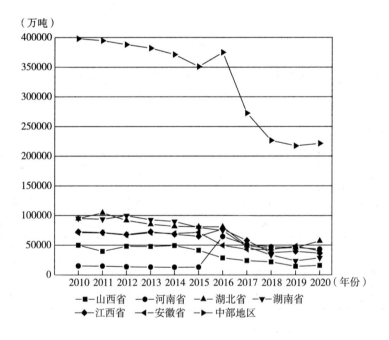

图 3-1　中部地区工业废水排放量年际变化趋势

资料来源：《中国环境统计年鉴》（2011~2021 年）。

　　就中部地区生活污水排放而言，由图 3-2 可知，2020 年中部地区生活污水排放量达 1141175 万吨，与 2010 年相比增加了 415833 万吨，增长明显。2010~

2020 年我国中部地区 6 个省份生活污水排放总量呈现逐年上升态势，年平均增长率为 4.91%。其中湖北省增长趋势较为明显，2020 年湖北省生活污水排放总量与 2019 年相比增加了 10.5%，与 2010 年相比增加了 69.9%。

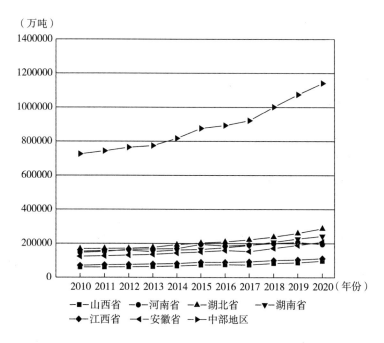

图 3-2　中部地区生活污水排放量年际变化趋势

资料来源：《中国环境统计年鉴》（2011~2021 年）。

综合中部地区工业废水排放总量和生活污水排放总量来看，生活污水排放总量一直多于工业废水排放总量，2020 年我国中部地区生活污水排放总量是工业废水排放总量的 5.1 倍，随着我国城镇化进程的进一步发展，城市人口不断增加，相应的生活污水排放量也不断增加。相比工业废水排放，治理重点应该放在减少生活污水排放量上。

3.1.2　主要污染物排放情况

目前，工业废水和生活污水是废水排放的两大主要来源。2020 年中部地区工业废水中的主要污染物排放量如表3-3所示。在工业废水中，化学需氧量、氨氮、石油类、氰化物等是主要污染物，其中化学需氧量和氨氮排放总量占比最大，下降趋势也最为明显。

表3-3　2020年中部地区工业废水污染物排放情况

省份	工业废水排放总量（万吨）	工业化学需氧量排放总量（吨）	工业氨氮排放总量（吨）	工业石油类排放总量（吨）	工业氰化物类排放总量（吨）
山西省	15859.00	4803.00	187.00	27.00	0.845
河南省	43231.67	16009.00	790.00	47.00	0.475
湖北省	57088.00	22329.00	1140.00	1078.03	9.300
湖南省	28534.00	14565.00	643.00	65.00	0.545
江西省	36487.94	20748.00	1644.00	104.83	1.410
安徽省	40448.00	16351.00	949.00	90.95	1.472
中部地区	221648.61	94805.00	5353.00	1412.81	14.044

资料来源：《中国环境统计年鉴（2021）》。

首先，就2018～2020年我国中部地区工业化学需氧量排放情况而言，由图3-3可知，2018～2020年中部地区及6个省份工业化学需氧量整体呈现下降趋势。2018～2020年，中部地区工业化学需氧量从180884吨下降到94805吨，约下降47.59%。2018～2020年湖南省工业化学需氧量从44822吨降低至14565吨，约下降了208%，下降程度较为明显。2020年江西省工业化学需氧量达20748吨，较2018年工业化学需氧量减少了36228吨。2020年湖北省工业化学需氧量排放总量均高于其他省份，同比增长了13.3%。综合来看，中部地区6个省份的工业废水中的化学需氧量排放量逐年递减，减速较快，说明工业化学需氧量得到了一定的控制。

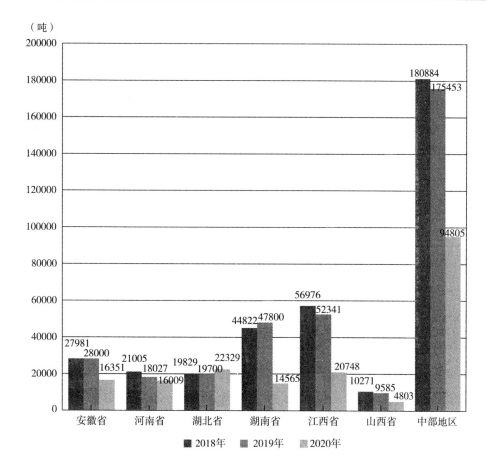

图 3-3　2018~2020 年中部地区工业化学需氧量排放情况

资料来源：《中国环境统计年鉴》（2019~2021 年）。

其次，图 3-4 给出了 2018~2020 年我国中部地区工业氨氮排放情况。中部地区工业氨氮排放量年际变化浮动较大，整体呈下降态势。2018~2020 年，山西省、河南省和湖北省的工业氨氮排放总量较低，且呈现减少趋势，其中山西省工业氨氮排放总量仅有 187 吨，同比减少 166%。2020 年江西省工业氨氮排放总量相比其他 5 个省份排放量最高，比 2018 年下降了 1600 吨，同比减少 82.6%。2020 年山西省、河南省、湖南省和安徽省工业氨氮排放总量均在 1000 吨以下，工业氨氮排放总量相对其他两个省份情况较好。综合来看，中部地区工业废水中的氨氮排放量是逐年递减的，减速较快，说明工业氨氮排放总量也得到了一定的控制。

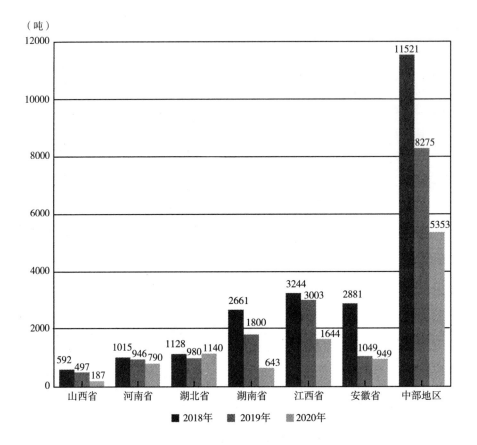

图3-4 2018~2020年中部地区工业氨氮排放情况

资料来源：《中国环境统计年鉴》（2019~2021年）。

最后，就中部地区生活污水的化学需氧量排放情况而言，由图3-5可知，2018~2020年中部地区城镇生活化学需氧量排放总量显著增长，年均增速为23.82%。2020年河南省城镇生活化学需氧量达578637吨，比上一年增长了321237吨。除山西省的化学需氧量增速平稳，河南省、湖北省、湖南省、江西省和安徽省增长率较大，2020年排放量均达2018年排放量的1.85倍。

由图3-6可知，中部地区城镇生活污水氨氮排放量总体呈上升趋势，2020年中部地区城镇生活氨氮排放量为188870吨，比2019年增长33.9%。2018~2020年湖南省氨氮排放总量最多，从27128吨增长至48394吨，约增长78.4%。2020年山西省氨氮排放总量最低，共11386吨，同比减少23.8%。

从 2018~2020 年中部地区工业废水和生活污水排放量来看，生活污水逐年递增，且多于工业废水排放总量。化学需氧量和氨氮排放总量是主要污染物，工业废水中的主要污染物的排放量得到了有效地控制，下降较为明显。相反，生活污水中主要排放物的排放量不断增长，可以看出，城镇生活污水的治理还存在很大的难点。随着我国城镇化程度的不断推进、城镇人口的不断增多，相应地，污水排放量也会增加，城镇生活污水的治理困难将不断增大，未来应将重点关注生活污水治理的问题。

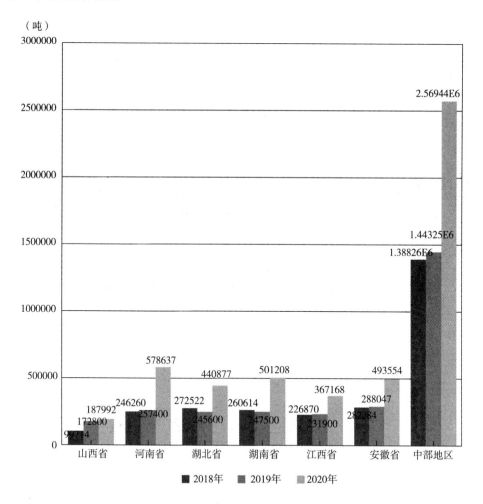

图 3-5　2018~2020 年中部地区生活污水化学需氧量排放情况

资料来源：《中国环境统计年鉴》（2019~2021 年）。

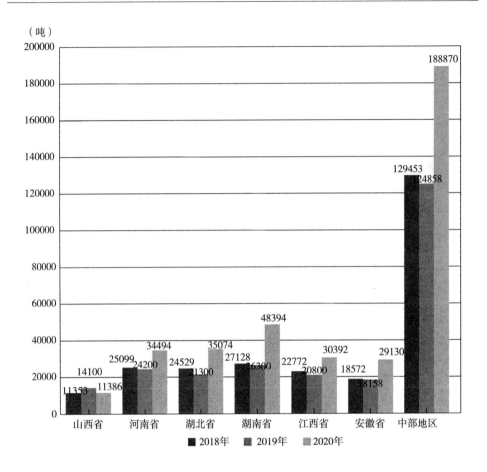

图 3-6　2018~2020 年中部地区生活污水氨氮排放情况

资料来源：《中国环境统计年鉴》（2019~2021 年）。

3.2　中部地区水污染治理现状

水污染治理工作中资金的投入是最重要的支撑。由《中国环境统计年鉴》可知，环境污染治理投资总额包括工业污染源污染治理投资、建设项目"三同时"

环保投资和城市环境基础设施投资三部分。工业污染源治理投资是企业补偿环境负外部性的重要手段，治理企业在生产过程中产生的污染物。建设项目"三同时"环保投资是指建设项目中环境保护设施必须与主体工程同步设计、同时施工、同时投产使用，是我国以预防为主的环保政策的重要表现。城市环境基础设施投资主要是指对于城市环境的基本设施建设投资，其中燃气、集中供热、排水、园林绿化、市容环境卫生是环境基础设施投资的主要组成部分。城市排水投资额包含了污水处理投资额，污水处理投资主要用于建设和运营污水处理厂。本书研究的水污染治理是污染物产生后的治理问题，所以不包括建设项目"三同时"环保投资额。

3.2.1　中部地区工业废水治理投资情况

工业污染源治理投资额分为治理废水投资额、治理废气投资额、治理固体废物投资额、治理噪声投资额和治理其他投资额。工业"三废"中含有多种有毒、有害物质，如未达到规定的排放标准而排放到环境中，超过环境自净能力的容许量，就对环境产生了污染，破坏生态平衡和自然资源，影响工农业生产和人民健康。工业废水是工业污染的主要部分，其工业废水治理投资额对于水污染治理起到关键作用。由表 3-4 和图 3-7 可知，2013~2020 年中部地区工业污染治理总投资额降幅明显，其中工业废气治理投资额远远超过工业废水治理投资额，是工业污染源治理投资额的主要部分。2012~2020 年工业废气占总投资额比例均达 60%以上，治理强度远高于工业废水，主要与当前空气质量形势相关，国家加大了对于工业废气治理的重视程度。中部地区的工业废水治理投资额呈波动中下降的趋势，2011 年工业废水治理投资额占总投资额比例最高，为 28.06%；2017 年工业废水治理投资额占总投资额比例仅有 7.21%；2020 年工业废水治理投资额最低，共 78877 万元，其占工业污染源总投资额的比例为 7.91%。2011~2014 年工业固体废物总投资额呈下降趋势，在 2019 年固体废物的投资额达到最低，占工业污染治理总投资额的 0.42%。随着中部地区工业化的加快，水环境改善任重道远，为水污染治理带来了很大的难度。因此，在治理工业污染源的前提下，应将重点放在对工业废水治理投资的问题上。

表3-4　2011~2020年中部地区工业污染治理投资情况　　单位：万元

年份	工业污染治理年度总投资	工业废水	工业废气	工业固体废物	噪声	其他
2011	842118	236279	410488	59850	5468	130034
2012	966969	182714	520950	53745	2257	207303
2013	2049116	211482	1435666	50558	1057	350351
2014	1602063	178866	1312412	21837	661	88288
2015	1355564	215721	850733	22413	1506	265194
2016	1968339	214983	1238405	259607	911	254434
2017	1645872	118629	1172295	11991	5104	337853
2018	1337707	156884	800355	33085	5052	342319
2019	1511180	213556	929547	6285	4685	357124
2020	997629	78877	641425	60326	1097	215903

资料来源：《中国环境统计年鉴》（2012~2021年）。

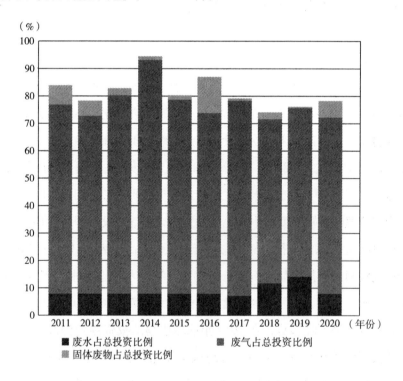

图3-7　2011~2020年中部地区工业"三废"治理防治投资比例

资料来源：《中国环境统计年鉴》（2012~2021年）。

3.2.2　中部地区生活污水治理投资情况

随着城镇化进程的不断加快，城市环境基础设施总投资额也在不断增加，为中部地区城市环境基础设施提供了保障。由表 3-5 和图 3-8 可知，2011~2020 年中部地区城市环境基础设施总投资额一直呈现上升的趋势。其中园林绿化投资额是总投资额中最为重要的一部分，排在首位，2018 年园林绿化投资额达 744.39 亿元，比 2011 年增加 360.59 亿元。随着中部地区一些省份实施生态兴省战略，创新发展模式，园林绿化投资额年均占比 43.13%。中部地区的市容环境卫生投资额逐年增多，2020 年其投资额为 258.48 亿元，同比增长 30%。城市环境基础设施投资共有 5 个部分，其中污水处理投资属于排水投资的分支。2011~2020 年中部地区排水投资额年均占比 27.62%，远远超过燃气投资额和城市集中供热投资额占总投资额的比重。城市排水的投资不仅有助于排水管道铺设和污水处理，也对居民基本生活和城市经济发展起到重要作用，中部地区应在加大城市环境基础设施投资的情况下，提升对城市污水处理的投资力度。

表 3-5　2011~2020 年中部地区城市环境基础设施投资情况　　单位：亿元

年份	城市环境基础设施总投资额	燃气投资额	集中供热投资额	排水投资额	园林绿化投资额	市容环境卫生投资额
2011	949.82	137.49	76.54	206.70	383.80	145.28
2012	1224.36	180.33	119.11	257.43	558.39	109.10
2013	1185.99	146.35	115.23	268.41	533.85	119.38
2014	1207.29	113.81	123.85	285.58	588.27	94.78
2015	1144.77	116.17	117.06	304.87	538.63	87.55
2016	1340.19	192.95	82.86	383.20	578.11	103.05
2017	1705.75	119.42	196.65	539.10	704.05	146.54
2018	1589.78	82.80	110.35	497.66	744.39	154.59
2019	1780.83	81.25	230.95	572.46	697.27	198.89
2020	1719.54	90.18	122.48	662.28	586.13	258.48

资料来源：《中国环境统计年鉴》（2012~2021 年）。

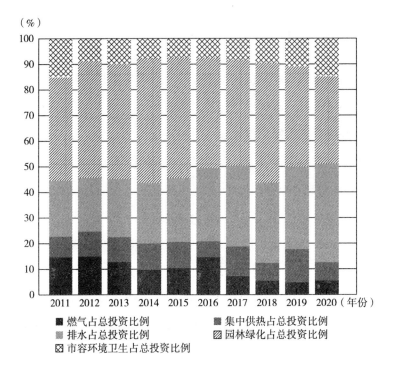

图 3-8 2011~2020 年中部地区城市环境基础设施投资额占比情况

资料来源:《中国环境统计年鉴》(2012~2021 年)。

3.3 中部地区水生态环境水平

3.1 和 3.2 分别对中部地区水污染状况、中部地区水污染治理现状进行了分析,为了更为全面地了解中部地区水污染治理效果,本节对中部地区水生态环境水平进行研究。

3.3.1 水生态环境水平指标体系构建

本节根据生态环境评价的现有文献,遵守评价指标的科学性、全面性、数据可获得性等原则,借鉴 PSR 模型,并结合中部地区实际发展状况,从水生态环境压力、水生态环境状态、水生态环境响应 3 个维度选取 11 个水生态环境评价指标，对中部地区水生态环境综合水平进行测度分析，其计算结果如表 3-6 所示，其中，指标权重是通过熵值法计算得出。目前学术界确定权重的方法主要有两大类：一类是客观赋权法；另一类是主观赋权法，主观赋权法在很大程度上受个人的经验、偏好、知识水平所影响，为了避免个人主观赋权的局限性，本节采用客观赋权的熵值法。首先，采用极差变换法对原始数据进行标准化处理，排除尺度、数量级大小以及正负方向不同带来的干扰。评价指标有成本型（正向）和效益型（负向）两种类型，正向指标越大越好，负向指标越小越好。通过标准化处理，使所有的指标值都在 [0，1]。其次，依次计算 i 地区第 j 个指标的比重、第 j 个指标的熵值、各指标的权重。最后，根据线性加权求和计算得到中部地区水生态环境水平。

表 3-6　中部地区水生态环境评价指标体系

系统层	准则层	指标层	权重	指标属性
水生态环境系统	水生态环境压力	污水排放量（万立方米）	0.0025	-
		用水人口（万人）	0.0045	-
		工业用水总量（亿立方米）	0.0107	-
		人均日生活用水量（升）	0.0124	-
		漏损水量（公共供水）（万立方米）	0.0027	-
	水生态环境状态	水资源总量（万立方米）	0.2534	+
		人均水资源量（立方米/人）	0.2666	+
		供水总量（万立方米）	0.2207	+
	水生态环境响应	城市污水处理率（%）	0.0041	+
		污水处理厂集中处理率（%）	0.0086	+
		污水处理总量（万立方米）	0.2137	+

3.3.2　水生态环境水平评价分析

根据熵值法得出中部地区及其 6 个省份和各省地级市水生态环境水平，如

图 3-9 至图 3-15 所示。

整体来看，2010~2020 年，中部地区水生态环境水平呈波动上升趋势，数值由 0.086 增加到 0.119，增长速度缓慢（见图 3-9）。局部来看，2015~2018 年中部地区水生态环境水平下降趋势较为明显，2018~2020 年上升趋势显著，一方面，因为中部地区人口众多，开发历史悠久，随着中部崛起战略的深入实施，中部地区新型城镇化、工业化进程加速，人地和用水关系越来越紧张，部分地表径流污染严重，地下水开采过度，湿地破坏严重，水环境持续恶化，水环境安全问题日益突出，对人居环境、水生态环境造成了严重威胁，改善水生态环境任重道远。另一方面，2018 年国家进一步加大了对水生态环境的重视力度，《环境保护税法》以及新版《水污染防治法》在全国范围内推行，各地区在一系列政策的助推下，立足于当地发展实际，以改善水生态环境质量为核心，坚持统筹兼顾，协同推进经济高质量发展和水生态环境高水平保护取得了一定成效。

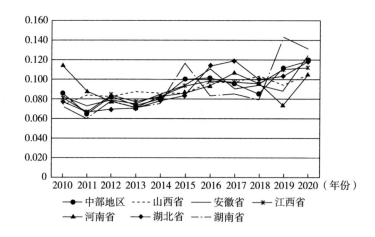

图 3-9　中部地区及其 6 个省份水生态环境水平

资料来源：《中国环境统计年鉴》（2011~2021 年）、《中国城市统计年鉴》（2011~2021 年）等。

分省来看，2010~2020 年山西省水生态环境水平趋于平稳，水生态环境综合得分介于 0.02~0.18 上下波动；2010~2016 年安徽省水生态环境水平波动上升，

2016~2019 年波动下降，2019~2020 年上升趋势明显；2010~2020 年江西省水生态环境水平介于 0.06~0.11 上下波动；2010~2017 年河南省水生态环境水平呈"U"形发展趋势，2017~2020 年呈"V"形发展态势；2010~2020 年湖北省水生态环境水平呈平缓的"W"形态势；2010~2015 年湖南省呈"W"形发展趋势，2015~2019 年呈"U"形发展，2019 年达到整个中部地区水生态环境最高值 0.143，然后逐渐下降。虽然 2010~2020 年中部地区 6 个省份水生态环境水平都经历了一定的上下波动，但整体综合得分均低于 0.15，总体水平较为低下，对此，中部地区要进一步加大对水生态环境的保护力度，努力实现新型城镇化高质量发展与水生态环境健康发展高度耦合，为实现中部地区绿色崛起夯实基础。

由图 3-10 可知，2010~2020 年太原、大同、长治、朔州、晋中、吕梁六市水生态环境水平均波动上升；2010~2016 年阳泉市呈"S"形发展趋势，2016~2020 年呈"U"形发展态势，这可能是因为 2015 年国务院颁布了《水污染防治行动计划》，阳泉市积极响应国家政策，加大对工业污染监督力度，建立健全工业废污水处理设施，强化城镇生活水污染处理，提高污水处理率以及水资源利用效率，这一系列措施大大提高了阳泉市水生态环境水平；2019 年阳泉市深入贯彻习近平生态文明思想，大力实施城市绿化工程，涵养水源，保持水土，深入打好水污染防治攻坚战，狠抓工业污染防治工作，依法取缔高污染产业，全面加强水生态环境管理和保护，2019 年阳泉市水生态环境保护取得了显著成效；2010~2015 年晋城市水生态环境水平呈波动下降趋势，2015~2020 年波动上升；运城市水生态环境综合得分介于 0.060~0.127 上下波动；2010~2020 年忻州市呈现出波动下降态势，其原因是忻州市位于山西省中北部，地处干旱半干旱地区，山多川少，受地理因素影响，水资源严重不足，由于受技术限制，虽然矿产资源储量丰富，但并未得到充分利用，经济发展水平较低，对水生态环境的投入力度不够，整体水生态环境水平偏低；2010~2015 年临汾市波动下降，2015~2020 年波动上升。

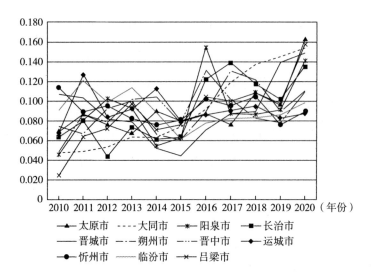

图 3-10 山西省各地级市水生态环境水平

资料来源：《中国环境统计年鉴》（2011~2021 年）、《中国城市统计年鉴》（2011~2021 年）等。

由图 3-11 可知，2010~2020 年安徽省各地级市水生态环境水平大体介于 0.050~0.300 波动上升，上升的幅度较小。其中，2010~2020 年蚌埠市水生态环境综合得分围绕 0.100 上下波动；2010~2018 年淮南市呈"U"形发展趋势，2018~2020 年呈"V"形发展态势；2010~2011 年淮北市水生态环境水平急剧下降，由最大值 0.296 降低到 0.040，2011~2020 年小幅度波动上升，这可能是因为随着城镇化进程加快以及经济发展需要，人们对水资源的需求进一步加大，受地理位置影响，淮北市降水时空变化大，旱涝灾害较为频繁，2011 年降水量大大减少，供水量严重不足，导致水资源供求矛盾加剧，且为了当地经济发展，第二产业占比较大，工业污染严重，污水排放量大，对水生态环境造成了极大破坏，饮水矛盾越来越突出。自 2012 年党的十八大召开以来，淮北市积极响应国家、省级生态环境保护相关政策，大力推进生态文明建设，改变水生态环境恶化现状，加大对水生态环境的资金投入，加强工业、农业、城镇以及公共节水推进力度，深入落实黑臭水体的治理和保护工作，水生态环境水平得到了一定提升。

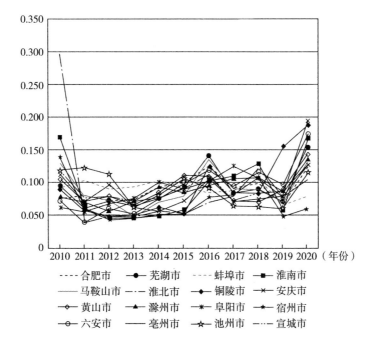

图 3-11　安徽省各地级市水生态环境水平

资料来源：《中国环境统计年鉴》（2011～2021 年）、《中国城市统计年鉴》（2011～2021 年）等。

由图 3-12 可知，2010～2020 年江西省各地级市水生态环境水平大体上呈
"U" 形发展态势；其中，2010～2019 年萍乡市水生态环境水平波动缓慢上升，
2019～2020 年大幅度上升，其原因可能是党的十九大强调生态文明建设是关系中
华民族永续发展的根本大计，萍乡市深入贯彻习近平生态文明思想和新发展理
念，紧紧抓住长江经济带发展战略、"一带一路" 倡议等机遇，立足于当地水生
态环境发展状况，统筹推进，不断优化产业结构，全面实施工业绿色转型升级，
大力发展文化产业、生态旅游产业、生态休闲农业；2010～2020 年新余市总体呈
波动下降趋势，2010～2011 年下降趋势明显，究其原因，新余市因钢设市、因工
兴市，其工业化率达到了 50% 以上，是一座典型的重工业化城市，长期对矿产资
源进行开发与利用，给当地土壤、水生态环境带来了严重的污染，加之监管不到
位，新余市露天矿山开采违法行为乱象丛生，生态修复严重滞后；2010～2017 年

· 55 ·

宜春市处于平稳发展阶段，2017～2020 年小幅度上升；2010～2015 年赣州市呈"W"形发展态势，2016～2020 年呈"V"形发展趋势；2010～2020 年抚州市水生态环境水平趋于平稳。

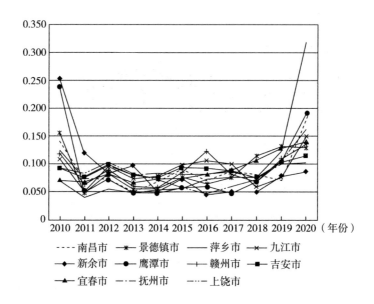

图 3-12　江西省各地级市水生态环境水平

资料来源：《中国环境统计年鉴》（2011～2021 年）、《中国城市统计年鉴》（2011～2021 年）等。

由图 3-13 可知，2010～2012 年河南省 17 个地级市水生态环境水平大体上均呈现出下降趋势，2012～2020 年呈波动上升趋势，且波动幅度较大。其中，2010～2013 年洛阳、平顶山和南阳三市下降趋势十分显著，尤其是洛阳市，由最大值 0.201 急剧降至 0.047，这可能是因为随着经济社会发展，用水需求量不断加大，洛阳市属于北方缺水型城市，水资源分布不均，河流水量减少，地下水位下降，地表水用量不足，再生水利用效率低下，供需矛盾突出，此外，水资源配置不合理，水污染日益严重，饮用水存在安全隐患。这一系列问题大大拉低了洛阳市水生态环境综合水平；2010～2020 年郑州市水生态环境水平呈"W"形发展趋势，其原因是 2010～2014 年郑州市生态用水历史欠账太多、水资源配置结构不合理、地下水开采过度、水污染越来越严重等问题十分突出，水生态环境综合水平低下；2014~2016 年郑州市开创"循环水系"理念，启动建设环城生态水系循环工程，大大提高了水资源利用效率，同时，郑州市建立最严格的水资源管理制度，将其提升到法制层面，并严格督促落实到位；2016~2017 年郑州市常住人口迅速增加 45 万人，对水资源的需求量增加了 6.2 亿立方米，加之人们浪费现象严重，加剧了水资源供需矛盾；由于监管制度不太健全，相关处罚制度不太完善，工业和生活污水直接排入河流，对水生态环境造成了严重污染；但自 2017 年水污染防治攻坚战开展以来，郑州市在全市牢固树立绿色发展理念，始终坚持贯彻习近平生态文明思想，郑州市连续 5 年被省政府考核评为优秀。

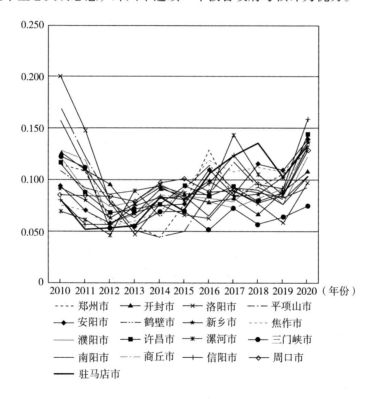

图 3-13　河南省各地级市水生态环境水平

资料来源：《中国环境统计年鉴》（2011~2021 年）、《中国城市统计年鉴》（2011~2021 年）等。

　由图 3-14 可知，2010~2020 年宜昌市、襄阳市、荆门市、孝感市、荆州市水生态环境水平呈现出波动上升趋势；2010~2020年武汉、黄冈两市水生态环境发展呈"W"形态势；2010~2019年黄石市波动下降，2019~2020年急剧增加，究其原因，黄石市加大城镇生活污水和农业面源污染治理力度，积极推进湖泊水生态环境修复工作，因地制宜，加快推进黑臭水体整治，建立健全污水处理设施，不断提高污水收集和雨水排放能力，2019~2020年黄石市污水处理总量增加了614万立方米；十堰市2010~2017年呈"W"形发展态势，2017~2020年呈"V"形发展趋势；鄂州市2010~2020年水生态环境表现出"波动下降—急剧增加—明显下降"趋势；咸宁市2010~2020年呈"S"形发展态势；随州市2010~2011年急剧下降，由0.150降低到0.015，2011~2020年呈现出"波动上升—大幅下降—小幅上升"的发展趋势，这可能是因为随着经济社会发展、人口增加，与水生态环境之间的矛盾不断升级，加之在城市发展过程中的不合理开发，郊区和经济开发区工业废污水直接排入河流，导致水污染严重，生态环境越来越脆弱，水土流失加剧，河流、湖泊、江河等流水量减少，水质严重下降。

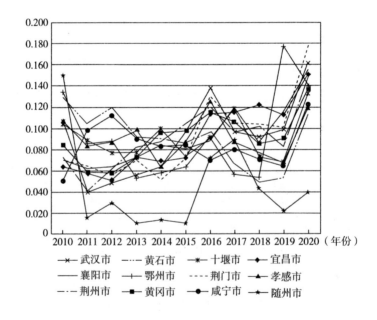

图3-14 湖北省各地级市水生态环境水平

资料来源：《中国环境统计年鉴》（2011~2021年）、《中国城市统计年鉴》（2011~2021年）等。

由图 3-15 可知，2010～2020 年长沙、株洲、湘潭、衡阳、邵阳、岳阳、常德、益阳、郴州、怀化、娄底 11 个地级市水生态环境水平介于 0.049～0.212 上下波动，整体处于平稳发展状态。张家界市 2010～2014 年、2016～2020 年两阶段水生态环境水平大体处于平缓发展态势，仅个别年份有所波动，2014～2015 年急剧增加，并于 2015 年达到湖南省水生态环境最大值 0.459，随之急剧降低，这可能是因为 2014 年张家界市紧紧围绕市委、市政府"双联双解六攻坚"主线，实施水污染防治、噪声污染整治等"六大环保专项行动"，在污染防治、改善生态环境方面狠下功夫，大大提高了张家界市水生态环境水平；但随着经济的发展，盲目吸引投资，不合理地发展旅游，使张家界市自然景区出现了严重的城镇化和商业化倾向，加之管理和监督制度不太完善，游客人口大量增加，乱扔垃圾等破坏生态环境的行为十分普遍，给水生态环境带来了很大压力。永州市 2010～2018 年水生态环境趋于平缓发展模式，2018～2019 年呈大幅度上升趋势，2019～2020 年

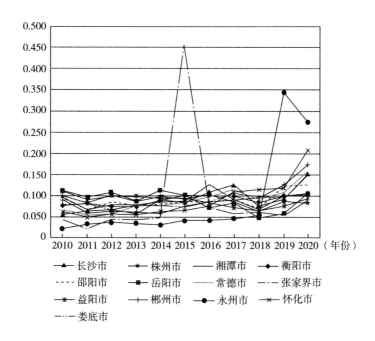

图 3-15　湖南省各地级市水生态环境水平

资料来源：《中国环境统计年鉴》（2011～2021 年）、《中国城市统计年鉴》（2011～2021 年）等。

下降趋势明显，其原因是 2018 年永州市深入践行"绿水青山就是金山银山"的发展理念，创新推行"双河长制"，充分发挥河长宣传员、监督员、信息员作用，先后举办了河长座谈会、水环境保护培训、民间河长能力建设培训会等活动，大力提高人们的环保意识，并呼吁大众积极参与河长制治理；而 2019 年永州市河流污染、城乡生活污染、农业面源污染等问题尚未得到根本性解决，部分流域重金属超标、城乡水生态环境基础设施不太完善，农村环境保护意识薄弱。

3.4 中部地区水污染治理效率评价

3.4.1 评价方法

3.4.1.1 静态评价方法

Farrell 于 1957 年首次提出 DEA 方法，此方法适用于计算相对效率的多种投入和产出量的分析法。DEA 方法是通过实际的观测样本作为处理对象，以此构建一个非参数线性凸面，通过此非线性凸面来计算生产前沿面；1978 年运筹学家 Charnes、Cooper 和 Rhodes 在此基础上提出基于规模报酬不变（Constant Return to Scale，CRS）的 DEA 模型，1984 年 Banker、Chaenes 和 Cooper 对假设进行了改变，提出了规模报酬可变（Variable Return to Scale，VRS）的 DEA 模型。近年来，测度环境治理效率已成为 DEA 的一个重要应用领域。

DEA 模型实质上是数学规划（包括多目标规划、线性规划和半无限规划等）模型的拓展，先确定出多个决策单元（DMU），然后对其相互之间的相对有效性进行测定及评价。在对决策单元的相对效率运用 DEA 方法来进行评价的过程中，运用线性规划方法对所收集整理的各样本数据求出对应的效率前沿包络面，以体现其投入产出关系，然后对所选定的决策单元和前沿包络面的投入产出之间的差异进行评价，最后测算出被评价决策单元的效率。通过看被研究和评价的决策单元的值是否落在生产集的生产前沿边界上，来判断决策单元是否达到 DEA 有效状态。如果决策单元在效率前沿上，则被称为有效单元；如果决策单元不在效率前沿上，则被称为无效单元。

假设生产系统有 n 个决策单元，在每个决策单元中产出有 S 种，投入有 m 种，则第 i 个决策单元的效率为 θ，DEA 模型如下所示：

$$\underset{\theta,\lambda}{\text{Min}}\theta$$

$$\text{S. T.} \begin{cases} -y_i + \sum_{i=1}^{n} Y_i\lambda_i \geq 0 \\ \theta_{xi} - \sum_{i=1}^{n} X_i\lambda_i \geq 0 \\ \lambda \geq 0 \end{cases} \tag{3-1}$$

其中，θ 表示标量，λ 表示一个 N×1 的常向量，解出来的 θ 值即为 DMU_i 的效率值，一般有 $\theta \leq 1$，如果 $\theta = 1$ 则意味着该单元在效率前沿上，该单元是技术有效的。这种就是在规模报酬不变条件下的效率模型，被称为 CCR 模型。

除 CCR 模型，还有假定 DMU 生产规模报酬可变的 BCC 模型，并在模型 CCR 的基础上添加了约束条件 $\sum_{i=1}^{n} \lambda_i = 1$，效率的结果剔除了规模效率的部分，见模型 3-2。但是 Fare 和 Lovell 认为，在 VRS 假设下，基于投入法和产出法所计算的效率是不一样的。

$$\underset{\theta,\lambda}{\text{Min}}\theta$$

$$\text{S. T.} \begin{cases} -y_i + \sum_{i=1}^{n} Y_i\lambda_i \geq 0 \\ \theta_{xi} - \sum_{i=1}^{n} X_i\lambda_i \geq 0 \\ \sum_{i=1}^{n} \lambda_i = 1 \\ \lambda \geq 0 \end{cases} \tag{3-2}$$

上述经典 DEA 模型都存在这样一个基本假设，在一定的条件下以最小的投入生产足够多的产出。但是实际生产过程可能不是这样的，其中产出了很多不是我们所期望生产的产品，被称为"非期望产出"。传统 DEA 模型没有将生产过程的非期望产出纳入考虑，它把我们希望减少的非期望产出看成期望产出使之增加，因此不能真实地反映环境治理效率值。

传统 DEA 模型并不能处理包含非期望产出的环境治理效率问题，它们大多是从角度和径向两方面来评价效率的。角度是指按照投入主导型或产出主导型对效率进行评价，而径向是指投入和产出按照一定比例来测算效率。但在生产过程中会出现"拥挤"或"松弛"的问题，当存在投入或产出的松弛时，传统 DEA 模型就会高估评价对象的生产率。

Tone（2001）提出了非径向 SBM 模型，解决了传统 DEA 模型没有包含松弛改进的问题。SBM 模型采用表示 DMU 的效率值，它同时从投入和产出两个角度来对无效率状况进行测量。

$$
\min\rho = \frac{1 - \dfrac{1}{m}\sum\limits_{i=1}^{m} s_i^- / x_{i0}}{1 + \dfrac{1}{q}\sum\limits_{r=1}^{m} s_r^+ / y_{r0}}
$$

$$
\text{S. T.} \begin{cases} X\lambda + s^- = x_k \\ Y\lambda - s^+ = y_k \\ \lambda \geq 0, \ s^- \geq 0, \ s^+ \geq 0 \end{cases} \tag{3-3}
$$

非导向的 SBM 模型是非线性规划，可按以下步骤转化为线性规划。

令 $t = \dfrac{1}{1 + \dfrac{1}{q}\sum\limits_{r=1}^{q} s_r^+ / y_{r0}}$，模型（3-3）转换成：

$$
\min\rho = t - \frac{1}{m}\sum\limits_{i=1}^{m} t s_i^- / x_{i0}
$$

$$S.T. \begin{cases} Xt\lambda + ts^- - tx = 0 \\ Yt\lambda - ts^+ - ty = 0 \\ t = \dfrac{1}{1 + \dfrac{1}{q}\sum\limits_{r=1}^{q} s_r^+/y_{r0}} \\ \lambda \geq 0, \ s^- \geq 0, \ s^+ \geq 0 \end{cases} \quad (3-4)$$

令 $S^- = ts^-$；$S^+ = ts^+$；$\Lambda^- = t\lambda^-$，模型（3-4）进一步转换为以下线性规划：

$$\min\rho = t - \frac{1}{m}\sum_{i=1}^{m} S^-/x_{i0}$$

$$S.T. \begin{cases} X\Lambda + S^- - tx = 0 \\ Y\Lambda - S^- - ty = 0 \\ t = \dfrac{1}{1 + \dfrac{1}{q}\sum\limits_{r=1}^{q} s_r^+/y_{r0}} \\ \lambda \geq 0, \ s^- \geq 0, \ s^+ \geq 0 \end{cases} \quad (3-5)$$

在 DEA 模型中对相对效率的评价要求尽可能地减少投入，增加产出。而我们考虑非期望产出的影响则要尽可能地减少非期望产出才能获得更好的经济效益，与传统 DEA 模型不符。为解决这一问题，Tone（2003）提出了解决非期望产出 SBM 效率评价模型，产出包括期望产出和非期望产出。

设此系统有 n 个决策单元，每个决策单元都有 m 个投入指标，q_1 种期望产出指标，q_2 种非期望产出指标。则第 i 个决策单元的投入指标值为 x_i，期望产出指标值为 y_i^g 和非期望产出指标值为 y_i^u，并且有：

$$x_i = (x_{1i}, \ x_{2i}, \ \cdots, \ x_{mi})\epsilon R^{m \times n} \quad (3-6)$$

$$y_i^g = (y_{i1}^g, \ y_{2i}^g, \ \cdots, \ y_{q1i}^g)\epsilon R^{q_1 \times n} \quad (3-7)$$

$$y_i^u = (y_{1i}^u, \ y_{2i}^u, \ \cdots, \ y_{q2i}^u)\epsilon R^{q_2 \times n} \quad (3-8)$$

决策单元 T_{DMU} 为：$T = \{(x_1, y_1^g, y_1^u), (x_2, y_2^g, y_2^u), \cdots, (x_n, y_n^g, y_n^u)\}$。

根据 SBM 模型的构造思路，确定可能集，包含非期望产出的 SBM 模型。非期望产出 SBM 模型如下：

$$\min\rho^* = \frac{1 - \dfrac{1}{m}\sum_{i=1}^{m}\dfrac{s_i^-}{x_{i0}}}{1 + \dfrac{1}{q_1 + q_2}\left(\sum_{r=1}^{q_1}\dfrac{s_r^g}{y_{r0}^g} + \sum_{r=1}^{q_2}\dfrac{s_r^u}{y_{r0}^u}\right)}$$

$$S.T. \begin{cases} X\lambda + s^- = x_0 \\ Y^g\lambda - s^g = y_0^g \\ Y^u\lambda + s^u = y_0^u \\ s^- \geq 0,\ s^g \geq 0,\ s^u \geq 0,\ \lambda \geq 0 \end{cases} \tag{3-9}$$

ρ^* 为基于规模报酬不变（CRS）的非期望产出效率值，s^-、s^g、s^u 分别是投入、期望产出、非期望产出的松弛变量，X、Y^g、Y^u 分别表示投入、期望产出、非期望产出向量，m、q_1、q_2 表示三种指标的数量。基于规模报酬可变（VRS）的非期望产出 SBM 模型则需加上 $\sum\lambda_i = 1$。

传统 DEA 模型计算的各种效率取值都在 0~1 内，有效的决策单元效率值会等于 1，这样无法对多个有效决策单元进行比较，即存在排序的问题。为解决这一问题，Tone 提出超效率 SBM 模型，能够使效率值达到 1 的决策单元展示其超过 1 的具体数值，并进行排序。本章通过超效率 SBM 模型对中部地区水污染治理效率进行评估，以各个省（市）分别作为决策单元（DMU），假设有 n 个DMU、m 种投入指标和 q 种产出指标，建立超效率 SBM 模型如下：

$$p = \frac{\dfrac{1}{m}\sum_{i=1}^{m}\dfrac{\overline{X}}{X_{ik}}}{\dfrac{1}{q}\left(\sum_{s=1}^{q}\dfrac{\overline{Y}}{Y_{sk}}\right)}$$

$$\text{S. T.} \begin{cases} \sum_{j=1,\ j\neq k}^{n} x_{ij}\lambda_j \leqslant \overline{X} \\ \sum_{j=1,\ j\neq k}^{n} Y_{sj}\lambda_j \geqslant \overline{Y} \\ \overline{X} \geqslant X_k;\ \overline{Y} \leqslant X_k;\ \lambda_j \geqslant 0 \\ \lambda \geqslant 0,\ s^- \geqslant 0,\ s^g \geqslant 0,\ s^u \geqslant 0 \\ i=1,\ 2,\ \cdots,\ m;\ j=1,\ 2,\ \cdots,\ n(j\neq k)\geqslant 0;\ s=1,\ 2,\ \cdots,\ q \end{cases} \quad (3-10)$$

在本章中，水污染治理纯技术效率是指受技术采纳、管理模式等因素的影响所带来的生产效率的变动；规模效率是指实际投入规模与最优投入规模之间的差距；综合效率则是以上两种因素叠加影响下的水污染治理效率。

3.4.1.2　动态评价方法

传统 DEA 方法能够探寻水污染治理效率的地区差异，但是无法从时间的视角对不同时期水污染治理效率的演化特征进行分析，只能称为静态分析，鉴于此，本章引入可以动态测算水污染治理效率的 Malmquist 全要素生产率指数（Malmquist Total Factor Productivity Index，MI），该指数最早由 Malmquist 于 1953 年提出。Färe 等（1994）最早采用 DEA 方法计算 Malmquist 指数，并将 Malmquist 指数分解为两个方面的变化：技术变化（Technological Change，TC）和技术效率变化（Technical Efficiency Change，EC），具体表达式如下：

$$\begin{aligned} MI &= M(x^t,\ y^t,\ x^{t+1},\ y^{t+1}) = \left[\frac{D^t(x^{t+1},\ y^{t+1})}{D^t(x^t,\ y^t)} \times \frac{D^{t+1}(x^{t+1},\ y^{t+1})}{D^{t+1}(x^t,\ y^t)}\right]^{\frac{1}{2}} \\ &= \frac{D^{t+1}(x^{t+1},\ y^{t+1})}{D^t(x^t,\ y^t)}\left[\frac{D^t(x^{t+1},\ y^{t+1})}{D^{t+1}(x^{t+1},\ y^{t+1})} \times \frac{D^t(x^t,\ y^t)}{D^{t+1}(x^t,\ y^t)}\right]^{\frac{1}{2}} \\ &= EC \times TC \\ &= PE \times SE \times TC \end{aligned} \quad (3-11)$$

技术效率变化（EC）反映样本时期内技术效率变动对生产率的贡献程度，技术变化（TC）则反映了技术进步程度，其中技术效率变化又分为纯技术效率变化（PE）和规模效率变化（SE）。当 EC>1 时，表明技术效率在提高，反之表明技术效率在降低；当 TC>1 时，表明技术在改善，反之表明技术在退步。

3.4.2 中部地区 6 个省份水污染治理效率评价

3.4.2.1 指标选取和数据来源

为了科学构建中部地区 6 个省份水污染治理效率指标体系，在指标设计时需遵循以下原则：

第一，科学性。为避免出现因指标选取的不合理而对评价体系造成的不利影响，避免后续水污染治理效率测算出现问题，本章借鉴学者有关水污染治理效率的研究，确保指标具有一定的典型代表性，能够客观、全面地反映我国中部地区 6 个省份水污染治理效率的真实情况。

第二，全面性。全面性要求在构建指标体系既要从整体出发，保证各个指标之间有一定的逻辑关系，又要实现全面覆盖水污染治理活动的整个过程，杜绝遗漏重要信息，造成对指标体系不必要的影响。

第三，可行性。本章尝试对我国中部地区 6 个省份的水污染治理效率进行量化研究，因此在兼顾指标的科学性、全面性的基础上需考虑指标数据的可行性。本章数据主要来源于中部地区各个省市的统计年鉴，数据具有可靠性和真实性，并且通过直接或间接的方式获取数据，具有可行性。

根据指标选取的科学性、全面性、可行性原则，在综合考虑各项指标数据连续可得性的基础上，参考国内外相关文献，获知造成水污染的主要原因是工业废水、城镇生活污水、农业污水和水土流失等。考虑到数据的可得性和可计量性，由于农业污水和水土流失相关的数据存在较多缺失和空白，故不予考虑。结合中部地区 6 个省份的实际情况将水污染治理效率评价指标体系分为水污染治理的投入指标、期望产出指标。

（1）投入指标。

环境污染治理的投入指标主要包括人力、财力和物力投入三项指标。人是环境污染治理的基础，根据我国水污染的治理特点，没有污水处理人员数量的统计数据，本章将各地区按行业分城镇单位就业人员数中的水利、环境和公共设施管理业的人数作为投入指标，即选取的人力投入指标为水利、环境和公共设施管理城镇单位就业人员。资金是环境污染治理的关键，水污染治理效率与水污染治理投资额密切相关。水污染治理的财力投入主要包括两个部分：一部分是工业污染源废水治理完成投资，主要是指排污企业内部污染源治理废水所完成的投入资金；另一部分是废水治理设施运行费用，指废水治理设施的检查、维护和管理所产生的费用，这种资金的投入属于长期投入。物力是环境污染治理的保障，本章选取工业废水治理设施处理能力和污水处理设施数这两个指标来代表物力投入。

（2）产出指标。

水污染治理的产出指标分为期望产出和非期望产出。本章根据中部地区 6 个省份实际情况和数据的可得性，主要从两个方面选取的产出指标。期望产出指标为城市污水处理量，直接反映了城市污水的治理情况。非期望产出指标为工业废水排放总量。具体指标体系如表 3-7 所示。

表 3-7　中部地区 6 个省份水污染治理效率指标体系

一级指标	二级指标	三级指标	指标符号及单位
投入指标	人力投入指标	水利、环境和公共设施管理城镇单位就业人员	I_1（万人）
	财力投入指标	工业污染源废水治理完成投资	I_2（万元）
		废水治理设施运行费用	I_3（万元）
	物力投入指标	工业废水治理设施处理能力	I_4（万吨/日）
		污水处理设施数	I_5（套）
期望产出指标	污水去除量	城市污水处理量	O_1（万立方米）
非期望产出指标	废水排放量	工业废水排放总量	O_2（万吨）

根据所选定的投入产出指标，通过查询 2011~2021 年《中国统计年鉴》《中国环境统计年鉴》《中国城市建设统计年鉴》和《中国城市统计年鉴》获得所需中部地区 6 个省份的数据，所选数据均为正数，保证了计算结果的准确性。

3.4.2.2　水污染治理效率的静态分析

根据所选择的投入产出指标数据，本章采用非导向的超效率 SBM 模型对

2010~2020 年中部地区及其 6 个省份的水污染治理的综合效率、纯技术效率和规模效率进行静态评价，利用 MaxDEA 8.0 软件进行测算。

（1）中部地区层面。

图 3-16 为该地区水污染治理效率平均值的变化趋势，其中水污染治理综合效率、纯技术效率和规模效率整体发展趋势波动较大；纯技术效率较高，且远大于综合效率和规模效率，整体呈现"W"形趋势。2010~2020 年中部地区水污染治理综合效率、纯技术效率和规模效率平均值分别为 0.755、1.102 和 0.707，说明中部地区水污染治理效率还有较高的提升空间。水污染治理规模效率低于纯技术效率说明相较于对技术和管理制度的采纳，水污染治理投入资金的配置是影响中部地区水污染治理效率的主要因素。对比各年的水污染治理效率可以发现，水污染治理综合效率和规模效率呈现相似的波动趋势，而水污染治理纯技术效率波动趋势一直在 1.000~1.250，说明水污染治理综合效率的变化主要受规模效率变化影响。

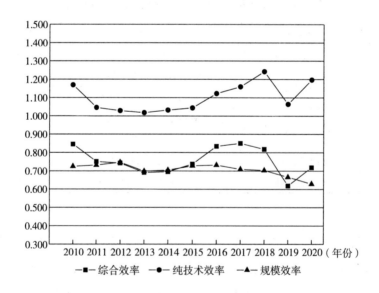

图 3-16　2010~2020 年中部地区水污染治理效率

资料来源：笔者根据 MaxDEA 的计算结果绘制。

（2）山西省层面。

由图 3-17 可知，2010~2020 年山西省水污染治理综合效率和规模效率呈相似的变化趋势，整体治理效率较低，且决策单元均未达到有效值；水污染治理纯技术效率较高，且波动较大。

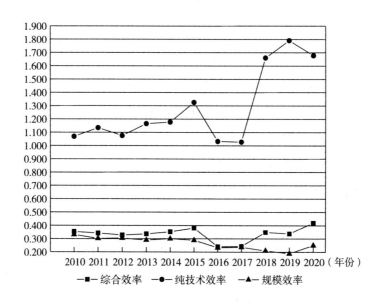

图 3-17　2010~2020 年山西省水污染治理效率

资料来源：笔者根据 MaxDEA 的计算结果绘制。

由表 3-8 可知，山西省水污染治理综合效率总体水平偏低，仍有很大的发展潜力。2016 年山西省水污染治理综合效率最低值为 0.2401，距离效率的前沿面还有 75.99% 的差距，主要因为城镇化的快速发展，生活污水治理的难度逐渐加大，部分城镇污水处理设施建设进展缓慢，城镇污水处理厂污泥处置不规范，出水水质超过国家标准，严重影响山西省整体的水污染治理效率。由图 3-17 可知，2010~2020 年山西省水污染治理的纯技术效率均达到有效值且已达到最优，说明山西省相关政府部门大力支持环境治理，在水环境管理以及水污染治理方面有很多创新举措。"十二五"期间，山西省先后出台《山西省重点工业污染监督条例》《山西省减少污染物排放条例》《山西省重点工业污染源治理办法》等 80 多部环境保护管理法规、规章和规范性文件，为推进水污染综合治理提供了法律依据和制度保障。2020 年山西省水污染治理纯技术效率达到有效，说明为贯彻落实《山西省水污染防治 2020 年行动计划》，山西省水环境的治理与保护受到了山西省的充分重视。从图 3-17 还可以看出，2010~2020 年山西省水污染治理规模效率变化趋势和综合效率变化相似，且处于非有效状态，说明山西省水污染治理投入要素与最优组合情况下的投入规模还有很大的差距，为了使山西省水污染治理综合效率达到有效，应特别注重水污染治理规模效率的提高。

总体来看，山西省水污染治理的综合效率和规模效率整体偏低，说明山西省水污染治理工作中还有较多不完善的地方。山西省水污染治理综合效率低主要原因是规模效率较低，说明山西省在今后的水污染治理中，应该注意资源配置的问题，优化投入资金配置。

表 3-8　2010~2020 年山西省水污染治理效率

年份	综合效率	纯技术效率	规模效率
2010	0.3539	1.0689	0.3311
2011	0.3428	1.1340	0.3023
2012	0.3281	1.0757	0.3050
2013	0.3367	1.1646	0.2891
2014	0.3532	1.1769	0.3001
2015	0.3814	1.3243	0.2880
2016	0.2401	1.0322	0.2326
2017	0.2427	1.0280	0.2361
2018	0.3485	1.4527	0.2399
2019	0.3740	1.4960	0.2500
2020	0.4196	1.4970	0.2803

资料来源：笔者根据 MaxDEA 的计算结果整理而得。

（3）河南省层面。

由图 3-18 可知，2010～2020 年河南省水污染治理综合效率和纯技术效率呈相似的变化趋势，且波动较大，部分决策单元达到有效值；水污染治理规模效率变化趋势相对平缓。

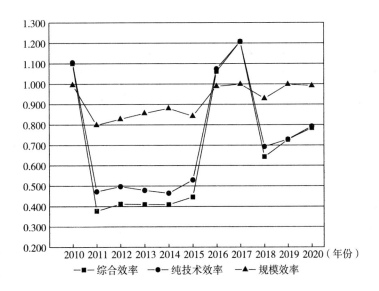

图 3-18　2010～2020 年河南省水污染治理效率

资料来源：笔者根据 MaxDEA 的计算结果绘制。

由表 3-9 可知，2010 年、2016 年和 2017 年河南省水污染治理综合效率和纯技术效率均达到有效值，说明河南省水污染治理工作取得了显著成效，水污染防治管理制度较为完善，管理水平较高，管理技术较为发达。由图 3-18 可知，2011～2015 年"十二五"期间，河南省水污染治理效率达到最低水平，主要因为城镇化的快速发展，使生活污水治理工作更困难，河南省在水污染的治理方面还有很多工作要做。2018～2020 年河南省水污染治理效率呈现上升趋势，但距离效率的前沿面还有一定的差距。为进一步推动水环境质量的改善，河南省印发了《关于全面加强生态环境保护坚决打好污染防治攻坚战实施意见》和《河南省污染防治攻坚战三年行动计划（2018—2020 年）》，结合河南省的实际情况，制定针对黑臭水体整治、治污设施建设、排污企业监管等 36 条法律规定，用法制的力量保卫碧水清波。2010~2020 年河南省水污染治理规模效率均小于 1，说明决策单元未达到最优生产规模。整体来看，河南省水污染治理规模效率值都比较高，处于有效边缘，其历年的水污染治理规模效率均值达到 0.9186。

表 3-9　2010~2020 年河南省水污染治理效率

年份	综合效率	纯技术效率	规模效率
2010	1.1004	1.1054	0.9955
2011	0.3773	0.4724	0.7987
2012	0.4115	0.4973	0.8275
2013	0.4098	0.4787	0.8561
2014	0.4090	0.4648	0.8799
2015	0.4460	0.5295	0.8423
2016	1.0615	1.0742	0.9882
2017	1.2069	1.2080	0.9991
2018	0.6434	0.6930	0.9284
2019	0.7272	0.7286	0.9981
2020	0.7846	0.7920	0.9907

资料来源：笔者根据 MaxDEA 的计算结果整理而得。

综上可知，河南省水污染治理效率较不稳定，其水污染治理综合效率低的主要原因是纯技术效率较低，说明河南省在加大水污染治理投资的同时也应更注意完善水污染治理制度，提高水污染治理工作中的科学管理水平，使水污染治理投入能够得到更加高效的利用。

（4）湖北省层面。

由图 3-19 可知，2010~2020 年湖北省水污染治理综合效率、纯技术效率和规模效率的变化趋势整体相似，水污染治理效率均达到有效，说明水环境的治理与保护受到了湖北省的充分重视；水污染治理规模效率较高，处于有效边缘。

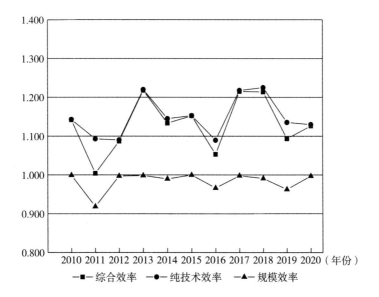

图 3-19　2010~2020 年湖北省水污染治理效率

资料来源：笔者根据 MaxDEA 的计算结果绘制。

由表 3-10 可知，2010~2020 年湖北省水污染治理综合效率均有效，这说明了在湖北省水环境管理中，政府能够优化投资，以高质量的投入获得最优的产出，使水污染治理的投入要素得到了充分利用，避免了投入资源上的浪费。湖北省水资源丰富，有"千湖之省"的美誉，为了防治水污染，保护和改善水环境，保障用水安全，推进生态文明建设，2014 年，湖北省出台了《湖北省水污染防治条例》，提出加大湖北省水环境的保护力度，杜绝工业废水超标排放和偷排现象；在城市化不断加快的过程中，进一步增加城市污水处理设施等。2017 年，湖北省发布了《湖北省环境保护"十三五"规划》，明确了 10 项改善环境质量和污染物排污量的硬性目标。可以看出，湖北省水污染治理的高效率离不开政府的大力支持。

表 3-10　2010~2020 年湖北省水污染治理效率

年份	综合效率	纯技术效率	规模效率
2010	1.1419	1.1428	0.9992

年份	综合效率	纯技术效率	规模效率
2011	1.0040	1.0930	0.9185
2012	1.0870	1.0901	0.9971
2013	1.2178	1.2198	0.9983
2014	1.1334	1.1451	0.9897
2015	1.1523	1.1528	0.9996
2016	1.0529	1.0897	0.9662
2017	1.2150	1.2177	0.9978
2018	1.2137	1.2250	0.9908
2019	1.0933	1.1354	0.9629
2020	1.1264	1.1299	0.9969

资料来源：笔者根据 MaxDEA 的计算结果整理而得。

总体来看，2010~2020 年湖北省水污染治理的综合效率和纯技术效率均达到有效，水污染治理规模效率也在有效边缘，说明 2010~2020 年湖北省水污染治理是有效的，表明湖北省水污染治理的技术比较先进，管理经验较为丰富、管理制度较为完善，可以根据湖北省的实际情况合理规划投入规模，优化投入资源配置。

（5）湖南省层面。

由图 3-20 可知，湖南省的水污染治理综合效率从 2010 年的 0.8092 上升为 2020 年的 1.2878，样本期间湖南省水污染治理综合效率和纯技术效率的变化趋势整体相似，效率值基本达到有效值。湖南省水污染治理规模效率整体趋势表现出与水污染治理综合效率和纯技术效率不同的格局特征。

由表 3-11 可知，2010 年湖南省水污染治理综合效率值为 0.8092，距离效率的前沿面还有 29.08%。2011~2020 年湖南省水污染治理综合效率较高，且都达到了有效值，说明湖南省水污染治理有效，且处于一个稳定的状态，湖南省在加大水污染治理投资的同时能够进行水污染治理技术创新，使水污染治理投入更加高效地运用。特别是"十三五"期间，湖南省大力治理水环境，积极打好水污染防治攻坚战，使湖南省水污染治理综合效率值达到最优。2010~2020 年湖南省水污染治理纯技术效率均达到有效，说明在不考虑投入规模的影响下，水污染治理的投入资源已经达到最优配置和最佳利用。2011~2020 年湖南省水污染治理规模效率整体较为平稳，水污染治理规模效率均较高，应稍微扩大水污染治理投资规模即可达到规模有效阶段。

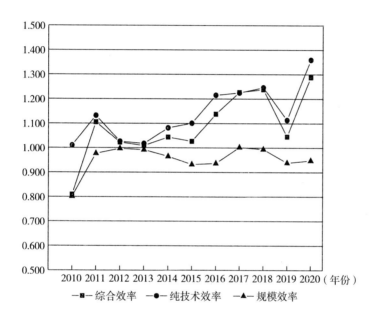

图 3-20　2010~2020 年湖南省水污染治理效率

资料来源：笔者根据 MaxDEA 的计算结果绘制。

表 3-11　2010~2020 年湖南省水污染治理效率

年份	综合效率	纯技术效率	规模效率
2010	0.8092	1.0099	0.8013
2011	1.1054	1.1319	0.9766
2012	1.0222	1.0257	0.9966
2013	1.0085	1.0171	0.9915
2014	1.0432	1.0814	0.9647

续表

年份	综合效率	纯技术效率	规模效率
2015	1.0261	1.1008	0.9321
2016	1.1378	1.2151	0.9364
2017	1.2266	1.2246	1.0016
2018	1.2383	1.2462	0.9937
2019	1.0450	1.1134	0.9386
2020	1.2878	1.3587	0.9478

资料来源：笔者根据 MaxDEA 的计算结果整理而得。

总体来看，湖南省水污染治理是有效的，现有的水污染治理制度较为合理，治理管理水平较高。2010~2020 年水污染治理规模效率尚未达到有效值，说明湖南省的水污染治理工作仍存在不足，需明确水污染治理目标，完善水污染治理的措施和方案，优化水污染治理投入要素配置，提升投入资源的利用能力。

（6）江西省层面。

由图 3-21 可知，2010~2020 年江西省水污染治理综合效率和规模效率呈相似的变化趋势；水污染治理纯技术效率变化趋势波动较大，且均达到了有效值。

表 3-12 给出了江西省 2010~2020 年水污染治理效率值的测算结果。可以看出，江西省在超效率 SBM 模型测算下的水污染治理综合效率均未大于 1，整体呈现逐步下降的趋势，2020 年达到了水污染治理效率的最低值，说明江西省水污染治理未达到有效，应该更加重视水污染治理问题。由图 3-21 可知，2010~2020 年江西省水污染治理纯技术效率均达到有效，说明江西省在目前的技术水平上，水污染治理投入资源的使用是有效率的。江西省水污染治理规模效率呈现逐年下降的趋势，且水污染治理规模效率值均未达到有效，江西省水污染治理规模效率远低于纯技术效率，说明相较于江西省水污染治理的技术和管理制度，优化投入资源的配置，更好地发挥其规模效益是江西省水污染治理的重点。

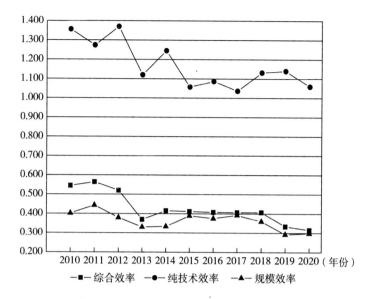

图 3-21　2010～2020 年江西省水污染治理效率

资料来源：笔者根据 MaxDEA 的计算结果绘制。

表 3-12　2010～2020 年江西省水污染治理效率

年份	综合效率	纯技术效率	规模效率
2010	0.5447	1.3562	0.4017
2011	0.5643	1.2737	0.4431
2012	0.5202	1.3704	0.3796
2013	0.3701	1.1203	0.3303
2014	0.4156	1.2453	0.3337
2015	0.4116	1.0572	0.3893
2016	0.4080	1.0862	0.3756
2017	0.4068	1.0365	0.3925
2018	0.4069	1.1324	0.3593
2019	0.3335	1.1405	0.2925
2020	0.3156	1.0594	0.2979

资料来源：笔者根据 MaxDEA 的计算结果整理而得。

总体来看，江西省水污染治理综合效率和规模效率呈现相同的波动下降趋势，且效率值均未达到有效值，说明江西省水污染治理综合效率的时间变化受规模效率的影响，江西省水污染治理未能达到综合有效的根本原因在于其规模无效，因此，江西省水污染治理改革的重点在于更好地发挥其规模效益。

（7）安徽省层面。

由图 3-22 可知，2010~2020 年安徽省水污染治理综合效率和纯技术效率呈相似的变化趋势，大部分治理效率值达到了有效值；水污染治理规模效率处于有效边缘，且整体较为稳定。

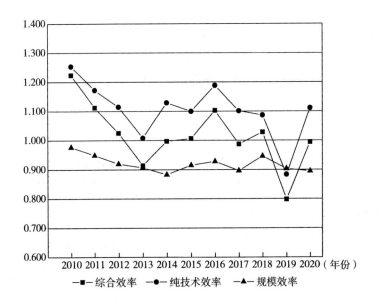

图 3-22　2010~2020 年安徽省水污染治理效率

资料来源：笔者根据 MaxDEA 的计算结果绘制。

由表 3-13 可知，2010~2020 年安徽省水污染治理综合效率变化趋势可以分为四个阶段，具体为：2010~2013 年水污染治理综合效率出现了下降的趋势，从 1.2237 下降到 0.9139；2013~2016 年水污染治理综合效率处于上升期，从 0.9139 上升到 1.1028；2016~2019 年水污染治理综合效率出现明显的下降趋势，从 1.1028 下降到 0.7979，达到 11 年间效率最低值；2019～2020 年水污染治理综合效率表现为上升趋势，整体呈现"W"形特征。安徽省水污染治理纯技术效率和综合效率变化趋势相似，其中 2019 年安徽省水污染治理纯技术效率最低，为 0.8834，说明安徽省水污染治理工作面临专业技术人才匮乏，水环境监管能力有待提高。2010～2020 年安徽省水污染治理的规模效率一直保持在 0.8800 以上的水平，水污染治理规模效率较高，说明只需稍微扩大安徽省水污染治理投资规模既达到规模效率有效阶段。近年来，安徽省政府越来越重视水环境保护的问题，但是投入规模越多不代表水污染治理效率有效，应在投入增加的同时重视产出的提升。

表 3-13　2010～2020 年安徽省水污染治理效率

年份	综合效率	纯技术效率	规模效率
2010	1.2237	1.2536	0.9761
2011	1.1123	1.1722	0.9489
2012	1.0249	1.1147	0.9194
2013	0.9139	1.0079	0.9067
2014	0.9971	1.1293	0.8829
2015	1.0064	1.0998	0.9151
2016	1.1028	1.1884	0.9280
2017	1.0670	1.1013	0.9689
2018	1.0281	1.0868	0.9460
2019	0.7979	0.8834	0.9032
2020	0.9941	1.1111	0.8947

资料来源：笔者根据 MaxDEA 的计算结果整理而得。

总体来看，2010～2020 年多数年份安徽省水污染治理纯技术治理效率均达到了相对有效，说明安徽省水污染治理的技术比较先进，管理经验较为丰富，管理制度较为完善。安徽省水污染治理规模效率均未达到有效值，说明应扩大水污染治理投入规模，优化资源配置。2013 年、2014 年、2019 年和 2020 年安徽省水污染治理综合效率未达到有效值，说明安徽省水污染治理工作还有不完善的地方，今后的工作中需注意提升水污染治理投入要素的配置效率和利用能力，需更加注重发挥水污染治理投入的规模效益。

表3-14给出了中部地区6个省份2010~2020年水污染治理效率均值测算结果。可以看出，湖北省、湖南省和安徽省这3个省份在超效率SBM模型测算下的水污染治理效率均值大于1，说明这3个省份的水污染治理效率是有效的，相较于其他3个未达到水污染治理有效的省份，湖北省、湖南省和安徽省更加重视水污染问题，在加大水污染治理投入的同时能够合理高效地使用投入资源，使治理效果实现了最优的投入产出组合。由图3-23可知，山西省、河南省和江西省的水污染治理效率均值分别为0.338、0.689和0.427，距离效率的前沿面分别还有66.2%、31.1%和57.3%的差距，可见山西省、河南省和江西省这3个省份在水污染治理的过程中，其投入规模没有得到有效的利用，造成了较多的资源浪费，致使3个省份治理效率不高。据此，中部地区各省份之间水污染治理效率的差距较大，在水污染治理方面，各省份之间尚需进一步加强合作与协同治理。

表3-14　2010~2020年中部地区6个省份水污染治理效率及其排名

省份	2010年	2011年	2012年	2013年	2014年	2015年	2016年	2017年	2018年	2019年	2020年	均值	排名
山西省	0.354	0.343	0.328	0.337	0.353	0.381	0.240	0.243	0.349	0.374	0.420	0.338	6
河南省	1.100	0.377	0.412	0.410	0.409	0.446	1.062	1.207	0.643	0.727	0.785	0.689	4
湖北省	1.142	1.004	1.087	1.218	1.133	1.152	1.053	1.215	1.214	1.093	1.126	1.131	1
湖南省	0.809	1.105	1.022	1.009	1.043	1.026	1.138	1.227	1.238	1.045	1.288	1.086	2
江西省	0.545	0.564	0.520	0.370	0.416	0.412	0.408	0.407	0.407	0.334	0.316	0.427	5
安徽省	1.224	1.112	1.025	0.914	0.997	1.006	1.103	1.067	1.028	0.798	0.994	1.024	3
均值	0.862	0.751	0.732	0.710	0.725	0.737	0.834	0.894	0.813	0.729	0.822		

资料来源：笔者根据MaxDEA的计算结果整理而得。

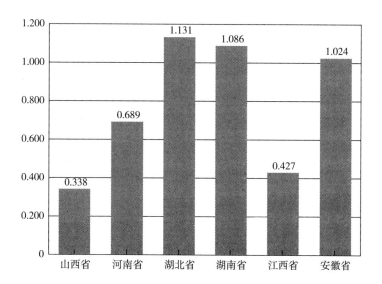

图 3-23 2010~2020 年中部地区 6 个省份水污染治理效率均值

资料来源：笔者根据 MaxDEA 的计算结果绘制。

3.4.2.3 水污染治理效率的动态分析

本部分使用 MaxDEA 模型对中部地区水污染治理的 Malmquist 指数进行分解测算，由于测算结果是 2010~2020 年每年的动态值，表格篇幅较大，所以仅给出 2010~2020 年中部地区水污染治理的 Malmquist 指数的动态平均值，如表 3-15 和表 3-16 所示，即中部地区及其各省水污染治理的全要素生产率指数（MI）。

表 3-15 2010~2020 年中部地区各个省份水污染治理的 Malmquist 指数

省份	EC	TC	PE	SE	MI	排名
山西省	1.0309	1.0868	1.1311	0.9597	1.1038	3
河南省	0.8987	1.1995	0.9561	0.9436	1.0628	5
湖北省	1.0027	1.1317	1.0009	1.0007	1.1307	2
湖南省	1.0830	1.1285	1.0990	1.0397	1.2006	1
江西省	0.9537	1.0879	0.9803	0.9765	1.0289	6
安徽省	0.9727	1.1649	0.9928	0.9772	1.0658	4
均值	0.9903	1.1332	1.0267	0.9829	1.0988	

资料来源：笔者根据 MaxDEA 的计算结果整理而得。

表 3-16　2010~2020 年中部地区水污染治理的 Malmquist 指数

年份	EC	TC	PE	SE	MI
2010~2011	1.0588	0.9416	0.9927	1.0602	0.9728
2011~2012	0.9775	1.1404	0.9798	1.0001	1.1168
2012~2013	0.9326	1.1368	1.0008	0.9283	1.0418
2013~2014	1.0237	1.0200	1.0164	1.0074	1.0423
2014~2015	1.0518	1.0776	1.0030	1.0533	1.1229
2015~2016	1.0069	1.1979	1.2557	0.8447	1.2455
2016~2017	0.9879	1.0775	0.9870	1.0050	1.0364
2017~2018	0.9470	1.2162	0.9394	1.0168	1.0830
2018~2019	0.8353	1.3126	1.0423	0.8284	1.0290
2019~2020	1.0814	1.2117	1.0499	1.0848	1.2972

资料来源：笔者根据 MaxDEA 的计算结果整理而得。

首先，就省份而言，由表 3-15 可知，中部地区 6 个省份中山西省、湖北省和湖南省的水污染治理纯技术效率皆大于 1，说明山西省、湖北省和湖南省水污染治理管理水平的改善使 3 个省份纯技术效率较高。河南省、江西省和安徽省的水污染治理纯技术效率小于 1，说明这 3 个省份在既定的技术水平上，水污染治理投入资源的使用效率较低。从水污染治理规模效率变化的角度来看，水污染治理规模效率变化表示当产出最大化时决策单元是否存在水污染治理投入冗余和不足。中部地区 6 个省份中的湖北省和湖南省水污染治理规模效率变化指数大于 1，说明湖北省和湖南省水污染治理投入资源配置情况较好，资源不存在浪费的现象；山西省、河南省、江西省和安徽省 4 个省份水污染治理规模效率变化均小于 1，说明中部地区大部分省份水污染治理投入资源配置不合理，没有达到最优规模状态。从水污染治理技术变化的角度来看，技术变化表示技术的创新对水污染治理能起到积极的推动作用。中部地区 6 个省份水污染治理技术变化指数皆大于 1，说明各个省份具有一定的技术创新能力，并且技术上的进步对提升水污染治理效率起到很大的促进作用。

其次，就中部地区整体而言，由表 3-16 可知，2010~2020 年中部地区水污染治理的全要素生产率指数基本均大于 1，其中 2019~2020 年中部地区水污染治理的全要素生产率指数提升幅度最大，达 1.2972，说明中部地区积极引进新技术，注重水污染治理能力的培养与提升。从技术效率来看，其中有 5 年的技术效率指数小于 1，说明中部地区技术效率还有很大的提升空间，应合理配置资源，减少不必要的投入造成的资源浪费与虚耗，重点解决某些省份投入冗余的问题。如图 3-24 所示，中部地区水污染治理的全要素生产率指数和技术效率变化有明显的增加和下降，技术变化不大，说明中部地区技术效率变化是水污染治理的全要素生产率指数变化的主要原因。

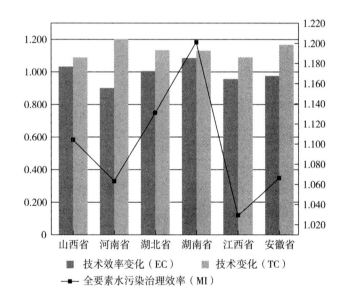

图 3-24　2010~2020 年中部地区 6 个省份水污染治理的 Malmquist 指数

资料来源：笔者根据 MaxDEA 的计算结果绘制。

　　总体来看，2010~2020 年中部地区 6 个省份实现了水污染治理的全要素生产率提升，其中技术效率是决定水污染治理的全要素生产率是否有效的主要原因。在今后的水污染治理中，一方面要提升技术水平的创新能力；另一方面也要注意水污染治理中投入资源的合理化利用，实现资源配置的优化，避免投入资源的浪费和虚耗。

3.4.3 中部地区地级市水污染治理效率评价

3.4.3.1 指标选取和数据来源

为了进一步研究中部地区水污染治理效率的地区差异，本部分选取了2011~2020年中部地区6个省份下属80个地级市的面板数据对中部地区地级市的水污染治理效率进行研究。根据指标选取的科学性、全面性、可行性等原则，结合中部地区地级市的实际情况选取指标。投入指标仍旧选取人力、财力和物力三方面，但在省级水污染治理指标体系的基础上对市级水污染投入指标体系进行相应调整。将选取的财力指标更改为城市建设基础设施建设污水处理投资；将选取的物力指标改为污水处理厂处理能力和污水处理设施数。地级市数据主要取自2012~2021年《中国城市建设统计年鉴》《中国环境统计年鉴》、中部地区各地级市统计年鉴。表3-17给出了中部地区地级市水污染治理效率的指标体系。

表3-17　中部地区地级市水污染治理效率指标体系

一级指标	二级指标	三级指标	指标符号及单位
投入指标	人力投入指标	水利、环境和公共设施管理城镇单位就业人员	I_1（万人）
	财力投入指标	城市建设基础设施建设污水处理投资	I_2（万元）
	物力投入指标	污水处理厂处理能力	I_3（万立方米/日）
		污水处理设施数	I_4（套）
期望产出指标	污水去除量	城市污水处理量	O_1（万立方米）
非期望产出指标	废水排放量	工业废水排放总量	O_2（万吨）

3.4.3.2 水污染治理效率的静态分析

本部分选取中部地区80个地级市作为决策单元，根据所选择的投入产出指标数据，本节采用非导向的超效率SBM模型对2011~2020年中部地区80个地级市的水污染治理的综合效率、纯技术效率和规模效率进行静态评价，利用Max-DEA 8.0软件进行测算。表3-18给出了中部地区80个地级市的水污染治理综合效率计算结果。

表 3-18　2011～2020 年中部地区 80 个地级市水污染治理综合效率

省份	DMU	2011 年	2012 年	2013 年	2014 年	2015 年	2016 年	2017 年	2018 年	2019 年	2020 年	均值	排名
湖南省	长沙	1.253	1.289	1.282	1.062	1.250	1.225	1.275	1.219	1.319	1.028	1.220	1
安徽省	合肥	0.529	0.543	0.572	1.165	1.051	1.038	1.033	1.483	1.521	1.646	1.058	2
湖南省	湘潭	1.017	0.902	0.900	0.910	0.902	0.930	1.011	1.021	1.034	1.018	0.964	3
湖北省	武汉	1.009	1.053	0.797	0.882	0.699	0.868	0.932	0.966	1.055	1.170	0.943	4
河南省	郑州	0.373	0.416	0.905	1.022	1.013	1.101	0.903	1.102	1.103	1.117	0.906	5
江西省	南昌	0.529	1.241	1.058	1.063	0.724	1.016	0.657	1.022	0.502	1.092	0.890	6
湖北省	黄石	0.483	0.575	0.425	0.890	1.018	0.902	1.051	0.910	1.017	1.018	0.829	7
山西省	太原	0.737	0.743	0.618	0.662	0.697	0.787	1.032	0.946	0.935	1.014	0.817	8
安徽省	蚌埠	0.432	0.503	0.795	1.120	1.089	0.680	1.055	0.639	0.816	1.033	0.816	9
河南省	洛阳	0.424	0.470	0.956	1.141	0.981	1.032	1.016	1.018	0.523	0.577	0.814	10
湖南省	张家界	1.283	1.475	1.342	0.352	0.403	0.471	0.591	0.435	1.027	0.603	0.798	11
湖北省	随州	0.959	0.923	1.058	1.200	0.739	0.908	0.695	0.457	0.425	0.509	0.787	12
湖北省	十堰	0.463	0.419	0.363	0.885	0.970	0.955	1.034	1.039	0.781	0.887	0.780	13
湖南省	衡阳	1.015	1.101	1.101	1.022	0.611	0.486	1.015	0.567	0.361	0.427	0.771	14
安徽省	马鞍山	0.294	0.301	0.435	0.384	0.552	1.734	1.051	0.581	1.042	1.253	0.763	15
山西省	阳泉	1.040	1.123	0.732	0.739	0.642	0.637	1.040	0.074	0.746	0.812	0.758	16
河南省	新乡	0.252	0.483	1.004	0.692	0.710	0.904	0.914	0.738	0.750	0.764	0.721	17
湖南省	株洲	0.568	0.482	1.364	0.721	0.652	0.355	1.032	1.049	0.439	0.507	0.717	18
河南省	平顶山	0.914	0.900	1.003	0.516	0.092	0.562	0.590	0.702	0.657	1.065	0.700	19
河南省	漯河	0.329	0.606	0.780	0.700	0.743	0.759	0.781	0.721	0.477	1.011	0.691	20
安徽省	芜湖	1.227	0.900	0.509	0.447	0.462	0.434	0.547	0.751	0.635	0.574	0.649	21
湖北省	襄阳	0.446	0.491	0.432	0.472	0.524	0.547	1.047	1.043	0.991	0.317	0.631	22
湖南省	永州	1.133	1.007	0.889	0.696	0.633	0.410	0.466	0.328	0.357	0.384	0.630	23
河南省	鹤壁	0.284	0.325	0.304	0.667	1.124	1.098	0.527	0.661	0.595	0.410	0.600	24
安徽省	阜阳	0.317	0.496	0.321	0.397	0.363	0.437	0.804	0.798	1.360	0.603	0.590	25
江西省	萍乡	0.300	0.752	0.402	0.415	0.425	0.565	0.540	1.124	0.531	0.785	0.584	26
河南省	南阳	0.418	0.528	0.531	0.692	0.552	0.546	1.024	0.559	0.552	0.434	0.583	27
湖北省	鄂州	0.528	0.505	0.454	0.641	0.551	0.659	0.629	0.722	0.564	0.549	0.580	28
湖南省	岳阳	0.406	1.026	0.340	0.281	0.353	0.506	1.010	0.855	0.306	0.404	0.549	29
河南省	驻马店	1.024	0.466	0.456	0.402	0.325	0.312	0.290	0.418	0.249	1.241	0.518	30
安徽省	淮北	0.646	0.544	0.375	0.340	0.327	0.311	0.610	0.538	0.559	0.715	0.497	31

续表

省份	DMU	2011年	2012年	2013年	2014年	2015年	2016年	2017年	2018年	2019年	2020年	均值	排名
河南省	安阳	0.523	0.458	0.685	0.483	0.449	0.566	0.506	0.521	0.358	0.416	0.496	32
湖南省	邵阳	1.023	0.452	0.348	0.270	0.310	0.451	0.351	1.012	0.386	0.337	0.494	33
安徽省	铜陵	1.049	1.049	0.404	0.379	0.338	0.344	0.339	0.373	0.399	0.232	0.491	34
安徽省	黄山	0.326	0.321	0.322	0.429	0.367	0.313	0.653	0.653	0.607	0.763	0.475	35
江西省	新余	0.497	0.471	0.541	0.381	0.691	0.681	0.487	0.387	0.260	0.300	0.470	36
河南省	濮阳	0.369	0.374	0.426	0.638	0.461	0.507	0.672	0.537	0.460	0.240	0.468	37
河南省	商丘	0.122	0.132	0.141	0.220	0.607	0.674	1.034	0.760	0.323	0.620	0.463	38
河南省	焦作	0.389	0.341	0.439	0.545	0.450	0.390	0.475	0.535	0.360	0.589	0.452	39
湖北省	荆州	0.426	1.013	0.500	0.401	0.299	0.374	0.447	0.340	0.297	0.386	0.448	40
湖北省	宜昌	0.220	0.321	0.219	0.321	0.341	0.481	0.536	0.670	0.681	0.646	0.444	41
湖南省	常德	0.495	1.009	0.553	0.264	0.258	0.317	0.370	0.327	0.356	0.479	0.443	42
河南省	信阳	0.332	0.402	0.380	0.369	0.533	0.556	0.865	0.389	0.271	0.293	0.439	43
安徽省	宿州	0.281	0.294	0.333	0.331	0.457	0.232	0.339	0.537	0.411	1.085	0.430	44
湖南省	怀化	0.679	0.545	0.505	0.397	0.399	0.413	0.301	0.441	0.285	0.310	0.427	45
湖北省	荆门	0.609	0.346	0.388	0.395	0.357	0.480	0.494	0.491	0.291	0.420	0.427	46
湖南省	娄底	0.438	0.329	0.277	0.479	0.261	0.322	0.261	1.123	0.373	0.381	0.424	47
山西省	忻州	1.000	0.306	0.199	0.174	0.196	0.311	0.433	0.254	0.206	1.148	0.423	48
江西省	吉安	0.270	0.383	1.041	0.233	0.224	0.273	1.195	0.162	0.142	0.279	0.420	49
安徽省	亳州	0.448	0.538	0.630	0.355	0.304	0.252	0.286	0.276	0.385	0.719	0.419	50
安徽省	淮南	0.282	0.215	0.224	0.322	0.265	0.341	0.411	0.534	0.569	1.009	0.417	51
湖北省	咸宁	0.345	0.332	0.335	0.463	0.413	0.498	0.488	0.434	0.427	0.425	0.416	52
湖北省	孝感	0.363	0.434	0.323	0.371	0.314	0.451	0.427	0.494	0.419	0.556	0.415	53
湖北省	黄冈	0.442	0.404	0.391	0.359	0.455	0.468	0.479	0.325	0.337	0.431	0.409	54
山西省	长治	0.319	0.368	0.308	0.342	0.261	0.306	0.368	0.301	0.264	1.241	0.408	55
安徽省	滁州	0.295	0.205	0.219	0.307	1.256	0.490	0.371	0.260	0.388	0.286	0.408	56
河南省	开封	0.371	0.329	0.571	0.367	0.334	0.496	0.435	0.365	0.267	0.513	0.405	57
湖南省	郴州	0.502	0.454	1.195	0.261	0.306	0.218	0.312	0.296	0.302	0.166	0.401	58
安徽省	六安	0.315	1.061	0.288	0.350	0.276	0.271	0.295	0.355	0.331	0.395	0.394	59
江西省	抚州	0.361	0.368	0.387	0.466	0.670	0.336	0.390	0.315	0.217	0.330	0.384	60
江西省	九江	0.194	0.263	0.289	1.026	0.306	0.324	0.381	0.357	0.249	0.380	0.377	61
江西省	景德镇	0.264	0.317	0.264	0.292	0.315	0.314	0.425	0.350	0.483	0.605	0.363	62
河南省	三门峡	0.684	0.344	0.375	0.337	0.323	0.301	0.340	0.311	0.207	0.312	0.353	63

省份	DMU	2011 年	2012 年	2013 年	2014 年	2015 年	2016 年	2017 年	2018 年	2019 年	2020 年	均值	排名
安徽省	安庆	0.383	0.348	0.219	0.327	0.365	0.437	0.343	0.321	0.386	0.390	0.352	64
山西省	朔州	1.000	0.164	0.242	0.243	0.188	0.237	0.252	0.234	0.422	0.532	0.351	65
山西省	晋城	0.333	0.335	0.299	0.346	0.344	0.336	0.356	0.346	0.339	0.387	0.342	66
湖南省	益阳	0.327	0.274	0.402	0.285	0.365	0.419	0.397	0.344	0.230	0.300	0.334	67
江西省	上饶	0.220	0.446	0.406	0.254	0.192	0.363	0.366	0.314	0.258	0.291	0.311	68
安徽省	池州	0.551	0.341	0.328	0.224	0.214	0.249	0.256	0.232	0.166	0.433	0.299	69
江西省	赣州	0.212	0.274	0.228	0.246	0.245	0.231	0.363	0.390	0.455	0.312	0.296	70
江西省	宜春	0.273	0.257	0.213	0.252	0.208	0.249	0.272	0.302	0.461	0.434	0.292	71
河南省	周口	0.394	0.308	0.314	0.312	0.300	0.221	0.275	0.337	0.245	0.204	0.291	72
安徽省	宣城	0.319	0.562	0.253	0.212	0.224	0.276	0.246	0.179	0.219	0.380	0.287	73
河南省	许昌	0.170	0.192	0.222	0.263	0.369	0.344	0.313	0.387	0.282	0.326	0.287	74
山西省	临汾	0.261	0.279	0.194	0.194	0.281	0.197	0.355	0.343	0.310	0.440	0.286	75
山西省	晋中	0.277	0.284	0.305	0.273	0.255	0.202	0.374	0.363	0.237	0.250	0.282	76
山西省	大同	0.260	0.323	0.226	0.257	0.254	0.287	0.401	0.306	0.262	0.213	0.279	77
江西省	鹰潭	0.229	0.270	0.240	0.238	0.253	0.267	0.257	0.224	0.346	0.425	0.275	78
山西省	运城	0.241	0.179	0.269	0.211	0.213	0.289	0.324	0.322	0.287	0.365	0.270	79
山西省	吕梁	0.215	0.324	0.211	0.216	0.175	0.195	0.275	0.318	0.315	0.409	0.265	80
均值		0.507	0.524	0.507	0.491	0.480	0.509	0.585	0.553	0.497	0.592	0.524	

资料来源：笔者根据 MaxDEA 的计算结果整理而得。

湖南省是促进中部崛起的战略支点，境内河网密布，水敏感性极强，这要求湖南省积极推进生态文明建设，构建和谐人水新关系。湖南省共有 13 个地级市，由表 3-18 可知，水污染治理综合效率均值达到有效，其中长沙综合排名第一，表明长沙市水污染治理的纯技术效率和规模效率均有效，水污染治理效果较为明显。湘潭、张家界、衡阳、株洲、永州和岳阳水污染治理效率达到中部地区综合效率均值，水污染治理水平均高于中部地区综合效率均值 0.524，说明湖南省大部分地级市达到中部地区综合效率的平均水平，但水污染治理效率仍有较大的提升空间。其中，邵阳、常德、怀化、娄底、郴州和益阳的水污染治理综合效率偏低，影响了湖南省整体水污染治理效率。

安徽省水资源总量并不丰富，其水资源量占全国比重在 3% 的水平上下浮动。安徽省共有 16 个地级市，由表 3-18 可知，合肥的水污染治理综合效率值为 1.058，综合排名第二，其水污染治理综合效率整体呈逐年上升的趋势，说明水污染治理工作得到了合肥市政府的高度重视。蚌埠、马鞍山、芜湖和阜阳的水污染治理综合效率达到中部地区均值，未达到治理的有效值。淮北、铜陵、黄山、宿州、亳州、淮南、滁州、六安、安庆、池州和宣城共 11 个地级市整体水污染治理综合效率较低，说明这 11 个地级市应提升水污染治理纯技术效率和规模效率。

湖北省共有 12 个地级市，由表 3-18 可知，武汉、黄石、随州、十堰、襄阳和鄂州均达到了中部地区水污染治理综合效率均值，但距离有效前沿还有一定距离，说明地方政府在进行水污染治理的过程中，应合理配置资源，使投资效益最大化，从而减少公共资源的浪费。荆州、宜昌、荆门、咸宁、孝感和黄冈 6 个地级市水污染治理综合效率偏低。由于荆州和荆门两地传统工业企业占比较大，污染较为严重，在水污染治理的过程中面临着经济转型的双重考验，应在进行水污染治理的过程中，优化资源配置，使投资效益最大化，达到对水环境的精确治理；其他 4 个地级市因为过分强调经济发展从而忽略城市的水生态环境，这种以环境为代价的经济发展，同样阻碍了水污染治理效率的提升。

河南省的水资源主要来自大气降水，属于缺水省份之一。由于河南省经济发展水平的提高和城镇化水平的加速，用水需求也逐渐增加，使河南省的水污染问题日益凸显。河南省共有 17 个地级市，由表 3-18 可知，郑州、洛阳、新乡、平顶山、漯河、鹤壁和南阳的水污染治理综合效率达到中部地区综合效率均值，但水污染治理效率差异性较大。

江西省水资源相对较为丰富，且时空分布不均。江西省共有 11 个地级市，由表 3-18 可知，南昌和萍乡 2 个地级市水污染治理综合效率达到中部地区均值，新余、吉安、抚州、九江等 9 个地级市水污染治理综合效率未达到中部地区均值，11 个地级市多数年份水污染治理综合效率未达到有效，说明江西省 11 个地级市在治理水污染中，多数年份的投入要素没有得到有效利用，造成较多的资源浪费致使治理效果较差。

山西省地形以黄土高原为主，水土流失严重，是我国水资源最贫乏的省份之一。山西省共有 11 个地级市，由表 3-18 可知，只有太原和阳泉水污染治理综合效率达到我国中部地区水污染治理综合效率的均值。其中吕梁的水污染治理综合效率只有 0.265，排在我国中部地区第 80 位。可以看出，山西省地级市的水污染治理效率差异较大，并且各地级市水污染治理综合效率低的原因也不同。

通过上述对中部地区各地级市水污染治理效率的静态分析可知，中部地区 80 个地级市的水污染治理效率存在较大差异化的特征。整体来看，中部地区各地级市水污染治理综合效率达到有效前沿面的较少，说明各地级市水污染治理的投入资源没有得到充分利用，造成虚耗和浪费等问题。在新发展理念下，各地级市应该积极从过去单纯依靠人力、物力、财力的大规模投入、粗放式的投入方式，积极转向结合各市实际情况，高效集约利用方式和提升管理水平协同并进。

3.4.3.3 水污染治理效率的动态分析

基于中部地区各地级市 2010~2020 年的面板数据，使用 MaxDEA 模型对中部地区 80 个地级市水污染治理的 Malmquist 指数进行分解测算和分析。表 3-19 给出的是 2010~2020 年中部地区 80 个地级市水污染治理的 Malmquist 指数动态平均值，即中部地区 80 个地级市水污染治理的全要素生产率指数。

表 3-19　2010~2020 年中部地区 80 个地级市水污染治理的 Malmquist 指数

省份	DMU	EC	TC	PE	SE	MI	排序
山西省	阳泉	1.198	1.062	1.001	1.197	1.273	1
山西省	朔州	1.115	1.083	0.992	1.124	1.207	2
湖南省	永州	1.186	1.094	1.200	1.051	1.194	3
湖北省	十堰	1.141	1.081	2.479	1.481	1.185	4
湖南省	娄底	1.194	0.993	1.125	1.176	1.182	5
湖南省	湘潭	1.029	1.108	1.050	0.989	1.173	6
山西省	吕梁	1.196	0.997	0.959	1.349	1.170	7
河南省	驻马店	1.176	1.181	1.143	1.019	1.160	8

续表

省份	DMU	EC	TC	PE	SE	MI	排序
安徽省	阜阳	1.180	1.082	1.568	1.138	1.157	9
湖北省	随州	1.275	1.066	1.198	1.078	1.152	10
安徽省	六安	1.142	1.017	1.020	1.083	1.150	11
湖南省	常德	1.194	1.037	1.138	1.110	1.123	12
湖南省	郴州	1.109	1.012	1.129	0.982	1.122	13
湖南省	长沙	1.024	1.082	1.029	0.994	1.121	14
湖北省	咸宁	1.120	0.999	1.063	1.080	1.105	15
湖南省	张家界	1.096	1.001	1.150	0.953	1.097	16
安徽省	芜湖	1.107	1.052	1.106	1.026	1.096	17
江西省	南昌	1.089	1.168	1.086	1.002	1.095	18
湖北省	襄阳	1.054	1.047	1.086	0.958	1.092	19
河南省	三门峡	1.182	0.992	1.072	1.123	1.091	20
湖南省	怀化	1.093	1.005	1.114	1.019	1.085	21
河南省	南阳	1.202	1.070	1.104	1.031	1.083	22
河南省	周口	1.106	0.999	1.055	1.074	1.082	23
安徽省	铜陵	1.230	0.938	1.119	1.125	1.082	24
江西省	萍乡	1.430	1.146	1.162	1.026	1.081	25
湖南省	邵阳	1.215	1.142	1.168	0.991	1.076	26
山西省	太原	1.132	1.089	1.121	1.007	1.076	27
湖南省	衡阳	1.106	1.106	1.078	1.003	1.075	28
江西省	吉安	1.782	1.289	1.448	1.070	1.074	29
山西省	晋中	1.069	1.011	1.162	0.971	1.073	30
河南省	信阳	1.120	1.027	1.138	1.012	1.070	31
江西省	上饶	1.096	1.014	1.146	1.068	1.069	32
山西省	大同	1.045	1.041	1.057	1.002	1.069	33
湖北省	宜昌	1.041	1.047	1.042	0.995	1.067	34
江西省	景德镇	1.038	1.021	1.214	0.979	1.065	35
安徽省	安庆	1.024	1.039	1.077	0.951	1.064	36
河南省	濮阳	1.086	1.020	1.110	1.033	1.064	37
湖北省	黄石	1.059	1.033	1.034	1.008	1.057	38
山西省	晋城	1.086	0.985	1.130	0.989	1.052	39
河南省	洛阳	1.044	1.143	1.029	1.025	1.050	40

续表

省份	DMU	EC	TC	PE	SE	MI	排序
湖北省	武汉	1. 072	1. 026	0. 995	1. 077	1. 050	41
江西省	新余	1. 121	1. 002	1. 129	0. 998	1. 047	42
山西省	运城	1. 046	0. 990	1. 046	1. 008	1. 038	43
河南省	安阳	1. 032	1. 047	1. 070	0. 979	1. 034	44
安徽省	宣城	1. 063	1. 026	1. 030	1. 213	1. 031	45
安徽省	池州	1. 088	0. 994	1. 018	1. 187	1. 031	46
湖北省	孝感	1. 061	0. 990	1. 150	1. 006	1. 030	47
山西省	忻州	1. 063	1. 035	1. 033	1. 029	1. 029	48
湖南省	益阳	1. 047	1. 012	1. 051	1. 014	1. 026	49
安徽省	马鞍山	1. 013	1. 040	1. 007	0. 998	1. 023	50
山西省	临汾	1. 008	1. 042	1. 039	1. 047	1. 023	51
江西省	宜春	0. 975	1. 038	1. 137	1. 066	1. 022	52
安徽省	合肥	0. 958	1. 057	1. 034	0. 968	1. 020	53
河南省	开封	1. 022	1. 068	1. 011	0. 992	1. 019	54
湖北省	荆州	1. 099	1. 046	1. 065	1. 009	1. 019	55
安徽省	淮北	1. 078	0. 980	1. 076	1. 074	1. 018	56
河南省	鹤壁	1. 153	1. 182	1. 346	1. 073	1. 016	57
湖南省	岳阳	1. 191	1. 054	1. 174	0. 999	1. 015	58
湖北省	荆门	1. 151	0. 946	1. 159	1. 041	1. 012	59
湖南省	株洲	1. 155	1. 162	1. 181	1. 037	1. 011	60
河南省	焦作	0. 983	1. 071	0. 958	1. 043	1. 010	61
安徽省	亳州	1. 051	1. 243	0. 987	1. 083	1. 009	62
河南省	许昌	0. 980	1. 050	1. 048	0. 989	1. 008	63
江西省	抚州	1. 032	1. 030	1. 031	1. 037	1. 002	64
江西省	鹰潭	1. 009	1. 015	1. 046	1. 072	0. 999	65
湖北省	鄂州	1. 013	1. 046	1. 010	1. 057	0. 995	66
安徽省	滁州	1. 024	0. 971	1. 108	0. 924	0. 994	67
河南省	漯河	0. 981	1. 126	0. 997	0. 999	0. 994	68
安徽省	黄山	1. 023	1. 022	1. 017	1. 108	0. 986	69
江西省	赣州	0. 998	1. 000	0. 952	1. 051	0. 979	70
河南省	郑州	0. 980	1. 042	1. 096	0. 965	0. 978	71
山西省	长治	0. 936	1. 254	0. 940	1. 001	0. 974	72

续表

省份	DMU	EC	TC	PE	SE	MI	排序
湖北省	黄冈	0.976	1.082	1.024	0.957	0.973	73
河南省	商丘	0.972	1.122	0.969	0.989	0.970	74
安徽省	蚌埠	0.981	1.072	0.961	1.005	0.967	75
河南省	平顶山	1.040	1.051	0.984	1.018	0.964	76
河南省	新乡	1.014	1.030	1.045	1.000	0.962	77
江西省	九江	1.113	1.038	1.042	1.015	0.958	78
安徽省	宿州	0.929	1.023	1.186	1.118	0.951	79
安徽省	淮南	0.903	1.027	0.920	0.999	0.910	80

资料来源: 笔者根据 MaxDEA 的计算结果整理而得。

(1) 大部分地级市水污染治理效率获得提升。

由表 3-19 可知, 山西省 11 个地级市中阳泉、朔州、吕梁、太原、晋中、大同、晋城、运城、忻州和临汾这 10 个地级市水污染治理的全要素生产率指数均大于 1, 说明 10 个地级市的水污染治理效率整体呈上升趋势, 其中阳泉市水污染治理的全要素生产率提升最高, 排名第一, 平均年增长率达 27.3%, 说明阳泉市在这 11 年间整体水污染治理效率提高, 并在水污染治理过程中得到政府高度重视。湖南省 13 个地级市水污染治理的全要素生产率均大于 1, 说明湖南省各地级市在 2010~2020 年水污染治理投入资源配置较为合理, 不存在过多资源浪费的情况。湘潭、郴州、长沙、张家界、邵阳和岳阳的规模效率下降 1.1%、1.8%、0.6%、4.7%、0.9% 和 0.1%, 表明水污染治理纯技术效率的提高带动了综合效率的提升, 应适当发挥规模效益。湖北省 12 个地级市中十堰、随州、咸宁、襄阳、宜昌、黄石、武汉、孝感、荆州和荆门水污染治理的全要素生产率均大于 1。咸宁、孝感和荆门的技术变化分别降低了 0.1%、0.9% 和 5.4%, 说明这 3 个城市应加大引进水污染治理技术的力度。河南省 17 个地级市中, 驻马店、三门峡、南阳、周口、信阳、濮阳、洛阳、安阳、开封、鹤壁、焦作和许昌 12 个地级市水污染治理的全要素生产率指数大于 1。其中, 焦作水污染治理纯技术效率下降 4.2%, 水污染治理综合效率下降 1.7%, 水污染治理综合效率的降低主要是由于水污染治理纯技术效率的降低，说明焦作市水污染治理应完善水污染治理管理制度，提升水污染治理管理水平。安徽省 16 个地级市中，阜阳、六安、芜湖、铜陵、安庆、宣城、池州、马鞍山、合肥、淮北和亳州 11 个地级市水污染治理的全要素生产率均大于 1。铜陵、池州和淮北 3 个地区技术变化下降了 6.2%、0.6% 和 1.9%，说明这些城市在水污染治理技术进步及创新驱动力等方面存在不足。合肥市水污染治理规模效率下降 3.2%，水污染治理综合效率下降 4.2%，应发挥规模效应。江西省 11 个地级市中，南昌、萍乡、吉安、上饶、景德镇、新余、宜春和抚州 8 个地级市水污染治理的全要素生产率均大于 1。景德镇和新余水污染治理规模效率分别降低 2.1% 和 0.2%，说明这两个地级市在水污染治理投入上存在浪费和配置不合理的现象。

（2）小部分地级市水污染治理效率未能获得提升，发生了下降。

2010～2020 年中部地区部分地级市水污染治理效率整体来看发生了下降。安徽省淮南市和其他 79 个地级市相比，水污染治理的全要素生产率下降幅度最大，为 8.9%，其中水污染治理的纯技术效率和规模效率下降 8.0% 和 0.1%，水污染治理综合效率的降低导致水污染治理全要素生产率的减少，说明淮南市应重点关注水污染治理的制度化和治理人才队伍的专业化建设等。滁州市水污染治理的全要素生产率发生了下降，年均下降率为 0.6%，虽然水污染治理纯技术效率增加了 10.8%，但是水污染治理技术水平和规模效率的双重降低导致滁州市水污染治理的全要素生产率降低。说明滁州市在水污染治理工作中，一方面要注意提升技术水平，淘汰落后的工业和治理设施；另一方面要注意合理配置资源。漯河、赣州、郑州、长治、黄冈、商丘、蚌埠、宿州 8 个地级市在技术变化不变的情况下，综合效率的降低是这些城市水污染治理全要素生产率降低的主要原因。说明这些城市可以从提升管理水平、改进生产技术、提高水污染治理投入的利用能力等方面着手。

总体来看，2010～2020 年中部地区有 64 个地级市实现了水污染治理的全要素生产率提升，其余 16 个地级市水污染治理的全要素生产率均下降。其中，综合效率下降是水污染治理的全要素生产率下降的主要原因。在今后的水污染治理过程中，一方面应加大引进先进技术的力度，同时积极推进技术创新；另一方面也要提高水污染治理投资的集约利用效率，实现投入资源的优化配置。

3.5　本章小结

本章主要对2010~2020年中部地区6个省份及其80个地级市的水污染治理效率进行静态和动态分析。一方面，在省份层面，静态测度中发现，中部地区6个省份之间水污染治理效率存在较大差异，湖南省、湖北省和安徽省水污染治理效率均达到有效，河南省、山西省和江西省距离有效前沿还有很大差距。动态测算中可以看出，湖南省水污染治理的全要素生产率得到提升，湖北省、江西省、山西省、安徽省和河南省水污染治理的全要素生产率均处于下降状态。另一方面，在地级市层面，测算发现中部地区80个地级市水污染治理状况不稳定，水污染治理效率也存在较大差异，原因可能在于不同地级市水污染治理投入资源的优化使用情况存在异质性。

第4章　中部地区水污染治理效率影响因素的实证分析

本章首先介绍 Tobit 模型，其次选取相关变量建立模型实证分析中部地区水污染治理效率的影响因素。

4.1　研究方法与变量选取

4.1.1　Tobit 模型

本章利用 Tobit 模型实证研究中部地区水污染治理效率的影响因素。Tobit 模型是由 Jams Tobin 于 1994 年在对耐耗消费品进行研究时首次提出的一个经济计量模型，后来人们为了纪念他在模型创新上的贡献，将这一模型命名为 Tobit 模型。Tobit 模型的运用有一个前提条件，即当被解释变量处于一个数值区间限制时适用模型，故 Tobit 模型也称受限截取模型。Tobit 模型具体形式如下：

$$y_i^* = \alpha + \beta x_i + u_i \qquad (4-1)$$

$$y_* = \begin{cases} 0, & y_* \leq 0 \\ y_i^*, & y_i^* > 0 \end{cases} \qquad (4-2)$$

其中，y_i^* 表示潜在的被解释变量，y_* 表示实际的被解释变量，β 表示对应解释变量的系数，x_i 表示所选取的影响因素，u_i 表示误差项。

由于第 3 章运用超效率 SBM 模型测算的中部地区水污染治理效率的所有值大于 0，并且最大值未超过 2，数据集中在 0~1 附近，是一个下限为 0 的被解释变量，因此满足 Tobit 模型应用的条件。

4.1.2　变量选取

通过对中部地区 2010~2020 年水污染治理效率的测算与分析，可以看出中部地区存在某些年份的省市水污染治理无效的问题。由于第 3 章对水污染治理效率的测算考虑的是其本身的投入产出情况，没有考虑其他因素对水污染治理效率产生的影响。本章将实证研究水污染治理效率的影响因素。

关于水污染治理效率的影响因素，有学者通过实证研究发现经济发展水平与第三产业占比对水污染治理投资效率有着正面影响；人口密集程度、城镇化水平和政府环保财政投入水平对水污染治理投资效率呈负相关。施本植和汤海滨（2019）通过构造四阶段 Window-DEA 模型，对我国工业水污染治理影响因素进行测算，经济发展水平、产业结构水平、人口密度和自然灾害是影响工业水污染治理效率的外部因素；财政分权和地区腐败对工业水污染治理效率有负面影响。史建军（2018）利用回归模型对河南省的面板数据进行实证分析，结果表明环保系统人力投入对工业废水治理效率有显著正面影响，而产业结构产生显著的负面影响。张兴华（2021）以黄河流域为研究对象，采用 Tobit 模型对黄河流域生态环境效率影响因素进行分析发现，人均 GDP、贸易开放有显著正面影响，第二产业占 GDP 比重有负面影响。郑琦（2021）运用 Tobit 模型，对山西省水污染治理效率影响因素进行回归分析发现，经济发展水平、人口密度和环保强度对山西省水污染治理效率存在正面影响，第二产业占 GDP 比重和城镇化水平对治理效率有负面影响。李潇潇（2017）采用 Tobit 模型对安徽省水污染治理效率影响因素进行了回归分析，结果表明经济发展水平、城镇化水平对安徽省水污染治理效率有正面影响，人口密集程度对治理效率的影响并不显著，而城镇化水平和贸易开放程度产生显著的负面影响。

综合上述文献分析可知，水污染治理效率影响因素主要有经济发展水平、产业结构水平、人口密度、人力资本、城镇化水平、贸易开放程度等。本章借鉴这些水污染治理效率的影响因素等方面的研究，综合考虑中部地区水污染治理的实际情况，将影响水污染治理效率的主要因素归为 4 个解释变量，具体如表 4-1 所示。

表 4-1　中部地区水污染治理效率的影响因素

解释变量	变量符号	变量说明	单位
经济发展水平	X_1	人均地区生产总值	元/人
产业结构水平	X_2	第二产业占地区生产总值比重	%
城镇化水平	X_3	城镇人口占总人口之比	%
贸易开放程度	X_4	进出口总额与地区生产总值之比	%

4.1.2.1　经济发展水平

环境库兹涅茨曲线（EKC）是对经济发展水平和环境污染程度的经典研究。根据环境库兹涅茨曲线理论，在一个国家经济发展水平处于较低的时候，水环境污染的程度较小，水环境污染治理的难度也比较低；随着人均收入的增加，自然资源不断被消耗，污染物产生量和排放量逐步增多，水环境污染也随之增加，水环境恶化程度随着经济的增长而加剧，这时水污染治理效率往往也较低；当经济水平发展到一定程度，经济增长逐步向环境友好型发展，随着技术水平的进步，治理水环境手段不断增多，水污染治理效率也会相应提高，水环境质量逐渐改善。所以经济发展水平对水污染治理效率有一定的影响。本章用人均地区生产总值衡量经济发展水平。

4.1.2.2　产业结构水平

第二产业是指采矿业，制造业，电力、燃气及水的生产和供应业，建筑业。本章用第二产业占地区生产总值比重测度产业结构水平。第二产业占地区生产总值比重越大，特别是低端制造业占比越大，自然资源消耗量往往也越大，可能造成水环境污染越发严重，水环境治理效率也会相对较低。第二产业排放的工业污染物治理难度相对困难，投入治理的时间和资金也较多，相对来看，第三产业产生的环境污染程度较轻。因此，第二产业占地区生产总值比重越大，对水污染治理效率越可能产生不利的影响。

4.1.2.3　城镇化水平

城市化又称城镇化，是经济发展到一定程度的产物，是农村人口转化为城镇人口的过程。本章用城镇化率即城镇人口占总人口之比代表城镇化水平。城镇化带来的聚集效应造成水环境压力增大，同时城市经济活动的增加会造成自然资源的严重消耗，导致水污染增加，水环境治理效率的降低。但城市经济活动和人口的聚集意味着水污染便于集中处理和循环利用，有利于提升水污染治理的效率。此外城镇化带来的经济高质量发展有利于提升水环境治理投资额，提高水污染治理的技术水平，这对水污染治理效率有着正面影响。总体来看，城市化对水污染治理效率影响并不确定。

4.1.2.4　贸易开放程度

随着经济全球化的发展，资源和生产要素通过国际贸易在各个国家之间配置流通。但由于发展中国家环境政策较为宽松且劳动力廉价，发达国家将污染程度较高的企业转移到发展中国家，给发展中国家带来了严重的环境污染，这不利于水污染治理效率提升。但国际贸易促进了生产技术水平的提高，有利于水污染治理效率提升。总体来看，贸易开放程度对水污染治理效率的影响不确定。本章用进出口总额与地区生产总值之比衡量贸易开放程度。

4.2　模型建立及实证分析

4.2.1　模型建立

根据前文分析，本章中被解释变量为第 3 章测算出的中部地区 80 个地级市

2010~2020 年水污染治理效率。选择经济发展水平、产业结构水平、城镇化水平和贸易开放程度为解释变量，解释变量的数据来源于 2011~2021 年的《中国统计年鉴》，以及 2011~2021 年各省份统计年鉴。本章主要选取 2011~2021 年中部地区 6 个省份的城市面板数据，通过 Tobit 模型分析中部地区水污染治理效率的影响因素。建立的 Tobit 模型如下：

$$Y = \beta_0 + \beta_1 X_1 + \beta_2 X_2 + \beta_3 X_3 + \beta_4 X_4 + \mu \tag{4-3}$$

其中，Y 表示被解释变量水污染治理效率，β_0 表示常数项，β_1、β_2、β_3、β_4 表示系数，X_1、X_2、X_3、X_4 分别表示经济发展水平、产业结构水平、城镇化水平和贸易开放程度。其中对测度经济发展水平的人均地区生产总值采取对数形式。

4.2.2 实证分析

4.2.2.1 单位根检验

当对一个时间序列进行分析时，最先需要判定此时间序列是否具有平稳性。检验时间序列平稳性最常用的方法就是单位根检验。单位根检验是指检验序列中有无单位根，如果存在单位根，说明此时间序列是非平稳的。

单位根的检验方法主要分为两种：一种是相同根单位根检验；另一种是不同单位根检验。为了检验结果能更加全面，本章利用 Eview10 软件，用两种面板数据单位根检验方式，即相同单位根（LLC）检验和不同单位根（PP）检验，如果两种检验方式都证明没有单位根的存在，就表明被解释变量和解释变量都是平稳时间序列。检验结果如表 4-2 所示，在 LLC 和 PP 的检验下，$p < 0.05$，产业结构水平、城镇化水平和贸易开放程度均为零阶单整，经济发展水平为一阶单整，故检验结果表明 4 个变量都为平稳序列。

表 4-2 单位根检验结果

变量		Levin, Lin&Chut*	PP-Fisher Chi-square
Y	Statistic	-4.73540	346.378
	Prob	0.0000	0.0000

续表

变量		Levin，Lin&Chut*	PP-Fisher Chi-square
X_1	Statistic	−3.32420	618.422
	Prob	0.0000	0.0000
X_2	Statistic	−14.2538	411.196
	Prob	0.0000	0.0000
X_3	Statistic	−4.70236	296.196
	Prob	0.0000	0.0000
X_4	Statistic	−8.79019	222.381
	Prob	0.0000	0.0008

资料来源：笔者根据 Eviews10 的计算结果整理而得。

4.2.2.2 Tobit 模型回归结果

本章运用 Stata17 软件对解释变量和被解释变量进行 Tobit 模型回归，通过结果判断被解释变量和解释变量之间的逻辑关系，表 4-3 是 Tobit 模型回归的结果。

表 4-3 回归结果

变量	系数	标准差	Z 统计量	P>|t|
常数项	0.35188	0.080154	4.39	0.0000
X_1	0.15611	0.022225	7.02	0.0000
X_2	−0.05269	0.018751	−2.81	0.0045
X_3	−0.06678	0.022113	−3.02	0.0071
X_4	−0.02671	0.009856	−2.71	0.0094

资料来源：笔者根据 Stata17 的计算结果整理而得。

首先，由表 4-3 可知，在 1% 的显著性水平下，经济发展水平对水污染治理效率呈显著的正面影响。通过 Tobit 回归结果可以看出，当人均 GDP 每提高 1%，那么水污染治理效率也会提高 0.15611%，中部地区经济发展有助于水污染治理效率的提高。这说明随着中部地区经济发展水平提高，中部地区更加注重人才、技术等创新要素的投入，从传统要素驱动向创新驱动转变，从粗放型增长向集约型增长转变，提高了水污染治理效率。同时中部地区经济发展水平提高促进了人均收入水平的提升，人们越来越重视水生态环境保护，提高了对水生态环境保护的关注度，追求更高的水生态环境质量，这促进了水污染治理效率的提高。

其次，由表 4-3 可知，产业结构水平的估计系数是 -0.05269，通过了 1% 的显著性水平检验，说明在 1% 的显著性水平下，产业结构水平对中部地区水污染治理效率存在负面影响，即第二产业占 GDP 比重越大，产生的水污染物量越多，水污染治理效率越低。在经济发展的工业化过程中，通常最先发展的就是第二产业，并且其占有重要地位，发展第二产业需要大量资源支持，消耗大量能源，产生的工业废水中污染物难以治理，降低了水污染治理效率。

再次，由表 4-3 可知，城镇化水平的估计系数是 -0.06678，通过了 1% 的显著性水平检验，这说明中部地区城镇化水平对水污染治理效率存在负面影响。样本期间，随着农村人口向城镇转移和聚集，虽然在一定程度上使得水污染能集中处理和循环利用，但由于中部地区城镇化质量不高，城市水生态环境的自我调节能力较低，人口和产业的集聚造成的拥挤效应和水污染大幅增加，当产生的水污染物超出了处理能力，水污染治理效率便会降低。

最后，由表 4-3 可知，贸易开放程度的估计系数是 -0.02671，在 1% 的显著性水平上显著，说明中部地区贸易开放程度对水污染治理效率也存在负面影响。样本期间，中部地区贸易开放程度的提高促进了该地区外向型经济发展，但外贸发展方式亟待转型，贸易的增长更多是依靠高投入和资源能源消耗拉动的，甚至一些企业以牺牲水生态环境为代价，忽视水生态环境成本的内部化，引发了一系列的水生态环境问题，降低了水污染治理效率。

4.2.2.3 稳健性检验

为了保证上述回归结果的可靠性，本节重新测度解释变量，以对上文结果进行稳健性检验。选择借鉴陈淑云和曾龙（2017）利用第二产业和第三产业的产值占地区生产总值比重替换前文以第二产业占地区生产总值比重衡量地区的产业结构水平，再次运用 Tobit 模型回归，结果如表 4-4 所示。

表4-4　稳健性实证回归结果

变量	系数	标准差	Z 统计量	P>∣t∣
常数项	0.45211	0.01881	24.0356	0.0000
X_1	0.0016	0.00319	1.9122	0.0000
X_2	−0.0241	0.00354	−5.9069	0.0000
X_3	−0.0209	0.00495	−4.2222	0.0067
X_4	−0.0391	0.03231	−1.2102	0.0035

资料来源：笔者根据 Stata17 的计算结果整理而得。

从回归结果来看，经济发展水平的提高对水污染治理效率有正面影响，产业结构水平、城镇化水平和贸易开放程度对水污染治理效率存在显著的负面影响，与上述 Tobit 模型回归结果一致。

4.3　本章小结

本章首先在第3章中部地区水污染治理效率测度基础上，依据前人的研究成果和相关理论选择了经济发展水平、产业结构水平、城镇化水平和贸易开放程度这4个水污染治理效率的影响因素，采用 Tobit 模型将所有解释变量和中部地区水污染治理效率进行回归，根据回归结果研究各影响因素对中部地区水污染治理效率的影响。结果发现，经济发展水平的提高对水污染治理效率有着显著的正面影响，产业结构水平、城镇化水平和贸易开放程度对水污染治理效率存在显著的负面影响。

第5章　中部地区水资源承载力分析

本章首先从降水量和水资源量分析中部地区水资源基本情况，从供水量、用水量和耗水量三方面探讨水资源开发利用现状。其次基于水资源承载力现有文献，合理构建评价指标体系，并对选取指标进行解释，利用 Topsis 和熵权法对中部地区水资源承载力的时间维度以及空间维度进行评价分析。

5.1　中部地区水资源基本情况

为研究中部地区水资源承载力，需要对其水资源基本情况进行分析，为下文水资源承载力分析奠定基础。

5.1.1　降水量

中部地区东接沿海，西接内陆，主要以南北走向的山脉为主，面积大，地面起伏平缓，流经黄河和长江水系。中部地区国土面积约 102.8 万平方千米，占中国国土面积的 25.3%，按照自北向南的排序为山西省、河南省、安徽省、湖北省、江西省、湖南省。气候类型主要为温带季风气候和亚热带季风气候，降水呈现出南多北少的特点。由图 5-1 可知，2021 年中部地区 6 个省份降水量中年降水量排名靠前的是湖南省和江西省，年降水量较少的是山西省和河南省，其中，湖南省降水量最多，为 3156 亿立方米；山西省降水量最少，为 877.16 亿立方米，湖南省降水量是山西省降水量的 3.6 倍。2011~2021 年的降水量均值表明，中部 6 个省份降水量排序为湖南省、江西省、湖北省、安徽省、河南省、山西省。由此可见，各省份之间的年均降水量存在明显的差距，降水量呈现自北向南递增的趋势。

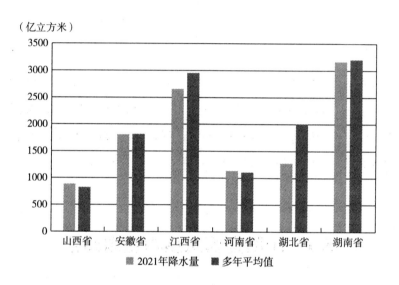

图 5-1　2021 年中部地区 6 个省份年降水量

5.1.2　水资源总量

依托地理优势，中部地区水环境以地表水为主，地表水资源丰富，地处长江、黄河两大河流中段、淮河上中段，洞庭湖、鄱阳湖和巢湖三大湖泊都位于中部地区 6 个省份内。2021 年中部地区水资源总量达 6179.5 亿立方米，地表水 5865.4 亿立方米，地下水 1678 亿立方米，重复水量 1363.9 亿立方米，其为工农业正常运转及居民生活提供了重要保障。

根据《中国统计年鉴（2022）》数据，表 5-1 给出了 2021 年中部地区各省份的水资源情况。其中，地表水资源是指河川水、湖沼水、冰川水等水体的动态水量，一般以还原后的天然河径流量来综合反映；地下水资源则是指可以为人类所利用的水资源，两者都受到降水量的影响。地表水资源主要来源是大气降水，降水量的充沛或干枯影响了水库的蓄水量，进而影响人们的供水能力。地下水资源也主要是由大气降水的直接入渗和地表水渗透到地下形成的，降水量的多少同样影响着地下水资源，如果降水量充沛，地下水能获得大量的渗入补给，则水资源丰富；如果降水量稀少，地下水资源则相对贫乏。所以降水量可用从一定程度上反映一个地区水资源的丰枯程度。2021 年中部地区各省份的降水量的差异表明（见图 5-1），各地区的水资源量也会存在一定的差异性。如图 5-2 所示，2021 年中部地区 6 个省份水资源总量排名靠前的为湖南省 1790.6 亿立方米。2010~2021 年，山西省水资源总量在 91.5 亿~207.9 亿立方米，水资源年均值为121.68 亿立方米；安徽省水资源总量在 585.6 亿~1280.4 亿立方米，水资源年均值为 839.48 亿立方米；2010~2021 年江西省水资源总量在 1037.9 亿~2275.5 亿立方米，2011 年水资源总量最小，2010 年水资源总量最大，水资源年均值为1727.25 亿立方米；河南省水资源总量在 168.6 亿~689.2 亿立方米，水资源年均值为 356.56 亿立方米；湖北省水资源总量在 757.5 亿~1754.7 亿立方米，水资源年均值为 1060.09 亿立方米；湖南省水资源总量在 1126.9 亿~2196.6 亿立方米，水资源年均值为 1815.23 亿立方米。由此可见，6 个省份之间的水资源量存在一定的差异。

表 5-1　2021 年中部地区水资源情况

省份	降水量（毫米）	地表水水资源量（亿立方米）	地下水资源量（亿立方米）	地表水与地下水资源重复量（亿立方米）	人均水资源量（立方米/人）	水资源总量（亿立方米）	水资源状况
山西省	561.3	155.9	113.7	61.7	596.6	207.9	重度缺水
河南省	874.3	556.9	257.0	124.7	695.3	689.2	重度缺水
湖北省	1269.0	1170.4	326.2	307.8	2054.1	1188.8	轻度缺水
湖南省	1726.8	1783.6	437.4	430.4	2699.3	1790.6	轻度缺水

续表

省份	降水量（毫米）	地表水水资源量（亿立方米）	地下水资源量（亿立方米）	地表水与地下水资源重复量（亿立方米）	人均水资源量（立方米/人）	水资源总量（亿立方米）	水资源状况
江西省	1853.1	1400.6	332.0	312.9	3142.3	1419.7	丰水
安徽省	1665.6	798.0	211.7	126.4	1445.9	883.3	中度缺水
中部地区	1325.0	5865.4	1678.0	1363.9	1551.4	6179.5	中度缺水
全国	706.5	28310.5	8185.7	6868.0	2098.5	29638.2	轻度缺水

资料来源：《中国统计年鉴（2022）》。

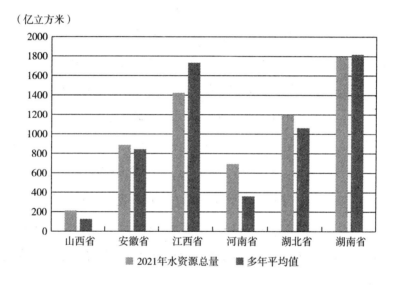

图 5-2　2021 年中部地区 6 个省份水资源总量

水资源总量会直接影响地区人均水资源量，人均水资源量也会直接影响一个地区的水资源利用效率。依据联合国的界定，当人均水资源量不小于 3000 立方米为丰水；人均水资源量在 2000~3000 立方米为轻度缺水；人均水资源量在 1000~2000 立方米为中度缺水；人均水资源量在 500~1000 立方米为重度缺水；人均水资源量小于 500 立方米为极度缺水。如图 5-3 所示，2021 年中部地区 6 个省份人均水资源量中，江西省人均水资源量为 3142.3 立方米，属于丰水状态，

是中部地区人均水资源量最多的省份。山西省人均水资源量为 596.6 立方米，是
江西省人均水资源量的 1/5，属于重度缺水状态。各省份人均水资源量从高到低
排序为江西省、湖南省、湖北省、安徽省、河南省、山西省，并且南北省份之间
的人均水资源量差异显著，呈南多北少分布的特点。主要原因有两个：一是由于
南方省份的年降水量大，地区可分配水资源多于北方省份。二是由于各省份总人
口数不同，因此，各省份人均水资源量存在差异。

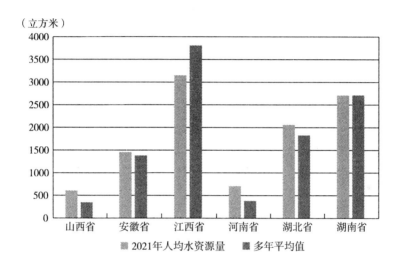

图 5-3　2021 年中部地区 6 个省份人均水资源量

5.2　中部地区水资源开发利用现状

5.2.1　供水量

图 5-4 显示了 2010~2021 年中部地区供水总量变化情况，发现其变化趋势

较为平缓。其中，山西省供水量远少于其他 5 个省份，2021 年山西省的供水量为 72.6 亿立方米，而湖北省的供水量一直处于首位，2021 年湖北省的供水量为 336.1 亿立方米。可以得出，山西省供水量为湖北省的 21.6%，仅占中部地区供水量的 4.92%。

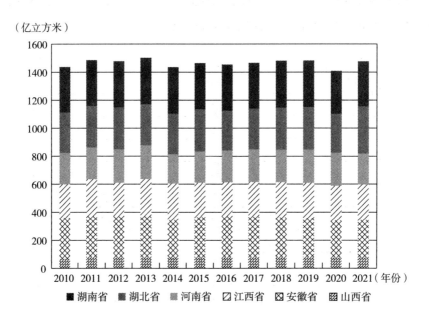

图 5-4　2010~2021 年中部地区 6 个省份供水量

5.2.2　用水量

图 5-5 显示了 2010~2021 年中部地区 6 个省份用水量情况，由高到低排序为湖北省、湖南省、安徽省、江西省、河南省、山西省。其中，2021 年山西省用水量只有湖北省用水量的 21.6%。结合图 5-4 与图 5-5 的结果分析发现，中部地区 6 个省份用水量与供水量有较强的相关性。当中部地区 6 个省份供水量增加时，其用水量也会随之增加，用水量与供水量基本保持一致，并且中部地区 6 个省份在不同年份时的用水量变化幅度不大且较为平稳。

（亿立方米）

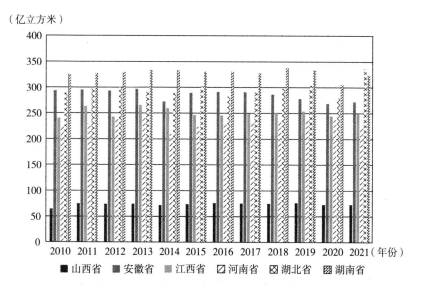

图 5-5　2010~2021 年中部地区 6 个省份用水量

图 5-6 是中部地区 6 个省份在不同年份的人均用水量。其中，2010~2021 年山西省和河南省的人均用水量远远低于其余 4 个省份，江西省的人均水资源一直处于较高状态，但是江西省的用水总量却低于安徽省、湖北省和湖南省。这是由于江西省的常住人口较少导致的。2021 年江西省的常住人口为 4517 万人，同期的河南省人口为 9883 万人。2010~2021 年河南省用水量与江西省用水量相差较少，而 2 个省份的人均用水量相差 200~300 立方米，2021 年河南省的常住人口为 9883 万人，约为江西省人口总数的 2 倍。因此，河南省的用水量与江西省的用水量相差较小。

中部地区的用水结构如图 5-7 所示，2021 年中部地区 6 个省份用水量为 1475.5 亿立方米，其中农业用水量为 845.1 亿立方米，工业用水量为 318.8 亿立方米，生活用水量为 225.8 亿立方米，生态用水量为 85.8 亿立方米，分别占用水量的 57.28%、21.61%、15.30%、5.81%。因此，中部地区农业用水量>工业用水量>生活用水量>生态用水量。而中部地区生态用水量占比仅有 5.81%，远远少于农业用水量和工业用水量，结果表明，中部地区需增加生态用水，改善中

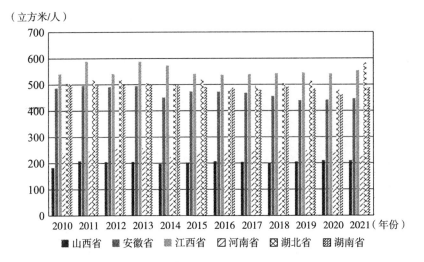

图 5-6　2010~2021 年中部地区 6 个省份人均用水量

部地区的生态环境,促进中部地区人与生态环境的协调发展,既为建设美丽中部提供绿色基础,也为中部地区高质量发展提供支撑。

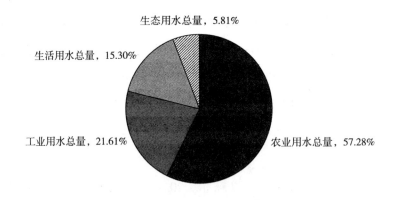

图 5-7　2021 年中部地区用水结构

中部地区 6 个省份用水结构情况如图 5-8 所示,2021 年中部地区 6 个省份农业用水量均排名第一,其中,中部地区农业用水量最多的省份为湖南省,占该省用水量的 62%,山西省农业用水量为 40.8 亿立方米,占该省用水量的 56.12%。

在工业用水中，湖北省的用水量为 85.6 亿立方米，是中部地区工业用水最多的
省份，这是因为湖北省地处长江中游城市群，工业发展水平高于其他省份。其次
是安徽省的工业用水量，为 82.1 亿立方米，原因是安徽省承接了东部地区转移
的制造业，与其他省份相比，需要耗费更多的水资源。因此，安徽省需要合理安
排工业用水量，提高工业用水效率。在生活用水方面，湖北省的生活用水量为中
部地区最高，为 51.9 亿立方米，是由于湖北省人口基数较大，在生活上对水资
源的需求量大。在生态用水方面，河南省的生态用水量为 34.8 亿立方米，江西
省的生态用水量为 4.6 亿立方米，分别占中部地区生态总用水量的 40.56%、
5.36%。与中部其他省份相比，江西省生态用水量整体偏少。

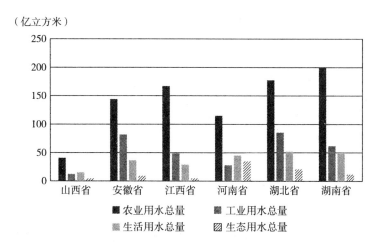

图 5-8　2021 年中部地区 6 个省份用水结构

5.3　中部地区水资源承载力评价

前两节对中部地区水资源开发利用现状进行了分析，揭示了中部地区 6 个省

份水资源可持续利用面临的诸多问题，因此，需要进一步对中部地区水资源承载力进行测评。这既是提升中部地区 6 个省份水资源承载力的必要前提，也是促进中部地区 6 个省份水资源合理开发与利用的有效依据，有助于中部地区水资源与社会经济及生态环境之间的可持续发展。本节基于中部地区水资源开发利用的实际情况，结合已有水资源承载力研究，从"水资源—社会—经济—生态环境"维度构建中部地区水资源承载力的评价指标体系。运用熵权法对各指标进行赋权，再结合 Topsis 法得出综合评价结果，从时间和空间的维度分析中部地区 6 个省份的水资源承载力情况，确定影响中部地区水资源承载力提升的关键因素。

5.3.1 中部地区水资源承载力评价指标体系构建

5.3.1.1 评价指标体系构建原则

（1）综合性原则与层次性原则。

指标需要从多角度出发进行选取，使其覆盖范围广，层次分明，才能体现出水资源承载力评价指标体系的合理性。本章从水资源、社会、经济及生态环境 4 个层面选取水资源承载力评价指标体系，并对这些层面分别进行分析评估，体现了水资源承载力的层次性。从综合性原则上选取指标再对其进行层次划分，使得中部地区水资源承载力评价系统更具针对性。

（2）科学性原则与代表性原则。

科学性原则与代表性原则是水资源承载力评价指标选取的重要依据。本章指标从水资源、社会、经济及生态环境角度多方面探讨，丰富了研究涉及的范围，也提升了研究的科学性，而在指标选取过程中，本章指标选取是参考已有文献（屈小娥，2017；刘雁慧等，2019），对水资源承载力指标进行归纳，从中找出一些具有代表性的水资源承载力测定指标，这也提升了研究的代表性。

（3）可获得性原则与可操作性原则。

水资源承载力的指标体系构建需要考虑各地区指标的可获得性和可操作性。不同地区之间的情况存在较大差异，因此，在选取指标时，需考虑各地区水资源承载力选取指标的可获得性，如能否从统计局、水利厅等官网和统计年鉴、统计公报等数据库中找出所需的指标;也需要考虑涉及的指标中是否存在一定关系,无法直接找到的指标能否通过计算或利用统计学方法得出等,这就涉及选取指标的可操作性。

5.3.1.2 水资源承载力评价指标选取及解释

本章参考已有水资源承载力的研究文献,从"水资源—社会—经济—生态环境"4个维度进行评价,再结合相关的指标选取原则,得到各个指标层的具体指标,形成目标层、准则层及指标层逐级分层的结构,如表5-2所示。首先以中部地区的水资源承载力为目标层;其次将水资源子系统、社会子系统、经济子系统及生态环境子系统作为准则层;最后综合考虑中部地区6个省份之间的实际情况,选取41个具有代表性的水资源承载力指标形成评价体系。

表5-2 中部地区水资源承载力指标体系

目标层	准则层	指标层	表示	属性	单位
水资源承载力	水资源子系统	人均用水量	x_1	负向	立方米/人
		水资源开发利用率	x_2	正向	%
		供水模数	x_3	正向	万立方米/平方千米
		年降水量	x_4	正向	亿立方米
		人均水资源量	x_5	正向	立方米/人
		人均供水量	x_6	正向	立方米/人
		地表水资源占比	x_7	正向	%
		地下水资源占比	x_8	正向	%
		产水系数	x_9	正向	%
		产水模数	x_{10}	正向	万立方米/平方千米
	社会子系统	人口密度	x_{11}	负向	人/平方千米
		人口自然增长率	x_{12}	负向	%
		城镇化率	x_{13}	正向	%
		居民人均日生活用水量	x_{14}	负向	升/日
		人均粮食产量	x_{15}	正向	人/吨
		人均社会消费品零售总额	x_{16}	正向	元
		高等院校在校学生人数	x_{17}	正向	万人

目标层	准则层	指标层	表示	属性	单位
水资源承载力	经济子系统	人均GDP	x_{18}	正向	元/人
		GDP增速	x_{19}	正向	%
		人均电力消费水平	x_{20}	正向	千瓦/人
		经济密度	x_{21}	正向	万元/立方米
		万元GDP用水量	x_{22}	负向	立方米/万元
		万元工业增加值用水量	x_{23}	负向	立方米/万元
		万元农林牧渔业增加值用水量	x_{24}	负向	立方米/万元
		第一产业占比	x_{25}	负向	%
		第二产业占比	x_{26}	负向	%
		第三产业占比	x_{27}	正向	%
		固定资产投资增长率	x_{28}	正向	%
	生态环境子系统	生态环境用水率	x_{29}	负向	%
		建成区绿化覆盖率	x_{30}	正向	%
		城市污水处理厂日处理能力	x_{31}	正向	万立方米
		氨氮排放量	x_{32}	负向	万吨
		化学需氧量排放量	x_{33}	负向	万吨
		万元污水排放总量	x_{34}	负向	吨/万元
		环保资金投入占比	x_{35}	正向	%
		森林覆盖率	x_{36}	正向	%
		有效灌溉面积	x_{37}	负向	千公顷
		化肥施用强度	x_{38}	负向	万吨
		当年造林面积	x_{39}	正向	千公顷
		工业废水排放量	x_{40}	负向	万吨
		总二氧化硫排放量	x_{41}	负向	万吨

针对上述指标层的具体指标，本章给出以下解释：

（1）水资源子系统。

人均用水量：人均用水量＝地区用水总量/地区常住人口数，该指标体现了水资源的人均使用状况。

水资源开发利用率：水资源开发利用率＝区域供水量/区域水资源总量，该指标体现了水资源可以开发的利用情况。

供水模数：供水模数＝区域供水量/区域总面积，该指标能够体现一个地区单位面积上的水资源供水量情况。

年降水量：数据来源于统计局，该指标体现了地区每年水资源的自然补给能力。

人均水资源量：人均水资源量＝水资源总量/地区常住人口数，该指标体现了一个地区水资源的人均拥有状况。

人均供水量：人均供水量＝总供水量/地区常住人口数，该指标体现了一个地区能够有效供给该地区使用的人均水量。

地表水资源占比：地表水资源占比＝地表水资源量/水资源总量，该指标体现了一个地区人类生活用水的重要来源。

地下水资源占比：地下水资源占比＝地下水资源量/水资源总量，该指标体现了一个地区地下水对该地区流域以及人们生产生活的补给能力。

产水系数：产水系数＝地区水资源量/年降水量，该指标体现了一个地区降水量转化为水资源的能力。

产水模数：产水模数＝区域水资源总量/区域面积，该指标体现了一个地区单位面积的产水能力。

（2）社会子系统。

人口密度：人口密度＝地区常住人口数/地区土地面积，该指标体现了一个地区人口分布密集程度。

人口自然增长率：人口自然增长率＝地区人口出生率-地区人口死亡率，该指标反映了一个地区人口自然增长的趋势和速度。

城镇化率：城镇化率＝地区城镇人口/地区总人口，该指标反映了一个地区城镇化水平。

居民人均日生活用水量：居民人均日生活用水量＝居民生活用水量/（人口数×天数），该指标体现了一个地区人们生活用水量的变化情况。

人均粮食产量：人均粮食产量＝地区粮食总量/地区常住人口数，该指标反映了一个地区商品粮贡献利用情况。

人均社会消费品零售总额：人均社会消费品零售总额＝地区社会消费品零售总额/平均常住人口数，该指标反映了一个地区居民生活水平及当地居民经济社会消费实力。

高等院校在校学生人数：数据来源于统计局，该指标反映了一个地区人口受教育能力和人口素质情况。

（3）经济子系统。

人均GDP：人均GDP＝地区生产总值/常住人口数，该指标体现了一个地区经济发展情况。

GDP增速：GDP增速＝报告期可比价国内生产总值/基期国内生产总值可比价×100%－100%，该指标反映了一个地区社会所创造价值和财富的增量情况。

人均电力消费水平：人均电力消费水平＝地区当年电力总消费量/区域年末总人口数量，该指标能够反映一个地区清洁能源的利用水平，也在一定程度上反映了地区经济发展状况。

经济密度：经济密度＝地区生产总值/地区土地面积，该指标体现了单位面积土地上经济效益的水平。

万元GDP用水量：万元GDP用水量＝地区总用水量/地区生产总值，该指标体现了水资源的经济效率。

万元工业增加值用水量：万元工业增加值用水量＝工业增加值用水量/工业增加值，该指标体现了工业用水效率。

万元农林牧渔业增加值用水量：万元农林牧渔业增加值用水量＝农林牧渔业增加值用水量/农林牧渔业增加值，该指标体现了农业用水效率。

第一产业占比：第一产业占比＝地区农业生产总值/当地生产总值，该指标反映了一个地区生产总值中农业生产所占比重状况，体现当地农业经济发展状况。

第二产业占比：第二产业占比＝地区工业生产总值/当地生产总值，该指标反映了一个地区生产总值中工业生产所占比重状况，体现当地工业经济发展状况。

第三产业占比：第三产业占比＝地区服务业生产总值/当地生产总值，该指标反映了一个地区生产总值中服务业所占比重状况，体现当地旅游、文化以及其他服务类经济发展现状。

固定资产投资增长率：固定资产投资增长率＝报告期固定资产投资规模/基期固定资产投资规模－100%，该指标反映了一个地区以货币形式表现出建造与购买固定资产中形成的总值。

（4）生态环境子系统。

生态环境用水率：生态环境用水率＝地区生态环境用水量/区域总用水量，该指标指地区对维持或修复改善生态环境所需水量，是一个地区对生态环境的维护情况。

建成区绿化覆盖率：指城市建成区的绿化覆盖面积占建成区总面积的百分比，该指标反映了一个地区城市绿化程度。

城市污水处理厂日处理能力：即每日对城市污水的处理量，该指标体现出了地区污水可循环利用量。

氨氮排放量：指废水中主要污染物氨氮排放量。

化学需氧量排放量：指废水中主要污染物化学需氧量排放量。

万元污水排放总量：万元污水排放总量＝污水排放总量/地区生产总值，该指标指每万元产值的污水排放量，一般污水排放量越少，地区水环境越好。

环保资金投入占比：环保资金投入占比＝环境治理投资/地区生产总值，该指标反映了一个地区对生态环境的保护力度，同时也体现出一个地区对生态环境的重视程度。

森林覆盖率：森林覆盖率＝地区森林面积/地区总土地面积×100%，该指标主要反映了区域树木覆盖面积，对当地水资源涵养、水土保持以及气候调节等功能起到重要作用。

有效灌溉面积：有效灌溉面积＝正常灌溉的水田+水浇地面积，指衡量农业生产单位、地区水利化程度及农业生产稳定性所需水量。

化肥施用强度：是指本年内单位面积耕地实际用于农业生产的化肥数量，由于化肥的施用会产生大量的有机物，会直接影响土壤和水体环境状况。

当年造林面积：数据来源于统计局，该指标反映了区域去年在荒山荒地上种植的植被面积。

工业废水排放量：数据来源于统计局，该指标反映了地区城市、工业以及农业所产生危害生态环境的废水量。

总二氧化硫排放量：二氧化硫是工业主要的排放物，也是造成酸雨的主要因素之一。因此，二氧化硫排放量越多，对生态环境的危害也就越大。

5.3.1.3 数据来源

本章原始数据主要来源于《中国水资源公报》《山西省水资源公报》《安徽省水资源公报》《江西省水资源公报》《河南省水资源公报》《湖北省水资源公报》《湖南省水资源公报》以及国家统计局、山西省统计局、安徽省统计局、江西省统计局、河南省统计局、湖北省统计局、湖南省统计局，对于无法直接获取的数据指标，通过年鉴查找相关数据，并根据相应的公式计算获得，部分指标的缺失值，通过拉格朗日插值法进行补充。

5.3.2 中部地区水资源承载力评价方法及模型

5.3.2.1 熵权法

熵权法是一种客观的计算权重的方法，根据不同指标的变异程度计算权重，指标变异程度越小，反映的信息量越少，对应的权重值也越低；相反，当指标的变异程度越大时，反映的信息量越大，其对应的权重值也越高。熵权法的优点是可以在确定权重时避免主观因素的影响，计算过程只涉及数据与公式计算，具有科学的、准确的特点，被广泛运用于各种情境下的指标综合评价系统中。因此，本章运用熵权法的基本原理获得研究需要的指标综合权重。以下是熵权法获取权重的步骤：

第一步，选取 n 个样本，m 个指标，生成 $m \times n$ 个元素的数值矩阵，其中 x_{ij}（$i=1, 2, \cdots, n$；$j=1, 2, \cdots, m$）为第 i 个样本的第 j 个指标的数值。

第二步，指标的归一化处理，由于各项指标的计量单位不统一，在使用指标数据计算综合指标前，先要对其进行标准化处理。将指标的绝对值转化为相对值，并将涉及的所有指标数据正则化处理。此外，由于正向指标（极大型指标）和负向指标（极小型指标）数值代表的含义不同（正向指标数值越高越好，负向指标数值越低越好），因此，对于正向指标与负向指标需要采用不同的算法进行数据标准化处理（石晓昕等，2021），其具体方法如下：

当评价指标为正向指标时，计算公式如下：

$$x_{ij} = \frac{x_{ij} - \min\limits_{1 \leqslant n \leqslant j} x_j}{\max\limits_{1 \leqslant n \leqslant j} x_j - \min\limits_{1 \leqslant n \leqslant j} x_j} \tag{5-1}$$

当评价指标为负向指标时，计算公式如下：

$$x_{ij} = \frac{\min\limits_{1 \leqslant n \leqslant j} x_j - x_{ij}}{\max\limits_{1 \leqslant n \leqslant j} x_j - \min\limits_{1 \leqslant n \leqslant j} x_j} \tag{5-2}$$

其中，x_{ij} 为第 i 个样本的第 j 个指标的数值（i = 1，2，…，n；j = 1，2，…，m），为了方便起见，归一化后的数据仍记为 x_{ij}。

第三步，计算各指标比重：

$$p_{ij} = \frac{x_{ij}}{\sum\limits_{i=1}^{n} x_{ij}} (i = 1, 2, \cdots, n; j = 1, 2, \cdots, m) \tag{5-3}$$

第四步，计算第 j 项指标熵值：

$$e_j = -k \sum_{i-1}^{n} p_{ij} \ln(p_{ij}) \tag{5-4}$$

其中，$k = \dfrac{1}{\ln(n)} > 0$，满足 $e_j \geqslant 0$。

第五步，计算评价指标 x_j 的信息熵冗余度：

$$d_j = 1 - e_j \tag{5-5}$$

第六步，确定各指标权重：

$$w_j = \frac{d_j}{\sum\limits_{j=1}^{m} d_j} \tag{5-6}$$

基于 2010~2021 年中部地区山西省、安徽省、江西省、河南省、湖北省及湖南省 6 个省份的数据，运用熵权法计算指标权重，具体数值如表 5-3 所示。

表 5-3　指标权重

目标层	准则层	指标层	指标层权重	总权重
中部地区水资源承载力	水资源子系统 0.2674	人均用水量	0.0485	0.0130
		水资源开发利用率	0.1492	0.0399
		供水模数	0.0532	0.0142
		年降水量	0.0885	0.0237
		人均水资源量	0.2369	0.0634
		人均供水量	0.0273	0.0073
		地表水资源占比	0.0129	0.0035
		地下水资源占比	0.1146	0.0306
		产水系数	0.0805	0.0215
		产水模数	0.1885	0.0504
	社会子系统 0.0757	人口密度	0.1460	0.0111
		人口自然增长率	0.2774	0.0210
		城镇化率	0.0187	0.0014
		居民人均日生活用水量	0.0733	0.0055
		人均粮食产量	0.0544	0.0041
		人均社会消费品零售总额	0.2783	0.0211
		高等院校在校学生人数	0.1520	0.0115
	经济子系统 0.1517	人均 GDP	0.0582	0.0088
		GDP 增速	0.0005	0.0001
		人均电力消费水平	0.1273	0.0193
		经济密度	0.1185	0.0180
		万元 GDP 用水量	0.1463	0.0222
		万元工业增加值用水量	0.2179	0.0331
		万元农业增加值用水量	0.1047	0.0159
		第一产业占比	0.0416	0.0063
		第二产业占比	0.0089	0.0013
		第三产业占比	0.0127	0.0019
		固定资产投资增长率	0.1634	0.0248

目标层	准则层	指标层	指标层权重	总权重
中部地区 水资源承载力	生态环境 子系统 0.5052	生态环境用水率	0.1904	0.0962
		建成区绿化覆盖率	0.0010	0.0005
		城市污水处理厂日处理能力	0.0371	0.0188
		氨氮排放量	0.0983	0.0497
		化学需氧量排放量	0.0765	0.0386
		万元污水排放总量	0.1260	0.0636
		环保资金投入占比	0.0315	0.0159
		森林覆盖率	0.0327	0.0165
		有效灌溉面积	0.0363	0.0183
		化肥施用强度	0.0802	0.0405
		当年造林面积	0.0386	0.0195
		工业废水排放量	0.1295	0.0654
		总二氧化硫排放量	0.1219	0.0616

资料来源:《中国水资源公报》及中部地区6个省份水资源公报、国家统计局及中部地区6个省份统计局。

5.3.2.2　基于熵权-Topsis法的评价模型及分级标准

熵权法是根据已有数据进行计算得出客观权重,而Topsis法是通过对接近理想化目标的评价指标进行排序,构造各指标的最优解与最劣解,并对逼近理想解的程度选出最优解的综合评价模型。因此,熵权-Topsis法结合了熵权法的客观赋权理念的同时,也规避了Topsis法中运用主观因素赋权的干扰,最终获得的评价结果更加科学合理化。近年来,熵权-Topsis法逐渐被学者运用到水资源承载力(徐政华和曹延明,2022)、生态环境绿色发展评价(程慧娴等,2021)及高校教育资源承载力(柯文静和王军,2020)等领域。以下为熵权-Topsis模型计算步骤:

第一步,形成原始指标矩阵:

$$X = \begin{pmatrix} x_{11} & \cdots & x_{1i} \\ \vdots & \ddots & \vdots \\ x_{n1} & \cdots & x_{ni} \end{pmatrix} \qquad (5-7)$$

第二步，对原始数据进行无量纲化，消除评价指标之间的线性关系：

$$z_{ij} = \frac{x_{ij}}{\sqrt{\sum\limits_{i=1}^{n} x_{ij}^2}} \qquad (5-8)$$

第三步，得到标准化矩阵：

$$Z = \begin{pmatrix} z_{11} & \cdots & z_{1m} \\ \vdots & \ddots & \vdots \\ z_{n1} & \cdots & z_{nm} \end{pmatrix} \qquad (5-9)$$

第四步，根据式（5-6）求得的权重值构造加权标准化评价矩阵：

$$Z = W_j z_{ij} = \begin{bmatrix} z_{11}w_1 & z_{12}w_1 & \cdots & z_{1m}w_1 \\ z_{21}w_2 & z_{22}w_2 & \cdots & z_{2m}w_2 \\ \vdots & \vdots & \vdots & \vdots \\ z_{n1}w_m & z_{n2}w_m & \cdots & z_{nm}w_m \end{bmatrix} \qquad (5-10)$$

第五步，寻找最优解与最劣解：

令 Z^+ 表示正理想解（为最优方案），Z^- 表示负理想解（为最劣方案），分别代表加权标准化矩阵中的最大值与最小值。

$$Z^+ = \max_{1 \leqslant n \leqslant i} (z_1^+, \ z_2^+, \ \cdots, \ z_i^+) \qquad (5-11)$$

$$Z^- = \min_{1 \leqslant n \leqslant i} (z_1^-, \ z_2^-, \ \cdots, \ z_i^-) \qquad (5-12)$$

第六步，计算各评价指标与最优值和最劣值之间的距离：

令 D_i^+ 为第 i 个评价对象与正理想解之间的距离，D_i^- 为第 i 个评价对象与负理想解之间的距离，即

$$D_i^+ = \sqrt{\sum_j (z_{ij} - z_j^+)^2} \qquad (5-13)$$

$$D_i^- = \sqrt{\sum_j (z_{ij} - z_j^-)^2} \qquad (5-14)$$

第七步，计算各评价指标与最优值的相对接近度：

令 C_i 为第 i 个评价对象与理想解之间的接近度，即

$$C_i = \frac{D_i^-}{D_i^+ + D_i^-} \tag{5-15}$$

对计算出的 $C_i \in [0, 1]$ 大小进行排序，C_i 越接近 1，说明评价指标越接近最优值，反之则越劣。

为了解中部地区 6 个省份水资源承载力具体情况，对中部地区 6 个省份水资源承载力的时空维度进一步对比分析。本章参考了何刚等（2019）、田培等（2019）及何伟等（2022）的相关研究，根据评价指标与最优解之间的接近度，将水资源承载力划分为 5 个等级。水资源承载力的评价等级越大，说明水资源对区域内社会经济及生态发展的制约越小，反之则制约越大。具体划分如表 5-4 所示。

表 5-4　水资源承载力的评价等级

等级	综合评价指标	等级说明
严重超载	$[0, 0.2)$	水资源与地区社会经济及生态发展之间极不协调，导致该区域水资源承载力处于不可承载的状态
超载	$[0.2, 0.4)$	水资源对地区社会经济及生态发展形成极大的制约，区域内的水资源面临诸多问题，并且该区域水资源承载力也处于弱不可承载的状态
濒临超载	$[0.4, 0.6)$	水资源与地区社会经济及生态发展处于极度饱和状态，地区的发展将受到水资源的影响
适度	$[0.6, 0.8)$	水资源与地区社会经济及生态发展处于较为协调的状态，该地区水资源可较合理地承载社会经济的发展。此时该地区的水资源承载力为可承载的状态
盈余	$[0.8, 1)$	水资源与地区社会经济及生态发展属于理想的和谐共生状态，地区的发展极少受水资源的制约。此时该地区的水资源承载力为理想状态

5.3.3　中部地区水资源承载力时空维度评价分析

中部地区包含山西省、安徽省、江西省、河南省、湖南省及湖北省 6 个省份，其中山西省和河南省属于北方的省份，安徽省属于南北交界的省份，江西

省、湖北省及湖南省属于南方的省份。利用熵权–Topsis 模型对 2010~2021 年中部地区 6 个省份的数据进行计算，获取各地区不同系统的水资源承载力综合评价指标情况，具体数值如表 5-5 所示。

表 5-5　2010~2021 年中部地区 6 个省份水资源承载力综合指数

年份	山西省	安徽省	江西省	河南省	湖北省	湖南省	均值
2021	0.593350	0.555236	0.626940	0.434002	0.513837	0.473829	0.532866
2020	0.594955	0.527588	0.630018	0.398874	0.481926	0.522568	0.525988
2019	0.519147	0.467548	0.562919	0.451575	0.528433	0.452598	0.497037
2018	0.571265	0.549172	0.579414	0.453238	0.598827	0.452438	0.534059
2017	0.562026	0.514452	0.560408	0.427212	0.557192	0.450485	0.511963
2016	0.510960	0.541591	0.560272	0.389937	0.602694	0.472089	0.512924
2015	0.508608	0.528218	0.709257	0.324405	0.583473	0.477466	0.521905
2014	0.484400	0.544091	0.718839	0.382319	0.587932	0.487886	0.534244
2013	0.482204	0.545809	0.705314	0.387669	0.576273	0.480232	0.529584
2012	0.472133	0.524468	0.713806	0.317795	0.552940	0.482018	0.510527
2011	0.499494	0.590679	0.730708	0.315401	0.614669	0.483296	0.539041
2010	0.466431	0.585779	0.688009	0.323176	0.595649	0.460461	0.519917

资料来源：历年《中国水资源公报》及中部地区 6 个省份水资源公报、国家统计局及中部地区 6 个省份统计局。

5.3.3.1　水资源承载力的时间维度评价

由表 5-5 与图 5-9 可知，2010~2021 年中部地区水资源承载力均值水平整体呈现出波动中上升的趋势，水资源承载力评价指数由 2010 年的 0.520 增长到 2021 年的 0.533，提高了 2.5%，水资源承载力等级一直处于濒临超载阶段，整体向健康可持续发展状态推进，但水生态环境保护不平衡不协调问题依然严重。2010 年，中部地区水资源承载力指数范围在 [0.323，0.688]，水资源承载力范围涵盖超载阶段、濒临超载阶段和适度阶段，说明 2010 年中部地区水资源承载力整体水平较低，区域间差异较大。2015 年中部地区水资源承载力指数为

［0.324，0.709］，较 2010 年水资源承载力评价指数整体水平均有提高，但中部地区水资源承载力区域差异仍然较大，水资源承载力范围涵盖超载阶段、濒临超载阶段和适度阶段。2021 年中部地区水资源承载力评价指数范围为 ［0.434，0.627］，水资源承载力评价指数均值较 2015 年有所提升，水资源承载力范围涵盖濒临超载阶段和适度阶段。总体来看，2010~2015 年中部地区水资源承载力基本处于超载阶段与濒临超载阶段，2015~2021 年中部地区水资源承载力基本处于濒临超载阶段和适度阶段，说明近 10 年的水资源承载力在稳步提升，但中部地区水资源承载力水平仍然比较脆弱。中部地区作为东部地区与西部地区连接的"桥梁"，其水资源承载力不仅会影响中部地区 6 个省份的发展，而且会影响东部地区与西部地区。因此，国家对中部地区的发展十分重视，为积极发挥中部地区的纽带作用，2009 年，国务院出台《促进中部地区崛起规划（2009—2015 年）》，为中部崛起擘画蓝图。2016 年，国家发展改革委印发了《促进中部地区崛起"十三五"规划》，明确提出中部地区在全国区域发展格局中具有举足轻重的战略地位。

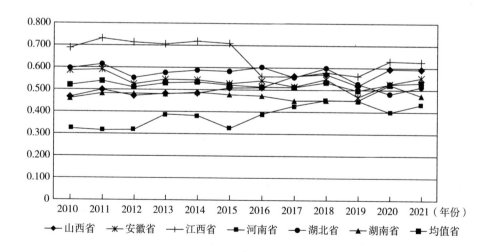

图 5-9　2010~2021 年中部地区水资源承载力综合指数趋势

资料来源：历年《中国水资源公报》及中部地区 6 个省份水资源公报、国家统计局及中部地区 6 个省份统计局。

为进一步探讨中部地区水资源承载力在时间维度上的差异性，图 5-9 给出了 6 个省份的水资源承载力变化情况。2010~2021 年，山西省水资源承载力均处于濒临超载阶段，水资源承载力综合评价指数在 [0.4，0.6] 上下波动。此外，山西省水资源承载力水平在 2020 年达到了最高点，为 0.595。安徽省水资源承载力综合评价指数由 2010 年的 0.586 缓慢下降到 2019 年的 0.468，再增加到 2021 年的 0.555，相对于 2010 年下降了 5.29%，可以看出，安徽省水资源承载力水平在 [0.4，0.6] 波动。2010~2021 年江西省水资源承载力水平整体在濒临超载阶段与适度阶段之间，整体水资源承载力水平呈先上升再下降后上升的趋势，在 2011 年江西省水资源承载力达到最高点，为 0.731。河南省水资源承载力综合评价指数由 2010 年的 0.323 逐渐上升到 2021 年的 0.434，11 年间增长了 34.37%，水资源承载力等级由超载阶段缓慢转变为濒临超载阶段，整体水资源承载力水平向好发展。2010~2020 年湖北省和湖南省水资源承载力综合评价指数波动较小，在 [0.4，0.6] 平稳发展，2 个省份的水资源承载力等级一直处于濒临超载阶段，整体水资源承载力水平较为平稳。就中部地区而言，水资源承载力水平在稳步发展，水资源承载力等级整体处于濒临超载阶段，整个中部地区水资源承载力水平在 [0.4，0.6] 波动发展。

5.3.3.2　水资源承载力的空间维度评价

本章利用 Arcgis 软件中的自然断裂法给出了 2010 年、2015 年和 2021 年中部地区水资源承载力综合评价指数，如图 5-10 所示。2010 年中部地区 6 个省份有 4 个省份处于濒临超载阶段，分别为山西省（0.466）、安徽省（0.586）、湖北省（0.596）和湖南省（0.460）；江西省处于适度阶段，为 0.688；河南省则处于超载阶段，为 0.323。其中，江西省的水资源承载力评价指数高于其余省份，山西省、河南省和湖南省水资源承载力评价指数低于中部地区水资源承载力平均水平的 0.520，主要是由于山西省和河南省年降水量少，河南省和湖南省人口密度大，所以水资源承载力水平较低。2015 年中部地区水资源承载力水平有所提高，省域间的差异仍然较大。水资源承载力综合评价指数由高到低排序依次为江西省（0.709）、湖北省（0.583）、安徽省（0.528）、山西省（0.509）、湖南省

（0.477）、河南省（0.390）。其中，江西省水资源承载力水平高于其他 5 个省份，河南省水资源承载力处于超载阶段。主要是因为江西省年降水量充沛，人口密度较小，水资源需求量小，因此江西省水资源承载力指数较大；而河南省年降水量较少，人口密度高，水资源需求量大，所以河南省水资源承载力水平较低。2021 年中部地区水资源承载力水平稳步增长，其中江西省水资源承载力水平处于适度阶段，其余省份基本稳定在濒临超载阶段，水资源承载力综合评价指数由高到低排序依次为江西省、山西省、安徽省、湖北省、湖南省、河南省。就中部地区整体而言，2010~2021 年水资源承载力的空间差异在不断缩小，部分原因是《促进中部地区崛起规划（2016—2025 年）》的实施，推动了中部地区经济社会与生态文明的协调发展，缩小了中部地区 6 个省份水资源承载力之间的差距。

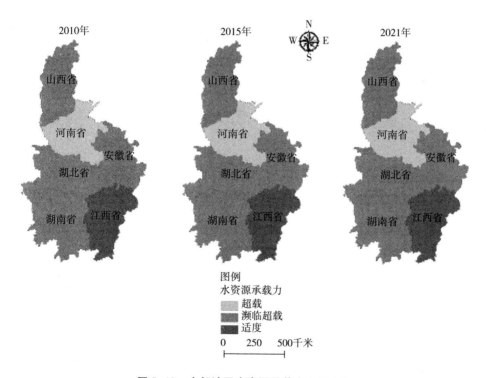

图 5-10　中部地区水资源承载力空间分布

注：该图基于国家测绘地理信息局标准地图服务网站下载的审图号为 GS（2019）1822 号的标准地图制作，底图无修改。

5.4 本章小结

首先，本章对中部地区水资源及其开发利用概况进行了简要分析，结果发现：第一，中部地区水资源空间分配不均衡。根据 6 个省份的水资源分布情况，中部地区水资源空间差异较大，山西省和河南省的水资源总量比安徽省、江西省、湖北省和湖南省少，并且人均水资源量分配也不均衡。2021 年中部地区水资源总量为 6179.5 亿立方米，中部地区常住总人口为 36445 万人，人均水资源量为 1695.57 立方米/人，但山西省人均水资源量仅为 597.41 立方米/人。第二，中部地区用水结构不合理。农业用水量、工业用水量、生活用水量与生态用水量之间的差距过大，尤其是生态用水量仅占水资源总量的 5.81%。随着中部地区高质量发展的不断推进，生态环境对社会经济发展的作用越发显现，优化中部地区用水结构对该区域人与生态环境协调发展具有重要意义。第三，中部地区水资源利用效率较低。一方面，随着中部地区城镇化进程加快、地区经济的发展以及人口的不断增加，中部地区对水资源需求量在不断上升。另一方面，居民生产生活用水未集约利用，造成中部地区水资源利用效率与水资源总量之间的不匹配。这也制约了地区产业结构转型，进一步加剧了中部地区 6 个省份之间社会经济的差异。同时，中部地区人口数量的不断增加，虽然在一定程度上推进了城镇化进程，但也提升了水资源的需求量，导致该地区水资源总量与产业结构发展和人口的不断增长逐渐失衡，不利于缓解中部地区水资源供需矛盾。

其次，本章运用熵权-Topsis 法对中部地区水资源承载力"水资源—社会—经济—生态环境" 4 个子系统进行赋权获得综合权重，对 2010~2021 年中部地区水资源承载力从时间维度和空间维度进行综合评价，得出以下结论：第一，就时间维度而言，2010~2021 年中部地区水资源承载力综合指数整体呈平稳发展趋势，水资源承载力指数由 2010 年的 0.520 增长到 2021 年的 0.533，增长了

2.5%，水资源承载力处于濒临超载阶段，但具有缓慢上升趋势。其中，山西省和河南省的水资源承载力在不断上升，江西省、安徽省以及湖南省水资源承载力呈现出曲折下降趋势，湖南省水资源承载力水平较为稳定。其中，江西省和河南省水资源承载力变化幅度大于其余4个省份。第二，就空间维度而言，2010～2021年江西省水资源承载力水平较高，处于濒临超载阶段和适度阶段；河南省水资源承载力水平较低，处于超载阶段和濒临超载阶段；其余省份水资源承载力水平较为均衡，处于濒临超载阶段。在此期间，中部地区6个省份水资源承载力水平在空间上的差异不断缩小。

第6章 中部地区水资源承载力障碍因素分析

第5章运用熵权-Topsis法对中部地区水资源承载力进行了评价，发现中部地区水资源承载力不高，多数省份处于濒临超载阶段。中部地区水资源承载力亟待提高。本章在第5章中部地区水资源承载力综合评价基础上，进一步引入障碍度模型对中部地区水资源承载力的影响因素进行实证分析，为提出中部地区提升水资源承载力的可靠对策奠定实证依据。

6.1 障碍度模型

障碍度模型是计算单一指标对其他指标负面影响程度的一种数学模型。该模型不仅能够找出影响实证结果的关键因素，还能明确计算出关键制约因素对结果的影响程度。这为制定有效的实施方案提供了严谨的科学论证依据。此外，障碍度模型是一种常用于生态环境评估的模型，可用于生态系统的定量评估。

计算过程如下：

第一步，计算因子贡献度 F_j：

$$F_i = W_i \times X_{ij} \tag{6-1}$$

其中，W_i 是第 i 个指标的权重；X_{ij} 为第 i 个指标所属的第 j 个准则层的权重。

第二步，计算偏离度 I：

$$I_i = 1 - z_{ij} \tag{6-2}$$

其中，z_{ij} 为标准化后的指标数值。

第三步，计算第 i 个评价指标的障碍度 P_i：

$$P_i = \frac{F_i \times I_i}{\sum_{i=1}^{n} F_i \times I_i} \tag{6-3}$$

第四步，计算各准则层的障碍度 Q_i：

$$Q_i = \sum P_{ij} \tag{6-4}$$

6.2　中部地区水资源承载力障碍度诊断

运用障碍度模型研究 2010~2021 年中部地区水资源承载力的障碍因素，初步分析水资源维度、社会维度、经济维度和生态环境维度四大准则层的障碍因素情况，再进一步从 41 个指标层进行深入探讨。

6.2.1　准则层障碍因素分析

运用障碍度模型分析 2010~2021 年中部地区水资源承载力四大子系统的障碍度，具体选取 2010~2021 年中的 2010 年、2015 年与 2021 年，研究并讨论这些年份中水资源维度、社会维度、经济维度和生态环境维度的障碍度。根据障碍度计算结果显示，水资源子系统、社会子系统、经济子系统和生态环境子系统对中部地区各省份水资源承载力的影响有较明显的差异。

首先，由表 6-1 可知，水资源子系统和生态环境子系统是中部地区 6 个省份水资源承载力的主要障碍因素。其中，水资源子系统和社会子系统的障碍度在不断下降，生态环境子系统和经济子系统对水资源承载力的障碍度在不断提升。2010 年中部地区受水资源影响最大的省份是河南省，为 27.29%；在社会子系统中，湖南省受到的障碍度最高，为 1.87%；在经济子系统中，山西省受到的障碍度比其他省份高，为 7.01%；在生态环境子系统中，江西省受到的障碍度最高，为 81.96%。2015 年在水资源子系统中，河南省受到的障碍度大于其他省份，为 28.07%；在社会子系统和经济子系统中，湖南省受到障碍度最高，分别为 1.68% 和 7.57%；江西省受到生态环境子系统的障碍度较其他省份更高，为 79.67%。2021 年河南省的水资源子系统和经济子系统的障碍度均高于其他省份，其障碍度分别为 23.01% 和 7.57%，与同期其他省份中最低的障碍度相比，分别高 61.47% 和 44.19%；在社会子系统中，湖南省的障碍度最高，为 1.66%；在生态环境子系统中，江西省受到的障碍度最高，为 78.89%，与同期其他省份中最低的障碍度相比，高 15.39%。

表 6-1　2010 年、2015 年和 2021 年中部地区水资源承载力的障碍因素

单位：%

省份	年份	水资源子系统	社会子系统	经济子系统	生态环境子系统
山西省	2021	20.19	1.50	5.27	73.04
	2015	20.90	1.35	7.24	70.51
	2010	21.68	1.59	7.01	69.73
安徽省	2021	17.74	1.09	5.29	75.88
	2015	18.81	1.08	5.96	74.15
	2010	17.53	1.31	3.61	77.55
江西省	2021	14.25	1.33	5.52	78.89
	2015	11.67	1.39	7.27	79.67
	2010	10.01	1.52	6.51	81.96
河南省	2021	23.01	1.06	7.57	68.37
	2015	28.07	1.30	7.44	63.19
	2010	27.29	1.59	5.08	66.04
湖北省	2021	16.70	1.34	5.25	76.71
	2015	18.90	1.16	5.82	74.12
	2010	17.53	1.45	4.01	77.01

续表

省份	年份	水资源子系统	社会子系统	经济子系统	生态环境子系统
湖南省	2021	17.16	1.66	6.83	74.35
	2015	20.62	1.68	7.57	70.13
	2010	19.81	1.87	5.34	72.97

资料来源：历年《中国水资源公报》及中部地区6个省份水资源公报、国家统计局及中部地区6个省份统计局。

其次，由表6-1可知，2010~2021年山西省的水资源承载力受水资源和生态环境子系统影响较大，其中，水资源子系统障碍度在不断地减少，生态环境子系统障碍度在不断提高。原因在于山西省处于温带大陆性季风气候区域，年降水量比其他省份少，人均水资源不足，生态用水效率不高，导致该省份受水资源与生态环境子系统障碍度影响大。又由于该省份经济结构在不断转型升级，城镇化建设向着高质量发展，因此，该省份经济子系统、社会子系统的障碍度处于下降趋势。2010~2021年安徽省的水资源承载力受障碍度影响的子系统中，水资源子系统处于先上升再下降趋势，社会子系统处于不断下降状态，经济子系统处于曲折上升阶段，生态环境子系统呈曲折下降趋势。说明水资源子系统、社会子系统以及生态环境子系统对安徽省水资源承载力的障碍性影响在减弱，经济子系统对安徽省水资源承载力的障碍度影响在不断增加。原因在于该地区水资源合理配置，社会基础设施建设向高质量发展效果显著，导致水资源子系统、社会子系统以及生态环境子系统的障碍度逐渐下降。又由于该地区工业发展加快，产业结构转型较慢，工业废水不合理排放，导致该地区经济子系统障碍度显著上升。2010~2021年江西省的水资源承载力受障碍度影响的子系统中，水资源子系统处于不断上升状态，社会子系统、经济子系统以及生态环境子系统对江西省的障碍度在不断下降，主要是因为江西省水资源分配不合理导致水资源子系统障碍度不断上升，由于生态环境用水量、经济发展水平逐渐提高，生态环境子系统、社会子系统和经济子系统障碍度逐渐下降。并且较其他省份而言，2010~2015年江西省水资源承载力提升一直受制于经济子系统，说明该省经济水平较其他主要省份低，同时该省份产业结构有待调整，产业多处于粗放型发展状态，所以经济子系统限制了该省份水资源承载力提升。2010~2021 年河南省的水资源承载力受水资源子系统和生态环境子系统影响较大，其中，水资源子系统障碍度处于下降状态，生态环境子系统的障碍度整体呈现出上升趋势，是由于河南省处于北方地区，降水量与南方地区相比较少。并且河南省常住人口多于山西省常住人口，需水量大，水资源的供需矛盾突出。因此，合理配置河南省水资源能够更加有效地提升地区水资源承载力。2010~2021 年湖北省的水资源承载力受障碍度影响的子系统中，水资源子系统和经济子系统障碍度在不断下降，社会子系统与生态环境子系统在曲折下降。主要是因为湖北省人口密度增长速度较慢，高质量城镇化建设逐渐完善，工业用水以及人均用水量循环利用效率提高，因此，水资源子系统与经济子系统障碍度不断下降。又由于该地区是长江中下游地区的经济和交通枢纽，经济正转向集约型发展，污水处理设施较其他省份完善，因此，该地区社会子系统与生态环境子系统障碍度处于波动下降状态。2010~2021 年湖南省的水资源承载力受障碍度影响的子系统中，水资源子系统和社会子系统呈现出下降趋势，经济子系统的障碍度有所上升，生态环境子系统的障碍度呈现出上升状态。主要是因为湖南省新型城镇化建设不断推进，促进了城镇化高质量发展，减少了公共设施对水资源的不合理利用，同时，实现了水资源子系统和社会子系统障碍度的下降。但经济正处于粗放型发展向集约型发展的转型阶段，生态环境用水效率不高，污水处理设施不完善，导致经济子系统和生态环境子系统障碍度呈现出上升趋势。

6.2.2 中部地区沿黄省份障碍因素分析

为进一步探讨中部地区水资源承载力的障碍因素，更具针对性地提出提高水资源承载力的对策。本部分将从指标层对沿黄省份和沿江省份水资源承载力的障碍因素进行研究。由于指标层数量较多，受篇幅限制，在此仅列出 2010 年、2015 年、2021 年的障碍度排名前 15 的因素作为主要障碍因素。沿黄省份中山西省与河南省 2010 年、2015 年和 2021 年的主要障碍因素如表 6-2 所示，沿江省份中湖北省、安徽省、江西省、湖南省 2010 年、2015 年和 2021 年的主要障碍因素如表 6-3 所示。

表6-2 沿黄省份山西省和河南省水资源承载力的障碍因素

单位：%

省份	年份	障碍因素1	障碍因素2	障碍因素3	障碍因素4	障碍因素5	障碍因素6	障碍因素7	障碍因素8	障碍因素9	障碍因素10	障碍因素11	障碍因素12	障碍因素13	障碍因素14	障碍因素15
山西省	2021	C_{29} 13.764	C_{40} 10.809	C_{34} 10.599	C_{41} 9.608	C_{32} 8.140	C_{38} 6.756	C_5 5.120	C_{33} 4.201	C_{10} 4.197	C_{37} 2.875	C_2 2.873	C_{36} 2.593	C_{31} 2.467	C_4 1.879	C_9 1.659
	2015	C_{29} 14.515	C_{40} 11.399	C_{34} 10.129	C_{38} 7.556	C_{32} 7.076	C_5 6.290	C_{33} 5.864	C_{10} 5.078	C_{37} 3.333	C_{31} 3.302	C_{36} 2.963	C_{41} 2.442	C_4 2.244	C_9 2.146	C_2 1.951
	2010	C_{29} 13.410	C_{40} 11.109	C_{34} 8.624	C_{38} 7.705	C_{32} 7.652	C_5 6.322	C_{33} 6.265	C_{10} 5.115	C_{31} 3.570	C_{37} 3.509	C_{36} 3.164	C_4 2.257	C_2 2.211	C_9 2.182	C_{39} 2.158
河南省	2021	C_{29} 13.412	C_{41} 12.993	C_{40} 12.498	C_{34} 12.497	C_{10} 8.295	C_5 6.333	C_{10} 4.098	C_2 3.735	C_{36} 2.989	C_8 2.539	C_{39} 2.494	C_4 2.162	C_{23} 2.047	C_{35} 1.584	C_{28} 1.344
	2015	C_{29} 18.049	C_{34} 14.013	C_{40} 11.068	C_5 8.435	C_{10} 6.285	C_{36} 3.657	C_{35} 3.457	C_{41} 3.025	C_{39} 2.936	C_2 2.641	C_4 2.606	C_{32} 2.560	C_9 2.535	C_{31} 2.108	C_{33} 1.915
	2010	C_{29} 18.682	C_{34} 10.152	C_{40} 8.898	C_5 7.659	C_{32} 7.409	C_{33} 6.216	C_{10} 5.285	C_2 3.986	C_{36} 3.758	C_{35} 3.321	C_{31} 2.929	C_4 2.827	C_8 2.821	C_{39} 2.451	C_1 1.471

资料来源：历年《中国水资源公报》及中部地区6个省份水资源公报、国家统计局及中部地区6个省份统计局。

表6-3 沿江省份安徽省、江西省、湖北省、湖南省水资源承载力的障碍因素

单位：%

省份	年份	障碍因素1	障碍因素2	障碍因素3	障碍因素4	障碍因素5	障碍因素6	障碍因素7	障碍因素8	障碍因素9	障碍因素10	障碍因素11	障碍因素12	障碍因素13	障碍因素14	障碍因素15
安徽省	2021	C_{29} 17.300	C_{41} 11.618	C_{40} 11.538	C_{34} 11.504	C_{32} 7.561	C_{38} 5.502	C_5 4.793	C_2 3.436	C_{39} 3.400	C_{10} 2.879	C_8 2.862	C_{36} 2.387	C_{33} 1.868	C_{35} 1.585	C_4 1.446
	2015	C_{29} 17.991	C_{34} 11.585	C_{40} 11.194	C_{41} 8.893	C_{38} 5.267	C_5 5.173	C_{32} 4.636	C_{33} 3.878	C_2 3.725	C_8 3.269	C_{10} 3.048	C_{35} 2.818	C_{36} 2.611	C_{39} 2.507	C_{31} 1.735
	2010	C_{29} 18.126	C_{40} 10.533	C_{34} 9.074	C_{34} 7.880	C_{32} 7.706	C_{33} 6.048	C_{38} 5.195	C_5 4.816	C_{39} 3.790	C_2 3.498	C_8 3.070	C_{10} 2.837	C_{35} 2.734	C_{36} 2.543	C_9 2.156
江西省	2021	C_{29} 18.416	C_{41} 11.750	C_{40} 11.723	C_{34} 11.680	C_{38} 7.849	C_{32} 7.426	C_2 3.891	C_8 2.941	C_{37} 2.914	C_5 2.611	C_{31} 2.486	C_{33} 2.432	C_{10} 2.040	C_{23} 1.539	C_9 1.236
	2015	C_{29} 19.289	C_{41} 11.037	C_{32} 10.384	C_{41} 8.484	C_{38} 8.043	C_{32} 5.502	C_{33} 4.775	C_2 4.438	C_{31} 3.535	C_8 3.198	C_{37} 3.178	C_{35} 2.837	C_{39} 2.581	C_{23} 1.795	C_{22} 1.285
	2010	C_{29} 18.388	C_{34} 11.329	C_{41} 9.012	C_{41} 8.283	C_{38} 8.208	C_{34} 7.856	C_{33} 6.433	C_2 4.516	C_{31} 3.796	C_8 3.373	C_8 3.323	C_{35} 2.960	C_{39} 2.220	C_{23} 1.589	C_{20} 1.239
湖北省	2021	C_{29} 17.510	C_{34} 12.784	C_{41} 12.376	C_{40} 11.942	C_{32} 7.317	C_{38} 6.193	C_5 4.281	C_2 3.779	C_{10} 3.045	C_8 2.928	C_{39} 2.549	C_{37} 2.138	C_{35} 2.121	C_4 1.992	C_{36} 1.698
	2015	C_{29} 20.100	C_{34} 11.940	C_{40} 10.836	C_{41} 8.260	C_{32} 5.371	C_5 4.856	C_2 3.820	C_{10} 3.537	C_{32} 3.470	C_{33} 3.260	C_8 2.967	C_{35} 2.963	C_{37} 2.373	C_{39} 2.001	C_{36} 1.748
	2010	C_{29} 20.026	C_{40} 10.020	C_{34} 9.179	C_{41} 7.340	C_{32} 6.969	C_{33} 5.485	C_{38} 5.045	C_5 4.100	C_2 3.990	C_8 3.098	C_{35} 3.065	C_{10} 2.896	C_{39} 2.828	C_{37} 2.804	C_{31} 2.341

续表

省份	年份	障碍因素 1	障碍因素 2	障碍因素 3	障碍因素 4	障碍因素 5	障碍因素 6	障碍因素 7	障碍因素 8	障碍因素 9	障碍因素 10	障碍因素 11	障碍因素 12	障碍因素 13	障碍因素 14	障碍因素 15
湖南省	2021	C_{29} 21.046	C_{41} 13.779	C_{34} 10.321	C_{32} 7.918	C_{38} 7.516	C_2 4.554	C_{40} 4.538	C_5 3.742	C_8 3.392	C_{39} 2.615	C_{10} 2.411	C_{37} 2.260	C_{35} 1.946	C_{23} 1.806	C_9 1.365
	2015	C_{29} 26.058	C_{41} 10.552	C_{38} 9.476	C_{34} 6.860	C_2 5.750	C_5 4.415	C_8 4.311	C_{35} 3.992	C_{37} 2.930	C_{31} 2.739	C_{33} 2.718	C_{10} 2.665	C_{39} 2.172	C_9 1.744	C_{23} 1.529
	2010	C_{29} 25.013	C_{38} 9.892	C_{32} 8.034	C_{41} 7.622	C_{33} 5.646	C_2 5.584	C_8 4.186	C_5 4.100	C_{35} 3.428	C_{37} 3.299	C_{31} 2.924	C_{40} 2.802	C_{39} 2.753	C_{10} 2.622	C_9 1.727

资料来源：历年《中国水资源公报》及中部地区 6 个省份水资源公报、国家统计局及中部地区 6 个省份统计局。

由表 6-2 可知，生态环境用水率、工业废水排放量、总二氧化硫排放量、万元污水排放总量、化肥施用强度、人均水资源量、氨氮排放量、产水模数、森林覆盖率、化学需氧量排放量、环保资金投入占比、水资源开发利用率、有效灌溉面积、城市污水处理厂日处理能力、当年造林面积、地下水资源占比、年降水量、工业用水效率、产水系数、固定资产投资增长率以及人均用水量是沿黄省份河南省和山西省水资源承载力提升的障碍因素。其中，生态环境用水率、工业废水排放量、总二氧化硫排放量、万元污水排放总量、化肥施用强度、人均水资源量、氨氮排放量、产水模数、森林覆盖率、化学需氧量排放量是沿黄省份的主要障碍因素。在中部地区，山西省和河南省作为黄河流域的代表省份，相对于其他4 个省份，位置更接近中国北部，气候较南部干旱少雨，水资源总量较南方地区少，导致地区人均水资源量不充足。2021 年生态环境用水率、工业废水排放量、万元污水排放总量、总二氧化硫排放量、氨氮排放量是山西省的主要障碍因素，其障碍度分别为 13.764%、10.809%、10.599%、9.608%、8.140%。山西省工业废水排放量由 2010 年的 49881 万吨减少到 2021 年的 18603 万吨，减少了62.705%；万元污水排放总量由 2010 年的 56021.52 吨降到 2021 年的 18134.09吨，人均水资源量由 2010 年的 261.5 立方米减少到 2021 年的 208.3 立方米，生态环境用水率由 2010 年的 4.08% 减少到 2021 年的 2.17%，产水模数由 2010 年的 5.85 万立方米增加到 2021 年的 13.27 万立方米。据此，山西省应加强工业废水排放的监管力度，提高人均用水效率，合理开发水资源，以提高地区水资源承载力。2021 年，生态环境用水率、万元污水排放总量、工业废水排放量、总二氧化硫排放量、氨氮排放量是河南省的主要障碍因素，其障碍度分别为13.412%、12.993%、12.498%、12.497%、8.295%。其中，万元污水排放量障碍度较山西省增加 2.394%，工业废水排放量障碍度较山西省增加 2.184%，人均水资源为 695.3 立方米，与山西省相比多 98.7 立方米，原因之一是山西省年降水量少。因此，需要提高山西省居民的节水意识，增加产业污水处理能力，以提高水资源承载力水平。

6.2.3　中部地区沿江省份障碍因素分析

由表 6-3 可知，生态环境用水率、万元污水排放总量、工业废水排放量、水资源开发利用率、氨氮排放量、化肥施用强度、总二氧化硫排放量、人均水资源量、地下水资源占比、产水模数、化学需氧量排放量、环保资金投入占比、当年造林面积、城市污水处理厂日处理能力、有效灌溉面积、工业用水效率、森林覆盖率、城市污水处理厂日处理能力、年降水量、产水系数是沿江流域安徽省、江西省、湖北省与湖南省水资源承载力提升的主要障碍因素。其中，生态环境用水率、万元污水排放总量、工业废水排放量、水资源开发利用率、氨氮排放量、化肥施用强度、总二氧化硫排放量、人均水资源量、地下水资源占比以及化学需氧量排放量是沿江流域水资源承载力提升的主要障碍因素，该结果与田培等（2021）分析的结果相近。

2021 年，生态环境用水率、万元污水排放总量、工业废水排放量、总二氧化硫排放量、氨氮排放量为安徽省主要障碍因素，其障碍度分别为 17.300%、11.538%、11.618%、11.504%、7.561%。生态环境用水率、万元污水排放总量、工业废水排放量、总二氧化硫排放量、化肥施用强度为江西省主要障碍因素，其障碍度分别为 18.416%、11.723%、11.750%、11.680%、7.849%。生态环境用水率、万元污水排放总量、工业废水排放量、总二氧化硫排放量、氨氮排放量为湖北省主要障碍因素，其障碍度分别为 17.510%、12.784%、11.942%、12.376%、7.317%。生态环境用水率、万元污水排放总量、总二氧化硫排放量、氨氮排放量和化肥施用强度为湖南省主要障碍因素，其障碍度分别为 21.406%、10.321%、13.779%、7.918%、7.516%。其中，生态环境用水率、万元污水排放量、工业废水排放量、总二氧化硫排放量是沿江流域 4 个省份的主要障碍因素，均排在安徽省、江西省、湖北省、湖南省障碍因素的前四位。因此 4 个省份需加强对工业污水排放量的监管力度，促进产业结构转型升级，加快沿江流域绿色经济的发展，强化水资源合理利用和科学配置，提高生态环境用水效率，加强水资源保护，促进水生态环境建设。

6.3 本章小结

通过中部地区沿黄省份与沿江省份的综合障碍因素诊断分析结果可知，水资源维度与生态环境维度是制约沿黄省份山西省与河南省水资源承载的主要因素，生态环境维度是制约沿江 4 个省份水资源承载力的主要因素。基于以上结论，提出以下建议提升水资源承载力：

第一，中部地区沿黄省份山西省和河南省需提高水资源开发利用效率，建立水资源保护长效机制。针对沿黄省份中的人均水资源量和产水模数这两个限制性因素，需提高当地居民的用水效率，随着人口密度不断提高，人们对水资源的需求量也在增加，因此，需采用先进的科学技术以及智能化的用水方式，提高水资源利用效率。一方面，政府需加强普及人们的节水意识，带动公众从被动接受到主动节水；另一方面，采用灵活定价机制，对不同受众者采取不同的收费标准，形成多元化管理模式。

第二，中部地区沿江省份安徽省、江西省、湖北省和湖南省需加强企业污水排放监管力度，提高水环境质量。针对沿江省份生态环境用水量这个限制性因素，需要科学合理配置水资源，增加生态环境用水量，提高生态环境用水效率，促进生态环境与人类和谐发展。为降低万元污水排放量和工业废水排放总量这两个限制性因素的影响，一方面，政府需加大对企业污水排放的监管力度，对于污水排放违规现象需从严处理；另一方面，企业和工业园区需完善污水处理设施，合理安排污水处理工序，加强企业雨污分流管理，将企业污水纳入工业园管网，加强"一企一管"污水纳管建设，最终减少工业污水排放，优化水生态环境。

第7章 研究结论与对策建议

基于中部地区水污染状况、水资源及其开发利用情况，根据中部地区水污染治理效率评价及影响因素、水资源承载力评价及障碍因素的研究结论，分别提出提高中部地区水污染治理效率与提升水资源承载力的对策建议。

7.1 研究结论

7.1.1 水污染治理效率评价及其影响因素的研究结论

中部地区东接沿海，西接内陆，对我国社会经济高质量发展起着不可或缺的作用。近年来，中部地区面临着季节性水资源短缺以及水环境污染等问题，极大地影响了社会经济的高质量发展。为缓解水资源短缺，促进水资源可持续利用，解决水污染问题，需提高水污染治理效率。据此，本书对中部地区水污染治理效率及其影响因素进行研究，主要结论如下：①在省份层面，水污染治理效率的静态测度发现，中部地区6个省份之间水污染治理效率存在较大差异，湖南省、湖北省和安徽省水污染治理效率均达到有效，河南省、山西省和江西省距离有效前沿还有很大差距。动态测度发现，湖南省水污染治理的全要素生产率得到提升，湖北省、江西省、山西省、安徽省和河南省水污染治理的全要素生产率均处于下降状态。地级市层面，测算发现中部地区 80 个地级市水污染治理状况不稳定，水污染治理效率也存在较大差异，64 个地级市实现了水污染治理的全要素生产率提升，16 个地级市水污染治理的全要素生产率下降。原因可能在于不同地级市水污染治理投入资源的优化使用情况存在异质性。②关于中部地区水污染治理效率的影响因素，利用 Tobit 模型估计发现，经济发展水平对水污染治理效率有着显著的正面影响，产业结构水平、城镇化水平和贸易开放程度对水污染治理效率存在显著的负面影响。

7.1.2　水资源承载力评价及其障碍因素的研究结论

本书运用熵权–Topsis 法对中部地区 6 个省份水资源子系统、社会子系统、经济子系统和生态环境子系统进行时空维度的综合分析评价，结果显示，2010～2021 年中部地区水资源承载力综合指数整体呈缓慢上升趋势，但水资源承载力依旧处于濒临超载阶段。其中，江西省水资源承载力水平较高，处于濒临超载阶段和适度阶段；河南省水资源承载力水平较低，处于超载阶段和濒临超载阶段之间；其余省份水资源承载力水平较为均衡，处于濒临超载阶段。中部地区 6 个省份水资源承载力在空间上的差异性在不断缩小，均向着平稳、健康方向发展，但整体水平仍处于饱和阶段。2010～2021 年安徽省、江西省、湖北省及湖南省的水资源承载力在稳步推进，山西省和河南省水资源承载力呈现出曲折上升趋势。但是中部地区 6 个省份在时间和空间上仍存在差异性。

通过运用综合障碍因素诊断结果分析中部地区沿黄省份与沿江省份结果可知，水资源子系统和生态环境子系统是制约沿黄两省份水资源承载力提升的关键，其中，主要障碍因素分别为生态环境用水率、工业废水排放量、万元污水排放总量、人均水资源量和产水模数。生态环境子系统也是制约沿江 4 个省份水资源承载力提升的主要原因，本书得出的沿江 4 个省份的主要障碍因素为生态环境用水率、万元污水排放量、工业废水排放量、总二氧化硫排放量以及化肥施用强度。其中，生态环境用水率、万元污水排放总量、工业废水排放量是沿黄 2 个省份和沿江 4 个省份的主要障碍因素。此外，沿黄省份水资源总量与沿江省份相比较少，因此，人均水资源量和产水模数是沿黄 2 个省份的主要障碍因素。沿江 4 个省份是长江中下游平原"鱼米之乡"的主要省份，化肥施用量达 1605.3 万吨，占全国比重为 30.92%。由此可见，沿江 4 个省份需减少对化肥的使用量，完善农业规模化管理，促进传统农业向现代农业的转变，可减少传统农业发展中不合理的化肥施用。并且该区域工业快速发展，各产业园区监管力度不到位，工业污水废水排入河流的现象依然存在，致使水体环境污染，阻碍了沿江 4 个省份水资源承载力水平的提升。

7.2　对策建议

7.2.1　提高水污染治理效率的对策建议

7.2.1.1　完善水污染治理制度，提高治理管理水平

建立健全中部地区水污染治理协调机制，创新水污染治理体制、机制和管理模式，对改善水环境具有十分重要的作用。根据以上对中部地区 6 个省份及地级市水污染治理效率的分析结果可知，中部地区水污染治理综合效率较低的主要原因是水污染治理工作中管理制度不完善，管理水平较低。因此，需要完善水污染治理制度，提升水污染治理管理水平。

在政府层面，相关部门在水污染治理中需充分发挥监督和执行的作用，通过制定相关规章制度和政策体系，在资源投入方面发挥积极的引导作用。严格实行政府主导的环境质量督政问责制，将水污染治理和政绩考核指标联系在一起，进一步细化责任、强化考核。建立水生态环境损害责任终身追究制度，政府及有关部门需履行水生态环境保护工作职责，将造成或可能造成水生态环境损害的责任，与未完成水生态环境和水资源保护任务的责任一并列为生态环境损害责任类

型。提升水生态环境保护绩效考核和责任追究制度体系的科学性、完整性和可操作性，完善考核评价体系的标准衔接、结果运用、责任落实机制，引导各级党政机关和领导干部树立绿色政绩观。在企业层面，革新治理方式，摒弃末端治理，提高治理水平。相关企业应结合当地实际情况，建立和完善企业内部环境管理制度，如建立健全企业水污染减排计划和水污染治理设备运行等管理制度，发展循环经济，提高水污染治理效率。

7.2.1.2　加强技术研发投入，提升水污染治理效率

一方面，政府需重视水污染治理技术创新，相关部门应加大对水污染治理新技术研究的资金投入，鼓励水污染防治的相关科技创新，加大水污染治理技术研发的人力和物力支持。中部地区各级政府需引导并推动科研机构与相关企业合作，实现水污染治理技术在企业水污染治理过程中的应用和发展。同时各个地区根据实际情况引进国外水污染治理技术，学习发达国家的水污染治理经验。另一方面，污水治理企业本身应加强水污染治理关键技术的研发投入，大力研发治污的装备设施，推广水污染治理新技术、新产品，增强水污染企业污水处理能力。同时水污染企业需深化与高校、科研院所的合作关系，在积极引进人才，培养研发队伍，提升技术研发能力的同时，实现信息共享，提高企业在水污染治理方面的优势。

7.2.1.3　加快产业结构调整，促进产业转型升级

在经济发展过程中，加快产业结构调整，促使现在的产业由能源消耗密集型和污染密集型向环境友好型和技术密集型转变，提高节能环保型产业占比，进而提升水污染治理效率，减少水污染物排放量。政府可通过制定完善相关政策引导产业转型升级，如通过构建高新技术产业发展的政策支持体系，对特定行业尤其是节能环保型产业进行补贴和税收减免等，推动产业结构合理化和高度化。产业结构的合理化和高度化，在减少水资源消耗，优化水资源配置，提高水资源使用效率的同时，有助于减少水污染，提高水污染治理效率。

7.2.1.4　持续深化环保教育，发挥民众监督力量

伴随经济发展水平的提高，中部地区人们环保意识也不断增强，为了进一步

提高水污染治理效率，需深入推进环保教育，发挥民众监督力量。在环保教育中，中部地区各级政府相关部门可以通过完善相关法律法规、加强宣传教育、组织公益活动等手段，重点向公众宣传水污染的危害性和治理的必要性，同时推广水生态文明、高质量发展等理念，提高公众的水生态环境环保意识和责任感，减少水污染。另外，公众参与和监督是水污染治理效率提高的重要环节之一。政府可以通过建立公众监督平台等线上线下形式开展公众参与和监督活动，吸引更多的公众关注水污染问题，发挥公众的监督力量，形成政府、企业和公众共同治理水污染的局面。

7.2.1.5　落实新型城镇化战略，提高城镇化质量

中部地区需摒弃粗放型城镇化发展模式，坚持走新型城镇化发展道路，提高城镇化质量，要统筹城乡环境基础设施建设，放大城镇化对水污染的降低效应，减少城镇化发展过程中因人口聚集、工业发展产生的水污染增加效应。考虑到中部地区流域内水环境安全与跨界水污染治理的复杂性，需健全城镇之间的水污染联防联控和生态补偿机制，探索建立跨地区排污权交易制度，引入外部机制，遏制各地区上游排污，下游遭殃的现象，进而提高水污染治理效率。

中部地区在新型城镇化发展过程中，需注重产业与城市融合发展，发挥产城联动的水污染治理优势。淘汰高投入、高污染、低效率的落后产业，从源头上减少水污染；因地制宜，发挥主导产业的支撑作用，积极推进低污染战略性新兴产业的发展，提高水污染治理效率，降低产业水污染水平，尤其加强绿色产业的政策扶持，促进水污染防治与产业结构升级的良性互动。

7.2.1.6　加快转变外贸发展方式，提高外贸质量效益

中部地区对外贸易发展方式长期以粗放型为主，这不利于水污染治理效率提升。中部地区需加快构建以国内大循环为主体、国内国际双循环相互促进的新发展格局，积极向集约型外贸发展方式转变，在扩大对外贸易规模的同时，推动外贸高质量发展。需降低高耗水劳动密集型产品出口比重，丰富对外贸易的产品种类，提高对外贸易产品的技术含量和附加值，降低粗放型外贸发展方式对水污染治理效率的负面效应，实现对外贸易与水生态环境的融合发展。

7.2.2 提升水资源承载力的对策建议

基于以上研究结论，结合中部地区水资源承载力现状，对于各省份存在的问题，将从指标体系构建的"水资源—社会—经济—生态环境"四个方面提出提高6个省份水资源承载力的对策建议。

7.2.2.1 山西省水资源承载力提升的对策建议

第一，在水资源方面，合理开发利用水资源。山西省属于北部温带季风性气候，年降水量较少，导致水资源总量少，据此，为提高山西省水资源承载力，需提高该地区水资源开发利用效率。由于人均水资源量的障碍因素随时间变化逐渐降低，而产水模数的障碍因素逐渐提升，说明山西省工业用水利用效率不高，提高节水器具减少工业用水量，在水器上增加感应系统，控制出水量及出水时间来控制工业水资源使用量，提升工业用水利用效率，提高水资源承载力。

第二，在社会方面，社会系统对山西省水资源承载力的影响较小，高等院校在校学生人数是社会系统中制约山西省水资源承载力的主要因素，因此需加强高等教育投入，提高当地人口素质和人力资本水平，进而提高人们对水资源的节约意识，减少水资源浪费，维护好水生态环境，保护好水资源安全。

第三，在经济方面，对山西省水资源承载力影响最大的是万元工业增加值用水量，其原因在于山西省人均 GDP 和产业结构水平较低，尚未实现经济增长方式的转变。因此，山西省需集聚创新要素，促进产业专业化集聚，提高要素间的匹配效率，促进产业智能化升级，提高产业用水效率。同时，需合理规划用水，制定完善的工业用水监管制度，提升工业用水效率，并在保障居民的生活用水质量的同时，完善水价制度，提高生活用水效率。

第四，在生态环境方面，山西省生态环境用水率对水资源承载力的影响呈下降趋势，在 2021 年达到最低，但在农业与工业层面用水造成的影响正在逐步增加。因此，需要促进工业与农业内部结构优化，加快产业集聚，提高工业废水的集中处理能力。提倡使用清洁能源，减少煤炭的使用，降低煤炭燃烧带来的大气污染，从源头削弱酸雨形成的条件，有效保护好地表水质安全，提高水资源承载力水平。

7.2.2.2 安徽省水资源承载力提升的对策建议

第一，在水资源方面，水资源开发利用率对安徽省水资源承载力的影响较大，水资源开采技术的不足，导致了地下水资源无法得到有效利用；人均水资源量较大，对水资源的浪费较多。因此，建议加强水资源开发技术上的投入，合理利用地下水资源，同时提高群众的节水意识。

第二，在社会方面，社会子系统的指标对安徽省水资源承载力的影响较小，主要影响的指标是城镇化率。因此，在加速城镇化建设的同时，需要推动节水和水污染控制技术在城镇化建设中的运用。污水处理设施不完善，维护成本高，是导致城镇化建设中的雨污分流以及雨水收集效率低的原因之一，因此，需推进新型城镇化建设，提高城镇化质量，并加大污水处理设施投入，采用与推广雨污分流技术。

第三，在经济方面，万元工业增加值用水量是阻碍安徽省水资源承载力水平提升的主要因素，这表明安徽省工业的用水量多，但产生的经济效益相对不明显。因此，需在完善工业园区进水和污水处理管网建设，提高污水处理技术的同时，增加循环用水设施投入，推广循环用水技术，提升园区水资源循环利用率。

第四，在生态环境方面，水资源承载力主要受生态环境用水率与工业废水排放的影响。安徽省的工业以汽车制造、水泥制造以及农副产品加工等为主，这些产业在生产过程中产生的污水排放影响了水资源承载力。因此，在提高生态环境用水率的同时，需建立健全工业排放管控体系，加大废水排放监管力度，减少废水排放造成的水污染。

7.2.2.3 江西省水资源承载力提升的对策建议

第一，在水资源方面，优化用水结构。江西省的农业用水量占比最大，但是生态用水量远低于其他地区的生态用水量。江西省地处亚热带季风气候区，降水量充沛，水资源总量较多，但是江西省的生态环境用水率对水资源承载力的障碍度一直处于首位。因此，需优化用水结构，加大在生态环境上的水资源投入，维护人与生态环境的和谐共生，才能促进江西省生态文明建设，为江西省人与自然和谐发展做出贡献。

第二，在社会方面，转变人们消费理念。人均社会消费品零售总额对江西省水资源承载力具有负面影响，为提高江西省水资源承载力，需要转变居民的消费理念，加强环保意识，普及绿色消费知识，促进绿色消费观的形成。

第三，在经济方面，加快产业结构转型。针对产业结构水平不高，需加大产业结构的转型力度，促进江西省产业结构合理化和高级化，降低高耗水高污染产业比重，实现产业用水的优化配置。要加快实施产业节水，将污水纳入企业管网等一系列举措，加大对企业污水偷排漏排的处罚力度。同时切实提升政府相关部门的监管水平，避免污水未经处理流入河流。

第四，在生态环境方面，加大对生态环境的投入。化肥的施用强度、工业废水排放量和生态环境用水率是影响江西省水资源承载力的障碍因素。首先，江西省作为"鱼米之乡"的省份之一，主要种植水稻等农作物，在耕种过程中，过度使用化肥造成了水生态的破坏，严重影响水质安全，因此，需要减少农田对化肥的施用强度，维护水生态的平衡发展。其次，需不断推动水环境保护与治理工作的实施，加强污染物的排放监管力度。最后，江西省需加强生态环境建设，增加生态环境的投入，提高生态环境的水资源利用率。

7.2.2.4 河南省水资源承载力提升的对策建议

第一，在水资源方面，河南省受水资源系统的影响是中部地区 6 个省份中最大的，其中人均水资源用水量与工业产水模数对水资源承载力的影响最大。这可能是由河南省的人口基数较大以及水资源利用率较低造成的。因此，需增强居民的节水意识，完善阶梯式水价供给制度，同时提升地下水的开采技术，提升工业生产中水资源利用率。

第二，在社会方面，与山西省的情况类似，河南省的水资源承载力受社会系统影响最小，在社会系统的指标中，人均社会消费品零售总额的影响最大。因此，需践行绿色生活方式，倡导可持续消费理念，进而促进水生态环境良性发展，提高水资源承载力。

第三，在经济方面，河南省的水资源承载力受经济系统的影响较小，GDP

的增长与水资源的关系不显著，说明样本期间河南省的水资源供给能够满足工业与农业等的需求，这种用水需求对于水资源承载力影响较小。但河南省农业用水总量远超过其他省份，因此，在农业用水上需要加强节水技术运用，促进农业用水智能化发展，在保障好人们"米袋子""菜篮子"的基础上，实现农业用水由粗放型向集约型的转变。此外，在保护绿水青山的同时要加快第三产业的发展，促使产业结构转型升级，提高水资源承载力。

第四，在生态环境方面，生态环境用水率以及氨氮排放量阻碍了河南省水资源承载力水平的提升。受地理气候影响，河南省在 2010~2021 年发生干旱的频率为中部地区最高，每年均有不同程度的干旱，其中春、夏、秋三季干旱影响有全域性的特点，夏旱则有多区域的特点。在此情况下，由于河南省也是中国的产粮大省，因此，在干旱时需要投入较多的水资源保障农作物的收成，这是河南省生态环境用水率在部分年份较低的原因（商东耀等，2021），故该省份需修建和完善水利设施，储存旱期所需的水资源，同时考虑加强与周边省份水资源的"就地合作"。此外，河南省以中小型农场为主，规模不大，缺少现代化的管理，氨氮排放量在干旱程度较轻的年份对水资源承载力的影响也不可忽视。因此，需合理调控农业化肥农药施用，严格管控农业面源污染，提升水资源承载力。

7.2.2.5　湖北省水资源承载力提升的对策建议

第一，在水资源方面，加强水资源开发利用。针对湖北省受水资源开发利用率的制约，结合湖北省水资源现状，生产生活用水需严格执行水资源管理制度，建立水资源保护长效机制。需运用先进科学技术手段预测地区水资源的总需求量，转变传统农业生产和工业生产等水资源用水方式，推动用水方式由粗放型向集约型转变，提高水资源利用效率。

第二，在社会方面，合理控制人口密度，加强教育。人口密度是制约湖北省水资源承载力提升的关键因素，2021 年湖北省人口密度达 313.61 人/平方千米，并且人口自然增长率仍有明显增长趋势。因此，提高湖北省的人口素质是提升湖北省水资源承载力的途径之一。湖北省需加大教育资金投入，加强高素质高技能人才培育力度。同时加强政策扶持，依托人才充分利用数字技术发展新兴产业，减少社会系统对湖北省水资源承载力的不利影响。

第三，在经济方面，万元污水排放总量、工业废水排放量严重制约了湖北省水资源承载力的提升。由于湖北省的工业结构较为单一，多为轻工业类型的制造业，废水污水排放量一直居高不下。对此，需加快产业结构转型，加强工业废污水智能化处理，加大对企业废污水处理的监管力度，防止废污水不合理排放现象发生。

第四，在生态环境方面，生态环境用水率、总二氧化硫排放量是制约湖北省水资源承载力提高的重要因素。因此，湖北省需在进行城市化扩张以及水资源开发过程中响应国家号召，严格把控好"三条红线"，确保生态环境用水量。与此同时，需加快产业结构优化升级，减少化工燃料的燃烧，严格监管工厂排放的废气，完善工业烟气脱硫处理设备，从源头减少水环境中二氧化硫的排放量，提高地区水资源承载力。

7.2.2.6 湖南省水资源承载力提升的对策建议

第一，在水资源方面，湖南省需加大水资源开发力度，提升人们节水意识。水资源系统中的人均水资源量和产水模数制约着湖南省水资源承载力提高，一方面，需要提高湖南省水资源的利用效率，引进先进节水技术，提高工业用水循环利用率，增加人均水资源量；另一方面，引入国外先进的农业发展模式，适度发展规模农业，减少每立方米土地的需水量，提高湖南省的产水模数，推动湖南省传统农业向生态农业、绿色农业以及气候智慧型农业转型，在保证农业用水的基础上提高农业用水效率。

第二，在社会方面，样本期间湖南省人口密度不断增加，人口增长率提高，城镇化快速发展，致使城镇化成为了湖南省水资源承载力的影响因素。因此，在推进新型城镇化进程中，需合理控制人口密度，合理开发城镇建设用地，同时增强人们节水意识，培养良好用水习惯，保护好水资源，推进城镇用水精细化管理。

第三，在经济方面，针对万元工业增加值用水量对湖南省水资源承载力影响大的情况，政府相关部门需加强对工业用水量的管控，引入新的节水技术，将智能化融入到工业用水中。与此同时，优化产业结构，在耗水需水量大的企业尝试试点改革，减少工业用水量，提高用水效率，推动企业内部水资源循环利用效率，降低对水资源的损耗；还可以通过工业企业水权交易方式，提高用水效率，提升水资源承载力。

第四，在生态环境方面，针对湖南省生态环境受化肥施用强度影响较大的情况。一方面，需加强农田化肥施用强度的把控，打造有机无公害的农产品，减少化肥施用量，避免土壤的富营养化而导致地下水资源受到污染，影响水质的安全性，提升水资源承载力；另一方面，需引入先进的农业种植技术，例如农田平衡施肥、土地维护等，降低农田对化肥以及农药的依赖性，加强对土壤以及地下水的保护，提升水资源承载力。

总之，中部地区可以从水资源、社会、经济以及生态环境4个层面提升水资源承载力。第一，在水资源方面，提高水资源利用效率，优化用水结构，强化人们的节水意识。首先，需要提高中部地区水资源的利用效率，引进先进节水技术，提高工业用水循环利用率。其次，合理分配生产生活的用水结构，中部地区需增加对生态环境水资源总量的投入，促进地区生态环境建设，维护人与生态环境的和谐共生。最后，需加强节水知识的宣传力度，强化群众的节水意识，要将节水从国家管理向公民自我管理转变，充分发挥群众的力量，提高中部地区水资源承载力水平。

第二，在社会方面，提高地区高等教育水平，促进人们消费理念转型，推动城镇化高质量发展。首先，需加大教育资金投入，加强高素质高技能人才培育力度，依托人才充分利用数字技术发展新兴产业，减少社会系统对中部地区水资源承载力的不利影响。其次，需践行绿色生活方式，倡导可持续消费理念，进而促进水生态环境良性发展，提高水资源承载力。最后，需推进新型城镇化建设，提高城镇化质量，加大城镇污水处理设施投入力度，采用与推广雨污分流技术，完善城镇生产生活污水处理设施建设，促进中部地区水资源承载力水平的提高。

第三，在经济方面，需优化产业结构，完善工业园区污水管网建设，同时加大工业污水处理力度。首先，需加快产业结构的转型升级，促进中部地区产业结构向合理化和高级化转变，降低高耗水高污染产业比重，实现产业用水的优化配置。其次，需完善工业园区进水和污水处理管网建设，提高污水处理技术水平的同时，增加循环用水设施投入，推广循环用水技术，提升园区水资源循环利用率。最后，加大工业废污水处理及其监管力度，防止废污水不合理排放现象发生，从而提高中部地区水资源承载力。

第四，在生态环境方面，中部地区需增加生态环境投入，强化农业化肥施用强度把控，加强对总二氧化硫排放量的监管力度。首先，需加强生态环境建设，增加生态环境投入，提高生态环境用水效率。其次，需加大农田化肥施用强度的把控，打造有机无公害的农产品，减少化肥施用量，避免土壤的富营养化而导致地下水资源受到污染，影响水质的安全性，提升水资源承载力。最后，中部地区需减少化工燃料的燃烧，严格监管工厂排放的废气，完善工业烟气脱硫处理设备，从源头减少水环境中二氧化硫的排放量，提高地区水资源承载力。

7.3 研究展望

第一，在分析中部地区水污染治理效率与水资源承载力时，没有与全国其他地区各省市水污染治理效率与水资源承载力进行比较，今后将综合比较研究中部地区与东部地区、西部地区的水污染治理效率与水资源承载力，以更清晰地了解中部地区水污染治理效率与水资源承载力状况。

第二，选取中部地区水污染治理效率测度指标时，仅考虑了工业和城镇生活两个方面，没有纳入与农业相关的水污染治理投入和产出指标，主要是由于农业方面的相关指标数据非常少且时间较短。今后随着政府部门更加重视农村和农业污水治理，以及相关指标统计数据的丰富和完善，后续水污染治理效率的研究中将考虑纳入与农业相关的水污染治理投入和产出指标，使研究结果更加全面准确、贴近现实，为水污染治理提供可靠的数据支撑。

参考文献

［1］占明珍．试论如何实现中部地区水资源高效利用与水环境友好［J］．知识经济，2012（19）：7-10.

［2］李宏图．英国工业革命时期的环境污染和治理［J］．探索与争鸣，2009（02）：60-64.

［3］王芳．我国水污染现状及其影响因素分析：2003—2011——基于跨省面板数据的实证研究［J］．未来与发展，2014（04）：17-21.

［4］史芳，包景岭，李燃．基于STIRPAT模型的天津市水环境污染影响因素分析［J］．环境监测管理与技术，2019（06）：64-67.

［5］吉立，刘晶，李志威，潘保柱，孙萌．2011—2015年我国水污染事件及原因分析［J］．生态与农村环境学报，2017（09）：775-782.

［6］吴舜泽，夏青，刘鸿亮．中国流域水污染分析［J］．环境科学与技术，2000（02）：1-6.

［7］茹蕾，司伟．环境规制、技术效率与水污染减排成本——基于中国制糖业的实证分析［J］．北京理工大学学报（社会科学版），2015（05）：15-24.

［8］孙玉阳，宋有涛，王慧玲，布乃顺．中国六大流域工业水污染治理效率研究［J］．统计与决策，2018（19）：100-104.

［9］童志锋．中国农村水污染防治政策的发展与挑战［J］．南京工业大学学报（社会科学版），2016（01）：89-96.

[10] 耿雅妮，戴恩华，王国兰，金梓函，张军．中国水污染事件时空分布、演变及影响机制研究［J］．环境污染与防治，2022（03）：413-419.

[11] 袁平，朱立志．中国农业污染防控：环境规制缺陷与利益相关者的逆向选择［J］．农业经济问题，2015（11）：73-80.

[12] 李玉红．中国工业污染的空间分布与治理研究［J］．经济学家，2018（09）：59-65.

[13] 牛坤玉，於方，曹东．中国工业水污染治理状况分析：基于污染源普查数据［J］．环境科学与技术，2014（04）：511-516.

[14] 李胜，陈晓春．基于府际博弈的跨行政区流域水污染治理困境分析［J］．中国人口·资源与环境，2011（12）：104-109.

[15] 王名，蔡志鸿，王春婷．社会共治：多元主体共同治理的实践探索与制度创新［J］．中国行政管理，2014（12）：16-19.

[16] 埃莉诺·奥斯特罗姆．公共事物的治理之道：集体行动制度的演进［M］．余逊达，陈旭东，译．上海：上海译文出版社，2012.

[17] 范永茂，殷玉敏．跨界环境问题的合作治理模式选择——理论讨论和三个案例［J］．公共管理学报，2016（02）：63-75.

[18] 沈坤荣，金刚．中国地方政府环境治理的政策效应——基于"河长制"演进的研究［J］．中国社会科学，2018（05）：92-115+206.

[19] 李正升．从行政分割到协同治理：我国流域水污染治理机制创新［J］．学术探索，2014（09）：57-61.

[20] 薛从楷．河水治理中环境保护税的作用分析——以江苏省太湖流域工业水污染为例［D］．南昌：江西财经大学，2019.

[21] 朱林，李莉．环境保护中水污染治理策略分析［J］．资源节约与环保，2019（12）：87-88.

[22] 周康，徐伟，付军，寇蓉蓉．工业园区水污染第三方治理系统管控模式构建初探［J］．工业水处理，2021（05）：151-154.

[23] 王婷．多中心理论视角下的济南市城区水环境治理问题研究［D］．济

南：山东大学，2014.

[24] 蒋华栋，杨明. 国外水污染防治经验谈 [J]. 河北水利，2015（06）：15-16.

[25] 邹馥庆. 太湖流域与区域协同治理研究 [D]. 上海：复旦大学，2012.

[26] 田园宏. 跨界水污染中的政策协同研究现状与展望 [J]. 昆明理工大学学报（社会科学版），2016（04）：60-67.

[27] 张晓. 中国水污染趋势与治理制度 [J]. 中国软科学，2014（10）：11-24.

[28] 傅春，姜哲. 中部地区水环境污染及其防治建议 [J]. 长江流域资源与环境，2007（06）：791-795.

[29] 杨艳琳，许淑嫦. 中国中部地区资源环境约束与产业转型研究 [J]. 学习与探索，2010（03）：154-157.

[30] 娄树旺. 环境治理：政府责任履行与制约因素 [J]. 中国行政管理，2016（03）：48-53.

[31] 卢淑萍. 中部地区区域水环境管理问题探索 [J]. 江西能源，2007（04）：74-76.

[32] 吴巧生，王华. 中部地区水资源的持续利用：资源禀赋与制度创新 [J]. 湖北社会科学，2002（11）：80-81.

[33] 潘鸣钟. 应加大对中部地区黄河，淮河，长江流域重点污染治理的支持力度 [C]. 促进中部崛起高层论坛，2016.

[34] 李绍萍，张恒硕. 东北产粮区农村综合环境治理效率异质性演变静动态分析——以黑龙江省为例 [J]. 生态经济，2022（01）：202-210.

[35] 刘浩，何寿奎，王娅. 基于三阶段 DEA 和超效率 SBM 模型的农村环境治理效率研究 [J]. 生态经济，2019（08）：194-199.

[36] 刘冰熙，王宝顺，薛钢. 我国地方政府环境污染治理效率评价——基于三阶段 Bootstrapped DEA 方法 [J]. 中南财经政法大学学报，2016（01）：89-95+160.

［37］温婷，罗良清．中国乡村环境污染治理效率及其区域差异——基于三阶段超效率 SBM-DEA 模型的实证检验［J］．江西财经大学学报，2021（03）：79-90.

［38］刘涛．基于随机边界分析的区域工业废水治理投资效率评价研究——以华东六省一市为例［J］．湖北文理学院学报，2016（05）：37-40.

［39］尹怡诚，刘云国，许乙青，刘少博，郭一明，胡新将，李江，王亚琴．基于 DEA 的中国工业污染治理效率［J］．环境工程学报，2015（06）：3063-3068.

［40］施本植，汤海滨．中国式分权视角下我国工业污染治理效率及其影响因素研究［J］．工业技术经济，2019（05）：152-160.

［41］王世雄，徐成真，祝锡永．考虑非管理因素的工业污染治理效率测度［J］．浙江理工大学学报（社会科学版），2021（03）：243-252.

［42］郭施宏，吴文强．中国大气污染治理效率与效果分析——基于超效率 DEA 与联立方程模型［J］．环境经济研究，2017（02）：108-120.

［43］吴传清，李姝凡．长江经济带工业废气污染治理效率的时空演变及其影响因素研究［J］．中国环境管理，2020（02）：123-130+41.

［44］叶菲菲，杨隆浩，王应明．大气污染治理效率评价方法与实证［J］．统计与决策，2021（10）：32-36.

［45］金超奇，王瑾．浙江省纺织行业水污染治理规制效率评价［J］．绍兴文理学院学报（自然科学版），2016（02）：61-65.

［46］范纯增，顾海英，姜虹．中国工业水污染治理效率及部门差异［J］．生态经济，2016（06）：174-178.

［47］何丽花．市级地方政府竞争对环境治理效率的影响效应分析［D］．广州：暨南大学，2018.

［48］陈奋宏．非期望产出视角下农村环境治理效率评价及影响因素分析——以甘肃省渭源县为例［J］．甘肃农业，2021（02）：45-48.

［49］刘莹，耿启金，杨金美，王元芳，郑师梅．"十二五"工业废水治理

效率时空特征及影响因素分析［J］. 生态经济，2020（09）：194-197+214.

［50］郑石明，罗凯方. 大气污染治理效率与环境政策工具选择——基于29个省市的经验证据［J］. 中国软科学，2017（09）：184-192.

［51］张国兴，邓娜娜，管欣，程赛琰，保海旭. 公众环境监督行为、公众环境参与政策对工业污染治理效率的影响——基于中国省级面板数据的实证分析［J］. 中国人口·资源与环境，2019（01）：144-151.

［52］徐成龙，任建兰，程钰. 山东省环境规制效率时空格局演变及影响因素［J］. 经济地理，2014（12）：35-40.

［53］常明，奚云霄，马冰然，宫响. 中国"十二五"期间环境规制效率时空差异与驱动机制研究［J］. 环境污染与防治，2019（07）：860-863.

［54］林琼，程莉，文传浩. 中国城市环境治理效率的时空格局及影响因素［J］. 城市学刊，2022（01）：12-20.

［55］张伟，李国祥. 环境分权体制下人工智能对环境污染治理的影响［J］. 陕西师范大学学报（哲学社会科学版），2021（03）：121-129.

［56］程钰，徐成龙，任建兰. 中国环境规制效率时空演化及其影响因素分析［J］. 华东经济管理，2015（09）：79-84.

［57］毛媛，童伟伟. 黄河流域环境治理绩效及其影响因素研究［J］. 价格理论与实践，2020（05）：165-168.

［58］孙静，马海涛，王红梅. 财政分权、政策协同与大气污染治理效率——基于京津冀及周边地区城市群面板数据分析［J］. 中国软科学，2019（08）：154-165.

［59］喻开志，王小军，张楠楠. 国家审计能提升大气污染治理效率吗？［J］. 审计研究，2020（02）：43-51.

［60］张玉，李齐云. 财政分权、公众认知与地方环境治理效率［J］. 经济问题，2014（03）：65-68.

［61］谢婷婷，马洁. 新疆环境治理投资效率及其影响因素——基于DEA-Tobit模型的实证分析［J］. 石家庄经济学院学报，2016（05）：51-57.

[62] 雷社平, 余婷婷. 我国省际环境污染治理效率及其影响因素分析 [J]. 经济论坛, 2019 (04): 27-34.

[63] 刘玮, 柳婉睿. 科技创新驱动下区域环境治理效率及其影响因素——基于空间计量分析 [J]. 重庆工商大学学报 (社会科学版), 2022 (02): 3-27.

[64] 刘原希, 王琳. 江苏省大气污染治理投资效率及其影响因素的研究 [J]. 中国集体经济, 2018 (03): 23-24.

[65] 史建军. 河南省工业污染治理效率及其影响因素研究 [J]. 现代商贸工业, 2018 (18): 5-6.

[66] 苗世青, 孙钰, 李向春. 资源型区域生态环境治理效率评价及影响因素分析——以山西省为例 [J]. 北京城市学院学报, 2020 (04): 10-18+28.

[67] 郭四代, 仝梦, 张华. 我国环境治理投资效率及其影响因素分析 [J]. 统计与决策, 2018 (08): 113-117.

[68] 孙文静. 投入产出视角下我国污染治理效率的影响因素分析 [J]. 金融经济, 2018 (10): 10-12.

[69] 张兴华. 黄河流域乡村生态环境治理效率评价及影响因素研究 [D]. 银川: 宁夏大学, 2021.

[70] 郑琦. 山西省城市环境治理效率评价及影响因素研究 [D]. 太原: 山西财经大学, 2021.

[71] 李潇潇. 安徽省水污染治理效率评价研究 [D]. 蚌埠: 安徽财经大学, 2017.

[72] 严成樑, 吴应军, 杨龙见. 财政支出与产业结构变迁 [J]. 经济科学, 2015 (01): 5-15.

[73] 陈淑云, 曾龙. 地方政府土地出让行为对产业结构升级影响分析——基于中国 281 个地级及以上城市的空间计量分析 [J]. 产业经济研究, 2017 (06): 89-102.

[74] 彭珂珊. 21 世纪中国水资源危机 [J]. 水利水电科技进展, 2000, 20 (05): 13-16.

［75］施雅风，曲耀光．乌鲁木齐河流流域水资源承载力及其合理利用［M］．北京：科学出版社，1992：94-111.

［76］阮本青，沈晋．区域水资源适度承载能力计算模型研究［J］．土壤侵蚀与水土保持学报，1998，4（03）：57-61.

［77］惠泱河，蒋晓辉，黄强，薛小杰．水资源承载力评价指标体系研究［J］．水土保持通报，2001，21（01）：31-34.

［78］张鑫，李援农，王纪科．水资源承载力研究现状及其发展趋势［J］．干旱地区农业研究，2001，19（02）：118-121.

［79］左其亭，张修宇．气候变化下水资源动态承载力研究［J］．水利学报，2015，46（04）：387-395.

［80］王建华，翟正丽，桑学锋等．水资源承载力指标体系及评判准则研究［J］．水利学报，2017，48（09）：1023-1029.

［81］夏军，谈戈．全球变化与水文科学新的进展与挑战［J］．资源科学，2002（03）：1-7.

［82］张楎楎，曹正旭，张仁杰，韩沉刚，李旋．黄河三角洲高效生态经济区水资源承载力评价及趋势预测［J］．世界地理研究，2022（04）：1-14.

［83］齐文虎．资源承载力计算的系统动力学模型［J］．自然资源学报，1987（01）：38-48.

［84］许有鹏．干旱区水资源承载能力综合评价研究——以新疆和田河流域为例［J］．自然资源学报，1993（03）：229-237.

［85］李治军，侯岳，王华凡，庄清．基于灰色预测模型的水资源承载力预警研究［J］．甘肃水利水电技术，2021，57（07）：1-5.

［86］王琳，杨玲．基于系统动力学模型的青岛市水资源承载力研究［J］．数学的实践与认识，2022，52（02）：1-11.

［87］陈丽，周宏．基于模糊综合评价和主成分分析法的岩溶流域水资源承载力评价［J］．安全与环境工程，2021，28（06）：159-173.

［88］马忠华．基于多目标模型的葫芦岛市水资源承载力分析［J］．黑龙江

水利科技, 2019, 47 (09): 18-21.

[89] 任晓燕, 纪永福, 张恒嘉, 殷强, 梁超, 王永. 基于主成分分析的旱区水资源承载力评价 [J]. 水利规划与设计, 2022 (04): 50-53.

[90] 沈映春, 杨浩臣. 可持续发展视角下的北京水资源承载力研究 [J]. 北京社会科学, 2010 (06): 20-23.

[91] 章运超, 王家生, 代娟, 闫凤阳, 朱孔贤. 深圳市近 20a 水资源及其利用状况分析 [J]. 长江科学学院学报, 2020 (06): 43-48.

[92] 康艳, 宋松柏. 水资源承载力综合评价的变权灰色关联模型 [J]. 节水灌溉, 2014 (03): 48-53.

[93] 康艳, 闫亚廷, 杨斌. 基于 LMDI-SD 耦合模型的绿色发展灌区水资源承载力模拟 [J]. 农业工程学报, 2020, 36 (19): 150-160.

[94] 朱赟, 熊玉江, 苏沛兰, 顾世祥. 滇中受水区农业水资源承载力评价研究 [J]. 人民长江, 2020, 51 (11): 97-102.

[95] 徐凯莉, 吕海深, 朱永华. 水资源承载力系统动力学模拟及研究 [J]. 水资源与水工程学报, 2020 (06): 67-72.

[96] 吴旭, 刘彬, 刘杰, 吴润泽. 基于多目标决策分析的水资源承载力研究 [J]. 水电能源科学, 2021, 39 (01): 42-45.

[97] 范嘉炜, 黄锦林, 袁明道, 张旭辉, 谭彩. 灰色关联-熵模型在珠三角水资源承载力评估中的应用 [J]. 中国农村水利水电, 2019 (07): 35-39.

[98] 魏媛, 吴长勇, 李昕蔓. 喀斯特山区贵州水资源生态承载力的动态变化评价 [J]. 西南农业学报, 2020, 33 (11): 2662-2669.

[99] 吴琼, 常浩娟. 我国各地区水资源承载力差异研究 [J]. 数学的实践与认识, 2020, 50 (16): 73-81.

[100] 王肖波. 甘肃省张掖市甘州区村镇水资源承载力评价 [J]. 中国沙漠, 2020, 40 (05): 32-41.

[101] 张礼兵, 胡亚南, 金菊良, 吴成国, 周玉良, 崔毅. 基于系统动力学的巢湖流域水资源承载力动态预测与调控 [J]. 湖泊科学, 2021 (01): 242-254.

[102] 于钋, 尚熳延, 姚梅, 刘佩贵. 水足迹与主成分分析法耦合的新疆水资源承载力评价 [J]. 水文, 2021 (01): 49-54.

[103] 张桂林, 马亮, 唐晓宇, 陈新全, 吕倩. 新疆白杨河流域水资源优化配置 [J]. 水土保持通报, 2021, 41 (03): 1-8.

[104] 李坤峰, 谢世友, 张润甲. 重庆水资源承载力影响因子评价 [J]. 人民长江, 2009, 40 (07): 4-6.

[105] 朱明雅, 冯利华, 肖凡, 黄秋香. 基于主成分分析的安徽省水资源承载力评价研究 [J]. 科技通报, 2016, 32 (09): 26-34.

[106] 赵自阳, 李王成, 王霞, 崔婷婷, 程载恒, 王帅. 基于主成分分析法和因子分析的宁夏水资源承载力研究 [J]. 水文, 2017, 37 (02): 64-72.

[107] 张旭, 刘新华, 张桂林, 魏光辉, 刘锋. 新疆阿克苏流域水资源承载力变化分析 [J]. 水电能源科学, 2020, 38 (09): 44-47.

[108] 刘志明, 周召红, 王永强, 洪晓峰, 陈进. 区域水资源承载力及可持续发展综合评价研究 [J]. 人民长江, 2019, 50 (03): 145-150.

[109] 袁汝华, 王霄汉. 基于 Pythagoras-Topsis 法的长三角水资源承载力综合评价分析 [J]. 科技管理研究, 2020 (15): 71-79.

[110] 孟梅, 范文慧. 基于水资源承载力的新疆耕地后备资源开发布局研究 [J]. 中国农村水利水电, 2020 (04): 82-91.

[111] 唐爱筑, 何守阳. 贵阳市水资源承载力演变的集对分析与诊断 [J]. 中国农村水利水电, 2021 (01): 76-83.

[112] 石晓昕, 袁重乐, 钱会, 徐盼盼, 郑乐. 基于 DPSIR-Topsis 模型的河北省水资源承载力评价及障碍因素研究 [J]. 水资源与水工程学报, 2021, 32 (05): 77-83.

[113] 屈小娥. 陕西省水资源承载力综合评价研究 [J]. 干旱区资源与环境, 2017, 31 (02): 91-97.

[114] 刘一江, 鲁春霞, 黄绍琳. 京津冀西北农牧交错区水资源承载力综合评价: 以张家口为例 [J]. 草业科学, 2020, 37 (07): 1302-1312.

[115] 杜雪芳, 李彦彬, 张修宇. 黄河下游生态型引黄灌区水资源承载力研究 [J]. 水利水运工程学报, 2020 (02): 22-29.

[116] 热孜娅·阿曼, 方创琳. 新疆水资源承载力的系统动力学仿真与情景模拟 [J]. 环境科学与技术, 2020 (06): 205-215.

[117] 黄昌硕, 耿雷华, 颜冰, 卞锦宇, 赵雨婷. 水资源承载力动态预测与调控——以黄河流域为例 [J]. 水科学进展, 2020 (01): 59-67.

[118] 郑江丽, 李兴拼. 基于协调性的区域水资源承载能力评估模型——以广州市为例 [J]. 水资源保护, 2021 (02): 1-9.

[119] 田培, 王瑾钰, 花威, 郝芳华, 黄建武, 龚雨薇. 长江中游城市群水资源承载力时空格局及耦合协调性 [J]. 湖泊科学, 2021, 33 (06): 1-16.

[120] 刘雁慧, 李阳兵, 梁鑫源, 冉彩虹. 中国水资源承载力评价及变化研究 [J]. 长江流域资源与环境, 2019, 28 (05): 1080-1091.

[121] 宋志, 乐琪浪, 陈绪钰, 杨楠, 黄天驹. 水资源承载力评价方法初探以及在"以水四定"中的运用 [J]. 沉积与特提地质, 2020, 41 (01): 106-111.

[122] 郑德凤, 徐文瑾, 姜俊超, 吕乐婷. 中国水资源承载力与城市化质量演化趋势及协调发展分析 [J]. 经济地理, 2021, 41 (02): 72-81.

[123] 修红玲, 朱文彬, 韦佳兴, 吕爱锋. 中国水资源承载能力调控关键技术与政策研究 [J]. 北京师范大学学报 (自然科学版), 2020, 56 (03): 467-473.

[124] 李丽娟, 郭怀成, 陈冰, 孙海林. 柴达木盆地水资源承载力研究 [J]. 环境科学, 2000, 2 (05): 21-23.

[125] 贾嵘, 蒋晓辉, 薛惠峰, 沈冰. 缺水地区水资源承载力模型研究 [J]. 兰州大学学报 (自然科学版), 2000, 36 (02): 115-121.

[126] 朱一中, 夏军, 谈戈. 西北地区水资源承载力分析预测与评价 [J]. 资源科学, 2003, 25 (04): 44-48.

[127] 丁超, 胡永江, 王振华, 赵娜, 董文秀, 王黎明. 虚拟水循环视域下

的水资源承载力评价［J］. 自然资源学报，2021，36（02）：356-371.

［128］曹飞凤，楼章华，许月萍，袁伟. 钱塘江流域水资源承载力及可持续发展研究［J］. 中国农村水利水电，2008（04）：13-16.

［129］姜秋香，付强，王子龙. 三江平原水资源承载力评价及区域差异［J］. 农业工程学报，2011，27（09）：184-190.

［130］王建华，姜大川，肖伟华，赵勇，王浩，徐怀霞. 基于动态试算反馈的水资源承载力评价方法研究——以沂河流域（临沂段）为例［J］. 水利学报，2016，47（06）：724-732.

［131］巫春平，张济世. 甘肃省水资源承载力评价［J］. 人民长江，2007，38（11）：135-136.

［132］李建华，张蒙，郜春花，卢朝东. 山西省水资源承载力及其可持续利用［J］. 国土与自然资源研究，2009（01）：77-78.

［133］汪菲，杨德刚，王长建，夏文进，杨帆. 新疆相对资源承载力及可持续发展时空演变特征分析［J］. 中国沙漠，2013，33（05）：1605-1613.

［134］王建华，江东，顾定法，齐文虎，唐青蔚. 基于SD模型的干旱区城市水资源承载力预测研究［J］. 地理学与国土研究，1999，15（02）：19-22.

［135］黎清霞. 南方经济发达城市水资源承载力评价指标探讨［J］. 中山大学学报（自然科学版），2005（44）：341-342.

［136］王晓晓，梁忠民，黄振平，戴昌军. 基于可变模糊识别模型的武汉市水资源承载能力评价［J］. 水电能源科学，2012，30（12）：20-23.

［137］刘晓，范琳琳，王红瑞，刘虹利，来文立. 基于GRACE反演水量和生态服务价值的鄱阳湖区水资源承载力评价［J］. 南水北调与水利科技，2014，12（06）：12-17.

［138］陈新. 海城市水资源承载能力评价［J］. 黑龙江水利科技，2021，49（01）：34-36.

［139］刘志明，周真中，王永强，洪晓峰. 基于灰色预测模型的区域水资源承载力预测分析［J］. 长江科学院院报，2019，36（09）：34-39.

［140］张榫榫，曹正旭，张仁杰，韩沅刚，李璇．黄河三角洲高效生态经济区水资源承载力评价及趋势预测［J］．世界地理研究，2022，31（03）：549-560.

［141］徐政华，曹延明．基于熵权 Topsis 模型的长春市水资源承载力评价［J］．安全与环境学报，2022，22（05）：2900-2907.

［142］程慧娴，俞洋，牛惠，等．黄河流域生态环境与绿色发展测度及耦合协调性分析［J］．林业经济，2021，43（06）：5-20+96.

［143］柯文静，王军．基于熵权 Topsis 模型的城市高等教育资源承载力评价［J］．统计与决策，2020，36（18）：50-53.

［144］何刚，夏夜领，秦勇，等．长江经济带水资源承载力评价及时空动态变化［J］．水土保持研究，2019，26（01）：287-292+300.

［145］田培，张志好，许新宜，等．基于变权 Topsis 模型的长江经济带水资源承载力综合评价［J］．华中师范大学学报（自然科学版），2019，53（05）：755-764.

［146］何伟，陈素雪，仇泸毅．长江三峡生态经济走廊地区水资源承载力的综合评价及时空演变研究［J］．长江流域资源与环境，2022，31（06）：1208-1219.

［147］商东耀，张志红，岳元，胡程达，王琪．基于标准化降水指数的河南省近 45 年干旱时空特征分析［J］．干旱地区农业研究，2021，39（04）：162-170.

［148］成金华，王然．基于共抓大保护视角的长江经济带矿业城市水生态环境质量评价研究［J］．中国地质大学学报（社会科学版），2018，18（04）：1-11.

［149］崔文彦，刘得银，梁舒汀，张鹏宇，孔凡青．永定河流域水生态环境质量综合评价［J］．水生态学杂志，2020，41（02）：23-28.

［150］熊尚彦，李拓夫．长江中游经济区生态环境质量评价［J］．统计与决策，2021，37（10）：84-87.

［151］田艳芳，周虹宏．上海市城市生态环境质量综合评价［J］．生态经济，2021，37（06）：185-192.

［152］刘翔宇，张延飞，丁木华，颜七笙．长三角中心区生态环境质量评价与空间格局分析［J］．人民长江，2021，52（05）：30-36.

［153］王丽丽，刘笑杰，戚禹林，李丁．中原城市群城镇化生态环境响应的时空演变及影响因素［J］．资源开发与市场，2021，37（05）：550-556+597.

［154］杨万平，赵金凯．中国人居生态环境质量的时空差异及影响因素研究［J］．华东经济管理，2018，32（02）：58-67.

［155］潘桂行，申涛，马雄德，乔晓英．人类活动和自然因素对海流兔河流域生态环境影响分析［J］．干旱区资源与环境，2017，31（04）：67-72.

［156］郭泽呈，魏伟，张学渊，李振亚，周俊菊，颉斌斌．基于 RS 和 GIS 的石羊河流域生态环境质量空间分布特征及其影响因素［J］．应用生态学报，2019，30（09）：3075-3086.

［157］李华，高强，吴梵．环渤海地区海洋经济发展进程中的生态环境响应及其影响因素［J］．中国人口·资源与环境，2017，27（08）：36-43.

［158］Kirk E，Tina N，Stephen B. An Integrative Framework for Collaborative Governance［J］. Journal of Public Administration Research and Theory，2011（02）：1-2.

［159］Raman G. Environmental Governance in China［J］. Theoretical Economics Letters，2016（06）：583-595.

［160］Xue J，Zhao S N，Zhao L J，Zhu D，Mao S X. Cooperative Governance of Inter-provincial Air Pollution Based on a Black-scholes Options Pricing Model［J］. Journal of Cleaner Production，2020（19）：277-280.

［161］Jong M，Kim H. Considerations for the Integrated Environmental Management System in Korea［J］. 2015 4th International Proceedings of Chemical，Biological，and Environmental，Engineering，2015（90）：59-63.

［162］Reinhard S，Lovell C，Thijssen G，Econometric Estimation of Technical and Environmental Efficiency: An Application to Dutch Dairy Farms [J]. American Journal of Agricultural Economics, 1999 (01): 44-60.

[163] Reinhard S, Lovell C, Thijssen G, Econometric Efficiency with Multiple Environmentally Detrimental Variables: Estimated with SFA and DEA [J]. European Journal of Operational Research, 2000 (11): 287-303.

[164] Lee J, Bae S, Lee W H, et al. Effect of Surface Area to Catchment Area Ratio on Pollutant Removal Efficiency in Vegetation-type Facilities [J]. Ecological Engineering, 2022 (09): 179-189.

[165] Umansky F, Sergei D. About E Economic Efficiency of Wetland's Type Water Treatment in Kaliningrad [J]. Economics & Management, 2007 (05): 122-127.

[166] Liu X Q, Wang X, Lu F Y, Liu S, Chen K L. Evaluation of the Governance Efficiency of Water Environmental Governance Efficiency in Yangtze River Delta from the Perspective of Multivariate Synergies [J]. International Journal of Environmental Research and Public Health, 2022 (04): 31-44.

[167] Mandal S K, Madheswaran S. Environmental Efficiency of the Indian Cement Industry: An Interstate Analysis [J]. Energy Policy, 2010 (02): 1108-1118.

[168] Zhang W, Li J, Sun H, et al. Pollutant First Oversimplification and Its Implications for Urban Runoff Pollution Control: A Roof and Road Runoff Case Study in Beijing, China [J]. Water Science and Technology, 2021 (11): 28-30.

[169] Ma J, Li M. The Feedback Effect of Rare Earth Development Policy on Economy and Society [J]. E3S Web of Conferences, 2021 (11): 10-14.

[170] Zaim O, Taskin F. A Kuznets Curve in Environmental Efficiency: An Application on OECD Countries [J]. Environmental and Resource Economics, 2000 (01): 21-36.

[171] Farrell M. The Measurement of Productive Efficiency [J]. Journal of the Royal Statistical Society. Series A (General), 1957 (03): 253-290.

[172] Tone K. A Slacks-based Measure of Efficiency in Data Envelopment Analysis [J]. European Journal of Operational Research, 2001 (03): 498-509.

[173] Tone K. A Slacks-based Measure of Super-efficiency in Data Envelopment Analysis [J]. European Journal of Operational Research, 2002 (01): 32-41.

[174] Tone K. Dealing with Undesirable Outputs in DEA: A Slacks-based Measure (SBM) Approach [R]. GRIPS Research Report Series, 2003 (08): 44-45.

[175] Färe R, Grosskopf S, Norris M, et al. Productivity Growth, Technical Progress, and Efficiency Change in Industrialized Countries [J]. The American Economic Review, 1994 (01): 66-83.

[176] Tobin J. Estimation of Relationships for Limited Dependent Variables [J]. Econometrica: Journal of the Econometric Society, 1958 (01): 24-36.

[177] Li W F, Hai X, Han L J, et al. Does Urbanization Intensify Regional Water Scarcity Evidence and Implications from a Mega Region of China [J]. Journal of Cleaner Production, 2019 (224): 118-224.

[178] Claudia P W, David T, Rene B, et al. The Importance of Social Learning and Culture for Sustainable Water Management [J]. Ecological Economics, 2008 (64): 484-495.

[179] Sigalla O Z, Tumbo M, Joseph J. Multi-stakeholder Platform in Water Resources Management: A Critical Analysis of Stakeholders' Participation for Sustainable Water Resources [J]. Sustainability, 2021, 13 (260): 15-27.

[180] Fan W, Zhi C Z, Hsin L L, Yan C S. Evaluation of Water Resources Carrying Capacity Using Principal Component Analysis: An Empirical Study in Huai'an, Jiangsu, China [J]. Water, 2021 (87): 13-25.

[181] Marin K, Živko V, Ivan H. Assessment of Water Resources Carrying Capacity for the Island of Cres [J]. Građevinar, 2018 (04): 305-313.

[182] Millington R, Gifford R. Australian UNESCO Seminar, Committee for Man and Bio Sphere [M]. Energy and How We Live, 1973.

[183] Jun F Y, Kun L, Soonthiam K, Wei M. Assessment of Water Resources Carrying Capacity for Sustainable Development Based on A System Dynamics Model: A Case Study of Tieling City, China [J]. Water Resources Management, 2015, 29 (03): 885-899.

[184] Qian W Y, Feng P W, Yu T C. As Patio-temporal Dynamics Analysis of Water Resources Carrying Capacity Based on Panel Data: Evidence from Qinghai Province, China [J]. Nature Environment and Pollution Technology an International Quarterly Scientific Journal, 2019, 18 (02): 425-434.

[185] Maulana K M, Li H W, Maryati S. Analysis of Water Carrying Capacity in Pulubala Sub-watershed, Gorontalo Regency, Gorontalo Province [J]. Earth and Environmental Science, 2020 (575): 12-22.

[186] Pugara A, Pradana B, Puspasari D A. The Impact of the Land-use changes on the Water Carrying Capacity in Kajen, Indonesia: A Spatial Analysis [J]. Earth and Environmental Science, 2021 (887): 1-11.

[187] Wang X Y, Liu L, Zhang S L, Gao C. Dynamic Simulation and Comprehensive Evaluation of the Water Resources Carrying Capacity in Guangzhou City, China [J]. Ecological Indicators, 2022 (135): 1-13.

[188] Wang H D, Xu Y H, Suryati S L R, Ma H L, Wu L F. Comprehensive Evaluation of Water Carrying Capacity in Hebei Province, China on Principal Component Analysis [J]. Frontiers in Environmental Science, 2021 (09): 1-9.

[189] Wu F, Zhuang Z C, Liu H L, Shi Y C. Evaluation of Water Resources Carrying Capacity Using Principal Component Analysis: An Empirical Study in Huai'An, Jiangsu, China [J]. Water, 2021, 13 (18): 2587.

[190] Qiao R, Li H M, Han H. Spatio-temporal Coupling Coordination Analysis between Urbanization and Water Resource Carrying Capacity of the Provinces in the Yellow River Basin, China [J]. Water, 2021, 13 (03): 376.

[191] Arief R, Bagyo Y. Water Carrying Capacity Approach in Spatial Planning:

Case Study at Malang Area [J]. Journal Pembangunan dan Allam Lestari, 2018, 9 (01): 45-50.

[192] Adnane M, Ewa B. New Tool for Assessing Urban Water Carrying Capacity (WCC) in the Planning of Development Programs in the Region of Oran, Algeria [J]. Sustainable Cities and Society, 2019 (48): 1-19.

[193] Mostafa K, Saeid H, Pieter O. The Edge of the Petri Dish for A Nation: Water Resources Carrying Capacity Assessment for Iran [J]. Science of the Total Environment, 2022 (15): 30-38.

[194] Zheng X, Xu Z. Analysis of Water Resources Carrying Capacity of the "Belt and Road" Initiative Countries Based on Virtual Water Theory [J]. Journal of Resources and Ecology, 2019, 10 (06): 574-583.

[195] Dan D, Ming D S, Xu B L, Kun L. Evaluating Water Resource Sustainability from the Perspective of Water Resource Carrying Capacity, a Case Study of the Yong Ding River Watershed in Beijing-Tianjin-Hebei Region, China [J]. Environmental Science and Pollution Research, 2020, 27 (09): 21590-21603.

[196] Song W W, Pang Y. Research on Narrow and Generalized Water Environment Carrying Capacity, Economic Benefit of Lake Okeechobee, USA [J]. Ecological Engineering, 2021 (173): 12-23.

[197] Cui Y, Zhou Y L, Jin J L, Wu C G, Zhang L B, Ning S W. Quantitative Evaluation and Diagnosis of Water Resources Carrying Capacity (WRCC) Based on Dynamic Difference Degree Coefficient in the Yellow River Irrigation District [J]. Frontiers in Earth Science, 2022 (10): 1-17.

[198] Widodo B, Dhandhun W, and Ribut L. The Development of Green Infrastructure through Optimization of Water Resources Carrying Capacity in Yogyakarta Urban Area [J]. Ma Tec Web of Conferences, 2018 (154): 1-7.

[199] Liufeto F C, Soemarno, Ekawati A W, Harahab N. A Study of Carrying Capacity of Water Resources for the Development of Eco-friendly Shrimp Farming in

Malika Regency, West Timor of Indonesia [J]. Russian Journal of Agricultural and Socio-Economic Sciences, 2019, 90 (06): 178-191.

[200] Yang C H, Lin Y, Qi F H. Evaluation of Water Resources Carrying Capacity in Jiangxi Province Based on Principal Component Analysis [J]. Journal of Coastal Research, 2020 (02): 147-150.

[201] Meng T F, Jian H X, Ya N C, Da H L, and Sha S T. How to Sustainably Use Water Resources—A Case Study for Decision Support on the Water Utilization of Xinjiang, China [J]. Water, 2020 (12): 1-20.

[202] Yan B, Xu Y. Evaluation and Prediction of Water Resources Carrying Capacity in Jiangsu Province, China [J]. Water Policy, 2022, 24 (02): 324-344.

[203] Li H H, Feng, Xing C Z, Gao Y L. Research on the Risk of Water Shortages and the Carrying Capacity of Water Resources in Yiwu, China [J]. Human and Ecological Risk Assessment, 2009, 15 (04): 714-726.

[204] Abdul M, Nurdin H, Mohammad M. Water Environmental Carrying Capacity for Activities of Intensive Shrimp Farm in Banyuputih Sub-district, Situbondo Regency [J]. Journal Pembangunan Dan Alamo Lestari, 2014, 5 (02): 1-6.

[205] Yogafanny E, Wardoyo S S, Susanto J. Water Environmental Carrying Capacity in Urban Agglomeration of Yogyakarta city [J]. Advances in Social Science, Education and Humanities Research, 2016 (79): 96-100.

[206] Romy K, Zulhamsyah I, Mennofatria B and Vincentius P S. Estimation of Water Carrying Capacity for Settlement Activities in Small Islands: A Case Study of Small Islands of North Tiworo District, Muna Subdistrict, Indonesia [J]. Nature Environment and Pollution Technology, 2019, 18 (02): 435-443.

[207] Chapagain K, Mohan G, Fukushi K. An Extended Input-output Model to Analyze Links between Manufacturing and Water Pollution in Nepal [J]. European Journal of Operational Research, 2020 (12): 13-21.

[208] Panjaitan E, Sidauruk L, Indradewa D, et al. Impact of Agriculture on

Water Pollution in Deli Serdang Regency, North Sumatra Province, Indonesia [J]. Organic Agriculture, 2020 (10): 10-11.

[209] Liu Y, Yang L Y, Jiang W. Qualitative and Quantitative Analysis of the Relationship between Water Pollution and Economic Growth: A Case Study in Nansi Lake Catchment, China [J]. Environmental Science and Pollution Research International, 2020 (04): 55-62.

[210] Hu Y, Cheng H. Water Pollution during China's Industrial Transition [J]. Environmental Development, 2013 (01): 57-73.

[211] Nazir F. Factors Affecting Water Pollution [J]. International Journal of Chemical and Environmental Engineering, 2018 (24): 39-45.

[212] Peng Q, He W, Kong Y, et al. Identifying the Decoupling Pathways of Water Resource Liability and Economic Growth: A Case Study of the Yangtze River Economic Belt, China [J]. European Journal of Operational Research, 2022 (02): 80-91.

[213] Wta B, Ypc D, Hua Z, et al. Twenty Years of China's Water Pollution Control: Experiences and Challenges [J]. Environmental and Resource Economics, 2022 (02): 12-24.

[214] Yeh, G, Huang H G, Lin C. et al. Assessment of Heavy Metal Contamination and Adverse Biological Effects of An Industrially Affected River [J]. Energy Policy, 2020 (27): 34770-34780.

[215] Hao C, Ya D M, Jun H C. An Analysis of the Relationship between Water Pollution and Economic Growth in China by Considering the Contemporaneous Correlation of Water Pollutants [J]. Environmental Science and Pollution Research International, 2020 (11): 276-310.

[216] Vennemo H, Aunan K, Lindhjem H, et al. Environmental Pollution in China: Status and Trends [J]. Review of Environmental Economics and Policy, 2009 (14): 38-40.

[217] Han X, Cao T, Yan X. Comprehensive Evaluation of Ecological Environment Quality of Mining Area Based on Sustainable Development Indicators: A Case Study of Yanzhou Mining in China [J]. Environment Development and Sustainability, 2021, 23 (02): 7581-7605.

[218] Yang Z, Li W, Li X, et al. Assessment of Eco-geo-environment Quality Using Multivariate Data: A Case Study in a Coal Mining Area of Western China [J]. Ecological Indicators, 2019, 107 (12): 1-13.

[219] Singh P, Kikon N, Verma P. Impact of Land Use Change and Urbanization on Urban Heat Island in Lucknow City, Central India. A Remote Sensing Based Estimate [J]. Sustainable Cities and Society, 2017 (32): 100-114.

附录　水污染治理与水资源承载力相关法律、法规与政策文件

目　录

发展改革委　水利部关于印发《国家节水行动方案》的通知

水利部关于加快推进水生态文明建设工作的意见

关于印发《生态环境部约谈办法》的通知

水权交易管理暂行办法

中华人民共和国水污染防治法

(1984 年 5 月 11 日第六届全国人民代表大会常务委员会第五次会议通过　根据 1996 年 5 月 15 日第八届全国人民代表大会常务委员会第十九次会议《关于修改〈中华人民共和国水污染防治法〉的决定》第一次修正　2008 年 2 月 28 日第十届全国人民代表大会常务委员会第三十二次会议修订　根据 2017 年 6 月 27 日第十二届全国人民代表大会常务委员会第二十八次会议《关于修改〈中华人民共和国水污染防治法〉的决定》第二次修正)

第一章　总则

第一条　为了保护和改善环境，防治水污染，保护水生态，保障饮用水安全，维护公众健康，推进生态文明建设，促进经济社会可持续发展，制定本法。

第二条　本法适用于中华人民共和国领域内的江河、湖泊、运河、渠道、水库等地表水体以及地下水体的污染防治。

海洋污染防治适用《中华人民共和国海洋环境保护法》。

第三条　水污染防治应当坚持预防为主、防治结合、综合治理的原则，优先保护饮用水水源，严格控制工业污染、城镇生活污染，防治农业面源污染，积极推进生态治理工程建设，预防、控制和减少水环境污染和生态破坏。

第四条　县级以上人民政府应当将水环境保护工作纳入国民经济和社会发展规划。

地方各级人民政府对本行政区域的水环境质量负责，应当及时采取措施防治水污染。

第五条　省、市、县、乡建立河长制，分级分段组织领导本行政区域内江河、湖泊的水资源保护、水域岸线管理、水污染防治、水环境治理等工作。

第六条　国家实行水环境保护目标责任制和考核评价制度，将水环境保护目标完成情况作为对地方人民政府及其负责人考核评价的内容。

第七条　国家鼓励、支持水污染防治的科学技术研究和先进适用技术的推广应用，加强水环境保护的宣传教育。

第八条　国家通过财政转移支付等方式，建立健全对位于饮用水水源保护区区域和江河、湖泊、水库上游地区的水环境生态保护补偿机制。

第九条　县级以上人民政府环境保护主管部门对水污染防治实施统一监督管理。

交通主管部门的海事管理机构对船舶污染水域的防治实施监督管理。

县级以上人民政府水行政、国土资源、卫生、建设、农业、渔业等部门以及重要江河、湖泊的流域水资源保护机构，在各自的职责范围内，对有关水污染防治实施监督管理。

第十条　排放水污染物，不得超过国家或者地方规定的水污染物排放标准和重点水污染物排放总量控制指标。

第十一条　任何单位和个人都有义务保护水环境，并有权对污染损害水环境的行为进行检举。

县级以上人民政府及其有关主管部门对在水污染防治工作中做出显著成绩的单位和个人给予表彰和奖励。

第二章　水污染防治的标准和规划

第十二条　国务院环境保护主管部门制定国家水环境质量标准。

省、自治区、直辖市人民政府可以对国家水环境质量标准中未作规定的项目，制定地方标准，并报国务院环境保护主管部门备案。

第十三条　国务院环境保护主管部门会同国务院水行政主管部门和有关省、

自治区、直辖市人民政府，可以根据国家确定的重要江河、湖泊流域水体的使用功能以及有关地区的经济、技术条件，确定该重要江河、湖泊流域的省界水体适用的水环境质量标准，报国务院批准后施行。

第十四条 国务院环境保护主管部门根据国家水环境质量标准和国家经济、技术条件，制定国家水污染物排放标准。

省、自治区、直辖市人民政府对国家水污染物排放标准中未作规定的项目，可以制定地方水污染物排放标准；对国家水污染物排放标准中已作规定的项目，可以制定严于国家水污染物排放标准的地方水污染物排放标准。地方水污染物排放标准须报国务院环境保护主管部门备案。

向已有地方水污染物排放标准的水体排放污染物的，应当执行地方水污染物排放标准。

第十五条 国务院环境保护主管部门和省、自治区、直辖市人民政府，应当根据水污染防治的要求和国家或者地方的经济、技术条件，适时修订水环境质量标准和水污染物排放标准。

第十六条 防治水污染应当按流域或者按区域进行统一规划。国家确定的重要江河、湖泊的流域水污染防治规划，由国务院环境保护主管部门会同国务院经济综合宏观调控、水行政等部门和有关省、自治区、直辖市人民政府编制，报国务院批准。

前款规定外的其他跨省、自治区、直辖市江河、湖泊的流域水污染防治规划，根据国家确定的重要江河、湖泊的流域水污染防治规划和本地实际情况，由有关省、自治区、直辖市人民政府环境保护主管部门会同同级水行政等部门和有关市、县人民政府编制，经有关省、自治区、直辖市人民政府审核，报国务院批准。

省、自治区、直辖市内跨县江河、湖泊的流域水污染防治规划，根据国家确定的重要江河、湖泊的流域水污染防治规划和本地实际情况，由省、自治区、直辖市人民政府环境保护主管部门会同同级水行政等部门编制，报省、自治区、直辖市人民政府批准，并报国务院备案。

经批准的水污染防治规划是防治水污染的基本依据，规划的修订须经原批准机关批准。

县级以上地方人民政府应当根据依法批准的江河、湖泊的流域水污染防治规划，组织制定本行政区域的水污染防治规划。

第十七条　有关市、县级人民政府应当按照水污染防治规划确定的水环境质量改善目标的要求，制定限期达标规划，采取措施按期达标。

有关市、县级人民政府应当将限期达标规划报上一级人民政府备案，并向社会公开。

第十八条　市、县级人民政府每年在向本级人民代表大会或者其常务委员会报告环境状况和环境保护目标完成情况时，应当报告水环境质量限期达标规划执行情况，并向社会公开。

第三章　水污染防治的监督管理

第十九条　新建、改建、扩建直接或者间接向水体排放污染物的建设项目和其他水上设施，应当依法进行环境影响评价。

建设单位在江河、湖泊新建、改建、扩建排污口的，应当取得水行政主管部门或者流域管理机构同意；涉及通航、渔业水域的，环境保护主管部门在审批环境影响评价文件时，应当征求交通、渔业主管部门的意见。

建设项目的水污染防治设施，应当与主体工程同时设计、同时施工、同时投入使用。水污染防治设施应当符合经批准或者备案的环境影响评价文件的要求。

第二十条　国家对重点水污染物排放实施总量控制制度。

重点水污染物排放总量控制指标，由国务院环境保护主管部门在征求国务院有关部门和各省、自治区、直辖市人民政府意见后，会同国务院经济综合宏观调控部门报国务院批准并下达实施。

省、自治区、直辖市人民政府应当按照国务院的规定削减和控制本行政区域的重点水污染物排放总量。具体办法由国务院环境保护主管部门会同国务院有关部门规定。

省、自治区、直辖市人民政府可以根据本行政区域水环境质量状况和水污染防治工作的需要，对国家重点水污染物之外的其他水污染物排放实行总量控制。

对超过重点水污染物排放总量控制指标或者未完成水环境质量改善目标的地区，省级以上人民政府环境保护主管部门应当会同有关部门约谈该地区人民政府的主要负责人，并暂停审批新增重点水污染物排放总量的建设项目的环境影响评价文件。约谈情况应当向社会公开。

第二十一条　直接或者间接向水体排放工业废水和医疗污水以及其他按照规定应当取得排污许可证方可排放的废水、污水的企业事业单位和其他生产经营者，应当取得排污许可证；城镇污水集中处理设施的运营单位，也应当取得排污许可证。排污许可证应当明确排放水污染物的种类、浓度、总量和排放去向等要求。排污许可的具体办法由国务院规定。

禁止企业事业单位和其他生产经营者无排污许可证或者违反排污许可证的规定向水体排放前款规定的废水、污水。

第二十二条　向水体排放污染物的企业事业单位和其他生产经营者，应当按照法律、行政法规和国务院环境保护主管部门的规定设置排污口；在江河、湖泊设置排污口的，还应当遵守国务院水行政主管部门的规定。

第二十三条　实行排污许可管理的企业事业单位和其他生产经营者应当按照国家有关规定和监测规范，对所排放的水污染物自行监测，并保存原始监测记录。重点排污单位还应当安装水污染物排放自动监测设备，与环境保护主管部门的监控设备联网，并保证监测设备正常运行。具体办法由国务院环境保护主管部门规定。

应当安装水污染物排放自动监测设备的重点排污单位名录，由设区的市级以上地方人民政府环境保护主管部门根据本行政区域的环境容量、重点水污染物排放总量控制指标的要求以及排污单位排放水污染物的种类、数量和浓度等因素，商同级有关部门确定。

第二十四条　实行排污许可管理的企业事业单位和其他生产经营者应当对监测数据的真实性和准确性负责。

环境保护主管部门发现重点排污单位的水污染物排放自动监测设备传输数据异常，应当及时进行调查。

第二十五条　国家建立水环境质量监测和水污染物排放监测制度。国务院环境保护主管部门负责制定水环境监测规范，统一发布国家水环境状况信息，会同国务院水行政等部门组织监测网络，统一规划国家水环境质量监测站（点）的设置，建立监测数据共享机制，加强对水环境监测的管理。

第二十六条　国家确定的重要江河、湖泊流域的水资源保护工作机构负责监测其所在流域的省界水体的水环境质量状况，并将监测结果及时报国务院环境保护主管部门和国务院水行政主管部门；有经国务院批准成立的流域水资源保护领导机构的，应当将监测结果及时报告流域水资源保护领导机构。

第二十七条　国务院有关部门和县级以上地方人民政府开发、利用和调节、调度水资源时，应当统筹兼顾，维持江河的合理流量和湖泊、水库以及地下水体的合理水位，保障基本生态用水，维护水体的生态功能。

第二十八条　国务院环境保护主管部门应当会同国务院水行政等部门和有关省、自治区、直辖市人民政府，建立重要江河、湖泊的流域水环境保护联合协调机制，实行统一规划、统一标准、统一监测、统一的防治措施。

第二十九条　国务院环境保护主管部门和省、自治区、直辖市人民政府环境保护主管部门应当会同同级有关部门根据流域生态环境功能需要，明确流域生态环境保护要求，组织开展流域环境资源承载能力监测、评价，实施流域环境资源承载能力预警。

县级以上地方人民政府应当根据流域生态环境功能需要，组织开展江河、湖泊、湿地保护与修复，因地制宜建设人工湿地、水源涵养林、沿河沿湖植被缓冲带和隔离带等生态环境治理与保护工程，整治黑臭水体，提高流域环境资源承载能力。

从事开发建设活动，应当采取有效措施，维护流域生态环境功能，严守生态保护红线。

第三十条　环境保护主管部门和其他依照本法规定行使监督管理权的部门，

有权对管辖范围内的排污单位进行现场检查，被检查的单位应当如实反映情况，提供必要的资料。检查机关有义务为被检查的单位保守在检查中获取的商业秘密。

第三十一条　跨行政区域的水污染纠纷，由有关地方人民政府协商解决，或者由其共同的上级人民政府协调解决。

第四章　水污染防治措施

第一节　一般规定

第三十二条　国务院环境保护主管部门应当会同国务院卫生主管部门，根据对公众健康和生态环境的危害和影响程度，公布有毒有害水污染物名录，实行风险管理。

排放前款规定名录中所列有毒有害水污染物的企业事业单位和其他生产经营者，应当对排污口和周边环境进行监测，评估环境风险，排查环境安全隐患，并公开有毒有害水污染物信息，采取有效措施防范环境风险。

第三十三条　禁止向水体排放油类、酸液、碱液或者剧毒废液。

禁止在水体清洗装贮过油类或者有毒污染物的车辆和容器。

第三十四条　禁止向水体排放、倾倒放射性固体废物或者含有高放射性和中放射性物质的废水。

向水体排放含低放射性物质的废水，应当符合国家有关放射性污染防治的规定和标准。

第三十五条　向水体排放含热废水，应当采取措施，保证水体的水温符合水环境质量标准。

第三十六条　含病原体的污水应当经过消毒处理；符合国家有关标准后，方可排放。

第三十七条　禁止向水体排放、倾倒工业废渣、城镇垃圾和其他废弃物。

禁止将含有汞、镉、砷、铬、铅、氰化物、黄磷等的可溶性剧毒废渣向水体排放、倾倒或者直接埋入地下。

存放可溶性剧毒废渣的场所，应当采取防水、防渗漏、防流失的措施。

第三十八条 禁止在江河、湖泊、运河、渠道、水库最高水位线以下的滩地和岸坡堆放、存贮固体废弃物和其他污染物。

第三十九条 禁止利用渗井、渗坑、裂隙、溶洞，私设暗管，篡改、伪造监测数据，或者不正常运行水污染防治设施等逃避监管的方式排放水污染物。

第四十条 化学品生产企业以及工业集聚区、矿山开采区、尾矿库、危险废物处置场、垃圾填埋场等的运营、管理单位，应当采取防渗漏等措施，并建设地下水水质监测井进行监测，防止地下水污染。

加油站等的地下油罐应当使用双层罐或者采取建造防渗池等其他有效措施，并进行防渗漏监测，防止地下水污染。

禁止利用无防渗漏措施的沟渠、坑塘等输送或者存贮含有毒污染物的废水、含病原体的污水和其他废弃物。

第四十一条 多层地下水的含水层水质差异大的，应当分层开采；对已受污染的潜水和承压水，不得混合开采。

第四十二条 兴建地下工程设施或者进行地下勘探、采矿等活动，应当采取防护性措施，防止地下水污染。

报废矿井、钻井或者取水井等，应当实施封井或者回填。

第四十三条 人工回灌补给地下水，不得恶化地下水质。

第二节 工业水污染防治

第四十四条 国务院有关部门和县级以上地方人民政府应当合理规划工业布局，要求造成水污染的企业进行技术改造，采取综合防治措施，提高水的重复利用率，减少废水和污染物排放量。

第四十五条 排放工业废水的企业应当采取有效措施，收集和处理产生的全部废水，防止污染环境。含有毒有害水污染物的工业废水应当分类收集和处理，不得稀释排放。

工业集聚区应当配套建设相应的污水集中处理设施，安装自动监测设备，与环境保护主管部门的监控设备联网，并保证监测设备正常运行。

向污水集中处理设施排放工业废水的，应当按照国家有关规定进行预处理，达到集中处理设施处理工艺要求后方可排放。

第四十六条　国家对严重污染水环境的落后工艺和设备实行淘汰制度。

国务院经济综合宏观调控部门会同国务院有关部门，公布限期禁止采用的严重污染水环境的工艺名录和限期禁止生产、销售、进口、使用的严重污染水环境的设备名录。

生产者、销售者、进口者或者使用者应当在规定的期限内停止生产、销售、进口或者使用列入前款规定的设备名录中的设备。工艺的采用者应当在规定的期限内停止采用列入前款规定的工艺名录中的工艺。

依照本条第二款、第三款规定被淘汰的设备，不得转让给他人使用。

第四十七条　国家禁止新建不符合国家产业政策的小型造纸、制革、印染、染料、炼焦、炼硫、炼砷、炼汞、炼油、电镀、农药、石棉、水泥、玻璃、钢铁、火电以及其他严重污染水环境的生产项目。

第四十八条　企业应当采用原材料利用效率高、污染物排放量少的清洁工艺，并加强管理，减少水污染物的产生。

第三节　城镇水污染防治

第四十九条　城镇污水应当集中处理。

县级以上地方人民政府应当通过财政预算和其他渠道筹集资金，统筹安排建设城镇污水集中处理设施及配套管网，提高本行政区域城镇污水的收集率和处理率。

国务院建设主管部门应当会同国务院经济综合宏观调控、环境保护主管部门，根据城乡规划和水污染防治规划，组织编制全国城镇污水处理设施建设规划。县级以上地方人民政府组织建设、经济综合宏观调控、环境保护、水行政等部门编制本行政区域的城镇污水处理设施建设规划。县级以上地方人民政府建设主管部门应当按照城镇污水处理设施建设规划，组织建设城镇污水集中处理设施及配套管网，并加强对城镇污水集中处理设施运营的监督管理。

城镇污水集中处理设施的运营单位按照国家规定向排污者提供污水处理的有偿服务，收取污水处理费用，保证污水集中处理设施的正常运行。收取的污水处理费用应当用于城镇污水集中处理设施的建设运行和污泥处理处置，不得挪作他用。

城镇污水集中处理设施的污水处理收费、管理以及使用的具体办法，由国务院规定。

第五十条 向城镇污水集中处理设施排放水污染物，应当符合国家或者地方规定的水污染物排放标准。

城镇污水集中处理设施的运营单位，应当对城镇污水集中处理设施的出水水质负责。

环境保护主管部门应当对城镇污水集中处理设施的出水水质和水量进行监督检查。

第五十一条 城镇污水集中处理设施的运营单位或者污泥处理处置单位应当安全处理处置污泥，保证处理处置后的污泥符合国家标准，并对污泥的去向等进行记录。

第四节 农业和农村水污染防治

第五十二条 国家支持农村污水、垃圾处理设施的建设，推进农村污水、垃圾集中处理。

地方各级人民政府应当统筹规划建设农村污水、垃圾处理设施，并保障其正常运行。

第五十三条 制定化肥、农药等产品的质量标准和使用标准，应当适应水环境保护要求。

第五十四条 使用农药，应当符合国家有关农药安全使用的规定和标准。

运输、存贮农药和处置过期失效农药，应当加强管理，防止造成水污染。

第五十五条 县级以上地方人民政府农业主管部门和其他有关部门，应当采取措施，指导农业生产者科学、合理地施用化肥和农药，推广测土配方施肥技术和高效低毒低残留农药，控制化肥和农药的过量使用，防止造成水污染。

第五十六条 国家支持畜禽养殖场、养殖小区建设畜禽粪便、废水的综合利用或者无害化处理设施。

畜禽养殖场、养殖小区应当保证其畜禽粪便、废水的综合利用或者无害化处理设施正常运转，保证污水达标排放，防止污染水环境。

畜禽散养密集区所在地县、乡级人民政府应当组织对畜禽粪便污水进行分户收集、集中处理利用。

第五十七条 从事水产养殖应当保护水域生态环境，科学确定养殖密度，合理投饵和使用药物，防止污染水环境。

第五十八条 农田灌溉用水应当符合相应的水质标准，防止污染土壤、地下水和农产品。

禁止向农田灌溉渠道排放工业废水或者医疗污水。向农田灌溉渠道排放城镇污水以及未综合利用的畜禽养殖废水、农产品加工废水的，应当保证其下游最近的灌溉取水点的水质符合农田灌溉水质标准。

第五节 船舶水污染防治

第五十九条 船舶排放含油污水、生活污水，应当符合船舶污染物排放标准。从事海洋航运的船舶进入内河和港口的，应当遵守内河的船舶污染物排放标准。

船舶的残油、废油应当回收，禁止排入水体。

禁止向水体倾倒船舶垃圾。

船舶装载运输油类或者有毒货物，应当采取防止溢流和渗漏的措施，防止货物落水造成水污染。

进入中华人民共和国内河的国际航线船舶排放压载水的，应当采用压载水处理装置或者采取其他等效措施，对压载水进行灭活等处理。禁止排放不符合规定的船舶压载水。

第六十条　船舶应当按照国家有关规定配置相应的防污设备和器材，并持有合法有效的防止水域环境污染的证书与文书。

船舶进行涉及污染物排放的作业，应当严格遵守操作规程，并在相应的记录簿上如实记载。

第六十一条　港口、码头、装卸站和船舶修造厂所在地市、县级人民政府应当统筹规划建设船舶污染物、废弃物的接收、转运及处理处置设施。

港口、码头、装卸站和船舶修造厂应当备有足够的船舶污染物、废弃物的接收设施。从事船舶污染物、废弃物接收作业，或者从事装载油类、污染危害性货物船舱清洗作业的单位，应当具备与其运营规模相适应的接收处理能力。

第六十二条　船舶及有关作业单位从事有污染风险的作业活动，应当按照有关法律法规和标准，采取有效措施，防止造成水污染。海事管理机构、渔业主管部门应当加强对船舶及有关作业活动的监督管理。

船舶进行散装液体污染危害性货物的过驳作业，应当编制作业方案，采取有效的安全和污染防治措施，并报作业地海事管理机构批准。

禁止采取冲滩方式进行船舶拆解作业。

第五章　饮用水水源和其他特殊水体保护

第六十三条　国家建立饮用水水源保护区制度。饮用水水源保护区分为一级保护区和二级保护区；必要时，可以在饮用水水源保护区外围划定一定的区域作为准保护区。

饮用水水源保护区的划定，由有关市、县人民政府提出划定方案，报省、自治区、直辖市人民政府批准；跨市、县饮用水水源保护区的划定，由有关市、县人民政府协商提出划定方案，报省、自治区、直辖市人民政府批准；协商不成的，由省、自治区、直辖市人民政府环境保护主管部门会同同级水行政、国土资源、卫生、建设等部门提出划定方案，征求同级有关部门的意见后，报省、自治区、直辖市人民政府批准。

跨省、自治区、直辖市的饮用水水源保护区，由有关省、自治区、直辖市人民政府商有关流域管理机构划定；协商不成的，由国务院环境保护主管部门会同同级水行政、国土资源、卫生、建设等部门提出划定方案，征求国务院有关部门的意见后，报国务院批准。

国务院和省、自治区、直辖市人民政府可以根据保护饮用水水源的实际需要，调整饮用水水源保护区的范围，确保饮用水安全。有关地方人民政府应当在饮用水水源保护区的边界设立明确的地理界标和明显的警示标志。

第六十四条　在饮用水水源保护区内，禁止设置排污口。

第六十五条　禁止在饮用水水源一级保护区内新建、改建、扩建与供水设施和保护水源无关的建设项目；已建成的与供水设施和保护水源无关的建设项目，由县级以上人民政府责令拆除或者关闭。

禁止在饮用水水源一级保护区内从事网箱养殖、旅游、游泳、垂钓或者其他可能污染饮用水水体的活动。

第六十六条　禁止在饮用水水源二级保护区内新建、改建、扩建排放污染物的建设项目；已建成的排放污染物的建设项目，由县级以上人民政府责令拆除或者关闭。

在饮用水水源二级保护区内从事网箱养殖、旅游等活动的，应当按照规定采取措施，防止污染饮用水水体。

第六十七条　禁止在饮用水水源准保护区内新建、扩建对水体污染严重的建设项目；改建建设项目，不得增加排污量。

第六十八条　县级以上地方人民政府应当根据保护饮用水水源的实际需要，在准保护区内采取工程措施或者建造湿地、水源涵养林等生态保护措施，防止水污染物直接排入饮用水水体，确保饮用水安全。

第六十九条　县级以上地方人民政府应当组织环境保护等部门，对饮用水水源保护区、地下水型饮用水水源的补给区及供水单位周边区域的环境状况和污染风险进行调查评估，筛查可能存在的污染风险因素，并采取相应的风险防范措施。

饮用水水源受到污染可能威胁供水安全的，环境保护主管部门应当责令有关企业事业单位和其他生产经营者采取停止排放水污染物等措施，并通报饮用水供水单位和供水、卫生、水行政等部门；跨行政区域的，还应当通报相关地方人民政府。

第七十条　单一水源供水城市的人民政府应当建设应急水源或者备用水源，有条件的地区可以开展区域联网供水。

县级以上地方人民政府应当合理安排、布局农村饮用水水源，有条件的地区可以采取城镇供水管网延伸或者建设跨村、跨乡镇联片集中供水工程等方式，发展规模集中供水。

第七十一条　饮用水供水单位应当做好取水口和出水口的水质检测工作。发现取水口水质不符合饮用水水源水质标准或者出水口水质不符合饮用水卫生标准的，应当及时采取相应措施，并向所在地市、县级人民政府供水主管部门报告。供水主管部门接到报告后，应当通报环境保护、卫生、水行政等部门。

饮用水供水单位应当对供水水质负责，确保供水设施安全可靠运行，保证供水水质符合国家有关标准。

第七十二条　县级以上地方人民政府应当组织有关部门监测、评估本行政区域内饮用水水源、供水单位供水和用户水龙头出水的水质等饮用水安全状况。

县级以上地方人民政府有关部门应当至少每季度向社会公开一次饮用水安全状况信息。

第七十三条　国务院和省、自治区、直辖市人民政府根据水环境保护的需要，可以规定在饮用水水源保护区内，采取禁止或者限制使用含磷洗涤剂、化肥、农药以及限制种植养殖等措施。

第七十四条　县级以上人民政府可以对风景名胜区水体、重要渔业水体和其他具有特殊经济文化价值的水体划定保护区，并采取措施，保证保护区的水质符合规定用途的水环境质量标准。

第七十五条　在风景名胜区水体、重要渔业水体和其他具有特殊经济文化价值的水体的保护区内，不得新建排污口。在保护区附近新建排污口，应当保证保护区水体不受污染。

第六章　水污染事故处置

第七十六条　各级人民政府及其有关部门，可能发生水污染事故的企业事业单位，应当依照《中华人民共和国突发事件应对法》的规定，做好突发水污染事故的应急准备、应急处置和事后恢复等工作。

第七十七条　可能发生水污染事故的企业事业单位，应当制定有关水污染事故的应急方案，做好应急准备，并定期进行演练。

生产、储存危险化学品的企业事业单位，应当采取措施，防止在处理安全生产事故过程中产生的可能严重污染水体的消防废水、废液直接排入水体。

第七十八条　企业事业单位发生事故或者其他突发性事件，造成或者可能造成水污染事故的，应当立即启动本单位的应急方案，采取隔离等应急措施，防止水污染物进入水体，并向事故发生地的县级以上地方人民政府或者环境保护主管部门报告。环境保护主管部门接到报告后，应当及时向本级人民政府报告，并抄送有关部门。

造成渔业污染事故或者渔业船舶造成水污染事故的，应当向事故发生地的渔业主管部门报告，接受调查处理。其他船舶造成水污染事故的，应当向事故发生地的海事管理机构报告，接受调查处理；给渔业造成损害的，海事管理机构应当通知渔业主管部门参与调查处理。

第七十九条　市、县级人民政府应当组织编制饮用水安全突发事件应急预案。

饮用水供水单位应当根据所在地饮用水安全突发事件应急预案，制定相应的突发事件应急方案，报所在地市、县级人民政府备案，并定期进行演练。

饮用水水源发生水污染事故，或者发生其他可能影响饮用水安全的突发性事件，饮用水供水单位应当采取应急处理措施，向所在地市、县级人民政府报告，并向社会公开。有关人民政府应当根据情况及时启动应急预案，采取有效措施，保障供水安全。

第七章　法律责任

第八十条　环境保护主管部门或者其他依照本法规定行使监督管理权的部门，不依法作出行政许可或者办理批准文件的，发现违法行为或者接到对违法行为的举报后不予查处的，或者有其他未依照本法规定履行职责的行为的，对直接负责的主管人员和其他直接责任人员依法给予处分。

第八十一条　以拖延、围堵、滞留执法人员等方式拒绝、阻挠环境保护主管部门或者其他依照本法规定行使监督管理权的部门的监督检查，或者在接受监督检查时弄虚作假的，由县级以上人民政府环境保护主管部门或者其他依照本法规定行使监督管理权的部门责令改正，处二万元以上二十万元以下的罚款。

第八十二条　违反本法规定，有下列行为之一的，由县级以上人民政府环境保护主管部门责令限期改正，处二万元以上二十万元以下的罚款；逾期不改正的，责令停产整治：

（一）未按照规定对所排放的水污染物自行监测，或者未保存原始监测记录的；

（二）未按照规定安装水污染物排放自动监测设备，未按照规定与环境保护主管部门的监控设备联网，或者未保证监测设备正常运行的；

（三）未按照规定对有毒有害水污染物的排污口和周边环境进行监测，或者未公开有毒有害水污染物信息的。

第八十三条　违反本法规定，有下列行为之一的，由县级以上人民政府环境保护主管部门责令改正或者责令限制生产、停产整治，并处十万元以上一百万元以下的罚款；情节严重的，报经有批准权的人民政府批准，责令停业、关闭：

（一）未依法取得排污许可证排放水污染物的；

（二）超过水污染物排放标准或者超过重点水污染物排放总量控制指标排放水污染物的；

（三）利用渗井、渗坑、裂隙、溶洞，私设暗管，篡改、伪造监测数据，或者不正常运行水污染防治设施等逃避监管的方式排放水污染物的；

（四）未按照规定进行预处理，向污水集中处理设施排放不符合处理工艺要求的工业废水的。

第八十四条 在饮用水水源保护区内设置排污口的，由县级以上地方人民政府责令限期拆除，处十万元以上五十万元以下的罚款；逾期不拆除的，强制拆除，所需费用由违法者承担，处五十万元以上一百万元以下的罚款，并可以责令停产整治。

除前款规定外，违反法律、行政法规和国务院环境保护主管部门的规定设置排污口的，由县级以上地方人民政府环境保护主管部门责令限期拆除，处二万元以上十万元以下的罚款；逾期不拆除的，强制拆除，所需费用由违法者承担，处十万元以上五十万元以下的罚款；情节严重的，可以责令停产整治。

未经水行政主管部门或者流域管理机构同意，在江河、湖泊新建、改建、扩建排污口的，由县级以上人民政府水行政主管部门或者流域管理机构依据职权，依照前款规定采取措施、给予处罚。

第八十五条 有下列行为之一的，由县级以上地方人民政府环境保护主管部门责令停止违法行为，限期采取治理措施，消除污染，处以罚款；逾期不采取治理措施的，环境保护主管部门可以指定有治理能力的单位代为治理，所需费用由违法者承担：

（一）向水体排放油类、酸液、碱液的；

（二）向水体排放剧毒废液，或者将含有汞、镉、砷、铬、铅、氰化物、黄磷等的可溶性剧毒废渣向水体排放、倾倒或者直接埋入地下的；

（三）在水体清洗装贮过油类、有毒污染物的车辆或者容器的；

（四）向水体排放、倾倒工业废渣、城镇垃圾或者其他废弃物，或者在江河、湖泊、运河、渠道、水库最高水位线以下的滩地、岸坡堆放、存贮固体废弃物或者其他污染物的；

（五）向水体排放、倾倒放射性固体废物或者含有高放射性、中放射性物质的废水的；

（六）违反国家有关规定或者标准，向水体排放含低放射性物质的废水、热废水或者含病原体的污水的；

（七）未采取防渗漏等措施，或者未建设地下水水质监测井进行监测的；

（八）加油站等的地下油罐未使用双层罐或者采取建造防渗池等其他有效措施，或者未进行防渗漏监测的；

（九）未按照规定采取防护性措施，或者利用无防渗漏措施的沟渠、坑塘等输送或者存贮含有毒污染物的废水、含病原体的污水或者其他废弃物的。

有前款第三项、第四项、第六项、第七项、第八项行为之一的，处二万元以上二十万元以下的罚款。有前款第一项、第二项、第五项、第九项行为之一的，处十万元以上一百万元以下的罚款；情节严重的，报经有批准权的人民政府批准，责令停业、关闭。

第八十六条　违反本法规定，生产、销售、进口或者使用列入禁止生产、销售、进口、使用的严重污染水环境的设备名录中的设备，或者采用列入禁止采用的严重污染水环境的工艺名录中的工艺的，由县级以上人民政府经济综合宏观调控部门责令改正，处五万元以上二十万元以下的罚款；情节严重的，由县级以上人民政府经济综合宏观调控部门提出意见，报请本级人民政府责令停业、关闭。

第八十七条　违反本法规定，建设不符合国家产业政策的小型造纸、制革、印染、染料、炼焦、炼硫、炼砷、炼汞、炼油、电镀、农药、石棉、水泥、玻璃、钢铁、火电以及其他严重污染水环境的生产项目的，由所在地的市、县人民政府责令关闭。

第八十八条　城镇污水集中处理设施的运营单位或者污泥处理处置单位，处理处置后的污泥不符合国家标准，或者对污泥去向等未进行记录的，由城镇排水主管部门责令限期采取治理措施，给予警告；造成严重后果的，处十万元以上二十万元以下的罚款；逾期不采取治理措施的，城镇排水主管部门可以指定有治理能力的单位代为治理，所需费用由违法者承担。

第八十九条　船舶未配置相应的防污染设备和器材，或者未持有合法有效的防止水域环境污染的证书与文书的，由海事管理机构、渔业主管部门按照职责分工责令限期改正，处二千元以上二万元以下的罚款；逾期不改正的，责令船舶临时停航。

船舶进行涉及污染物排放的作业，未遵守操作规程或者未在相应的记录簿上如实记载的，由海事管理机构、渔业主管部门按照职责分工责令改正，处二千元以上二万元以下的罚款。

第九十条 违反本法规定，有下列行为之一的，由海事管理机构、渔业主管部门按照职责分工责令停止违法行为，处一万元以上十万元以下的罚款；造成水污染的，责令限期采取治理措施，消除污染，处二万元以上二十万元以下的罚款；逾期不采取治理措施的，海事管理机构、渔业主管部门按照职责分工可以指定有治理能力的单位代为治理，所需费用由船舶承担：

（一）向水体倾倒船舶垃圾或者排放船舶的残油、废油的；

（二）未经作业地海事管理机构批准，船舶进行散装液体污染危害性货物的过驳作业的；

（三）船舶及有关作业单位从事有污染风险的作业活动，未按照规定采取污染防治措施的；

（四）以冲滩方式进行船舶拆解的；

（五）进入中华人民共和国内河的国际航线船舶，排放不符合规定的船舶压载水的。

第九十一条 有下列行为之一的，由县级以上地方人民政府环境保护主管部门责令停止违法行为，处十万元以上五十万元以下的罚款；并报经有批准权的人民政府批准，责令拆除或者关闭：

（一）在饮用水水源一级保护区内新建、改建、扩建与供水设施和保护水源无关的建设项目的；

（二）在饮用水水源二级保护区内新建、改建、扩建排放污染物的建设项目的；

（三）在饮用水水源准保护区内新建、扩建对水体污染严重的建设项目，或者改建建设项目增加排污量的。

在饮用水水源一级保护区内从事网箱养殖或者组织进行旅游、垂钓或者其他可能污染饮用水水体的活动的，由县级以上地方人民政府环境保护主管部门责令停止违法行为，处二万元以上十万元以下的罚款。个人在饮用水水源一级保护区内游泳、垂钓或者从事其他可能污染饮用水水体的活动的，由县级以上地方人民政府环境保护主管部门责令停止违法行为，可以处五百元以下的罚款。

第九十二条　饮用水供水单位供水水质不符合国家规定标准的，由所在地市、县级人民政府供水主管部门责令改正，处二万元以上二十万元以下的罚款；情节严重的，报经有批准权的人民政府批准，可以责令停业整顿；对直接负责的主管人员和其他直接责任人员依法给予处分。

第九十三条　企业事业单位有下列行为之一的，由县级以上人民政府环境保护主管部门责令改正；情节严重的，处二万元以上十万元以下的罚款：

（一）不按照规定制定水污染事故的应急方案的；

（二）水污染事故发生后，未及时启动水污染事故的应急方案，采取有关应急措施的。

第九十四条　企业事业单位违反本法规定，造成水污染事故的，除依法承担赔偿责任外，由县级以上人民政府环境保护主管部门依照本条第二款的规定处以罚款，责令限期采取治理措施，消除污染；未按照要求采取治理措施或者不具备治理能力的，由环境保护主管部门指定有治理能力的单位代为治理，所需费用由违法者承担；对造成重大或者特大水污染事故的，还可以报经有批准权的人民政府批准，责令关闭；对直接负责的主管人员和其他直接责任人员可以处上一年度从本单位取得的收入 50%以下的罚款；有《中华人民共和国环境保护法》第六十三条规定的违法排放水污染物等行为之一，尚不构成犯罪的，由公安机关对直接负责的主管人员和其他直接责任人员处十日以上十五日以下的拘留；情节较轻的，处五日以上十日以下的拘留。

对造成一般或者较大水污染事故的，按照水污染事故造成的直接损失的 20%计算罚款；对造成重大或者特大水污染事故的，按照水污染事故造成的直接损失的 30%计算罚款。

造成渔业污染事故或者渔业船舶造成水污染事故的，由渔业主管部门进行处罚；其他船舶造成水污染事故的，由海事管理机构进行处罚。

第九十五条　企业事业单位和其他生产经营者违法排放水污染物，受到罚款处罚，被责令改正的，依法作出处罚决定的行政机关应当组织复查，发现其继续违法排放水污染物或者拒绝、阻挠复查的，依照《中华人民共和国环境保护法》的规定按日连续处罚。

第九十六条　因水污染受到损害的当事人，有权要求排污方排除危害和赔偿损失。

由于不可抗力造成水污染损害的，排污方不承担赔偿责任；法律另有规定的除外。

水污染损害是由受害人故意造成的，排污方不承担赔偿责任。水污染损害是由受害人重大过失造成的，可以减轻排污方的赔偿责任。

水污染损害是由第三人造成的，排污方承担赔偿责任后，有权向第三人追偿。

第九十七条　因水污染引起的损害赔偿责任和赔偿金额的纠纷，可以根据当事人的请求，由环境保护主管部门或者海事管理机构、渔业主管部门按照职责分工调解处理；调解不成的，当事人可以向人民法院提起诉讼。当事人也可以直接向人民法院提起诉讼。

第九十八条　因水污染引起的损害赔偿诉讼，由排污方就法律规定的免责事由及其行为与损害结果之间不存在因果关系承担举证责任。

第九十九条　因水污染受到损害的当事人人数众多的，可以依法由当事人推选代表人进行共同诉讼。

环境保护主管部门和有关社会团体可以依法支持因水污染受到损害的当事人向人民法院提起诉讼。

国家鼓励法律服务机构和律师为水污染损害诉讼中的受害人提供法律援助。

第一百条　因水污染引起的损害赔偿责任和赔偿金额的纠纷，当事人可以委托环境监测机构提供监测数据。环境监测机构应当接受委托，如实提供有关监测数据。

第一百零一条　违反本法规定，构成犯罪的，依法追究刑事责任。

第八章　附则

第一百零二条　本法中下列用语的含义:

(一)水污染,是指水体因某种物质的介入,而导致其化学、物理、生物或者放射性等方面特性的改变,从而影响水的有效利用,危害人体健康或者破坏生态环境,造成水质恶化的现象。

(二)水污染物,是指直接或者间接向水体排放的,能导致水体污染的物质。

(三)有毒污染物,是指那些直接或者间接被生物摄入体内后,可能导致该生物或者其后代发病、行为反常、遗传异变、生理机能失常、机体变形或者死亡的污染物。

(四)污泥,是指污水处理过程中产生的半固态或者固态物质。

(五)渔业水体,是指划定的鱼虾类的产卵场、索饵场、越冬场、洄游通道和鱼虾贝藻类的养殖场的水体。

第一百零三条　本法自 2008 年 6 月 1 日起施行。

中华人民共和国水法

(1988 年 1 月 21 日第六届全国人民代表大会常务委员会第二十四次会议通过　2002 年 8 月 29 日第九届全国人民代表大会常务委员会第二十九次会议修订　根据 2009 年 8 月 27 日第十一届全国人民代表大会常务委员会第十次会议《关于修改部分法律的决定》第一次修正　根据 2016 年 7 月 2 日第十二届全国人民代表大会常务委员会第二十一次会议《关于修改〈中华人民共和国节约能源法〉等六部法律的决定》第二次修正)

第一章 总则

第一条 为了合理开发、利用、节约和保护水资源，防治水害，实现水资源的可持续利用，适应国民经济和社会发展的需要，制定本法。

第二条 在中华人民共和国领域内开发、利用、节约、保护、管理水资源，防治水害，适用本法。

本法所称水资源，包括地表水和地下水。

第三条 水资源属于国家所有。水资源的所有权由国务院代表国家行使。农村集体经济组织的水塘和由农村集体经济组织修建管理的水库中的水，归各该农村集体经济组织使用。

第四条 开发、利用、节约、保护水资源和防治水害，应当全面规划、统筹兼顾、标本兼治、综合利用、讲求效益，发挥水资源的多种功能，协调好生活、生产经营和生态环境用水。

第五条 县级以上人民政府应当加强水利基础设施建设，并将其纳入本级国民经济和社会发展计划。

第六条 国家鼓励单位和个人依法开发、利用水资源，并保护其合法权益。开发、利用水资源的单位和个人有依法保护水资源的义务。

第七条 国家对水资源依法实行取水许可制度和有偿使用制度。但是，农村集体经济组织及其成员使用本集体经济组织的水塘、水库中的水的除外。国务院水行政主管部门负责全国取水许可制度和水资源有偿使用制度的组织实施。

第八条 国家厉行节约用水，大力推行节约用水措施，推广节约用水新技术、新工艺，发展节水型工业、农业和服务业，建立节水型社会。

各级人民政府应当采取措施，加强对节约用水的管理，建立节约用水技术开发推广体系，培育和发展节约用水产业。

单位和个人有节约用水的义务。

第九条 国家保护水资源，采取有效措施，保护植被，植树种草，涵养水源，防治水土流失和水体污染，改善生态环境。

第十条 国家鼓励和支持开发、利用、节约、保护、管理水资源和防治水害的先进科学技术的研究、推广和应用。

第十一条 在开发、利用、节约、保护、管理水资源和防治水害等方面成绩显著的单位和个人，由人民政府给予奖励。

第十二条 国家对水资源实行流域管理与行政区域管理相结合的管理体制。

国务院水行政主管部门负责全国水资源的统一管理和监督工作。

国务院水行政主管部门在国家确定的重要江河、湖泊设立的流域管理机构（以下简称流域管理机构），在所管辖的范围内行使法律、行政法规规定的和国务院水行政主管部门授予的水资源管理和监督职责。

县级以上地方人民政府水行政主管部门按照规定的权限，负责本行政区域内水资源的统一管理和监督工作。

第十三条 国务院有关部门按照职责分工，负责水资源开发、利用、节约和保护的有关工作。

县级以上地方人民政府有关部门按照职责分工，负责本行政区域内水资源开发、利用、节约和保护的有关工作。

第二章 水资源规划

第十四条 国家制定全国水资源战略规划。

开发、利用、节约、保护水资源和防治水害，应当按照流域、区域统一制定规划。规划分为流域规划和区域规划。流域规划包括流域综合规划和流域专业规划；区域规划包括区域综合规划和区域专业规划。

前款所称综合规划，是指根据经济社会发展需要和水资源开发利用现状编制的开发、利用、节约、保护水资源和防治水害的总体部署。前款所称专业规划，是指防洪、治涝、灌溉、航运、供水、水力发电、竹木流放、渔业、水资源保护、水土保持、防沙治沙、节约用水等规划。

第十五条 流域范围内的区域规划应当服从流域规划，专业规划应当服从综合规划。

流域综合规划和区域综合规划以及与土地利用关系密切的专业规划，应当与国民经济和社会发展规划以及土地利用总体规划、城市总体规划和环境保护规划相协调，兼顾各地区、各行业的需要。

第十六条　制定规划，必须进行水资源综合科学考察和调查评价。水资源综合科学考察和调查评价，由县级以上人民政府水行政主管部门会同同级有关部门组织进行。

县级以上人民政府应当加强水文、水资源信息系统建设。县级以上人民政府水行政主管部门和流域管理机构应当加强对水资源的动态监测。

基本水文资料应当按照国家有关规定予以公开。

第十七条　国家确定的重要江河、湖泊的流域综合规划，由国务院水行政主管部门会同国务院有关部门和有关省、自治区、直辖市人民政府编制，报国务院批准。跨省、自治区、直辖市的其他江河、湖泊的流域综合规划和区域综合规划，由有关流域管理机构会同江河、湖泊所在地的省、自治区、直辖市人民政府水行政主管部门和有关部门编制，分别经有关省、自治区、直辖市人民政府审查提出意见后，报国务院水行政主管部门审核；国务院水行政主管部门征求国务院有关部门意见后，报国务院或者其授权的部门批准。

前款规定以外的其他江河、湖泊的流域综合规划和区域综合规划，由县级以上地方人民政府水行政主管部门会同同级有关部门和有关地方人民政府编制，报本级人民政府或者其授权的部门批准，并报上一级水行政主管部门备案。

专业规划由县级以上人民政府有关部门编制，征求同级其他有关部门意见后，报本级人民政府批准。其中，防洪规划、水土保持规划的编制、批准，依照防洪法、水土保持法的有关规定执行。

第十八条　规划一经批准，必须严格执行。

经批准的规划需要修改时，必须按照规划编制程序经原批准机关批准。

第十九条　建设水工程，必须符合流域综合规划。在国家确定的重要江河、湖泊和跨省、自治区、直辖市的江河、湖泊上建设水工程，未取得有关流域管理机构签署的符合流域综合规划要求的规划同意书的，建设单位不得开工建设；在其他江河、湖泊上建设水工程，未取得县级以上地方人民政府水行政主管部门按照管理权限签署的符合流域综合规划要求的规划同意书的，建设单位不得开工建设。水工程建设涉及防洪的，依照防洪法的有关规定执行；涉及其他地区和行业的，建设单位应当事先征求有关地区和部门的意见。

第三章　水资源开发利用

第二十条　开发、利用水资源，应当坚持兴利与除害相结合，兼顾上下游、左右岸和有关地区之间的利益，充分发挥水资源的综合效益，并服从防洪的总体安排。

第二十一条　开发、利用水资源，应当首先满足城乡居民生活用水，并兼顾农业、工业、生态环境用水以及航运等需要。

在干旱和半干旱地区开发、利用水资源，应当充分考虑生态环境用水需要。

第二十二条　跨流域调水，应当进行全面规划和科学论证，统筹兼顾调出和调入流域的用水需要，防止对生态环境造成破坏。

第二十三条　地方各级人民政府应当结合本地区水资源的实际情况，按照地表水与地下水统一调度开发、开源与节流相结合、节流优先和污水处理再利用的原则，合理组织开发、综合利用水资源。

国民经济和社会发展规划以及城市总体规划的编制、重大建设项目的布局，应当与当地水资源条件和防洪要求相适应，并进行科学论证；在水资源不足的地区，应当对城市规模和建设耗水量大的工业、农业和服务业项目加以限制。

第二十四条　在水资源短缺的地区，国家鼓励对雨水和微咸水的收集、开发、利用和对海水的利用、淡化。

第二十五条　地方各级人民政府应当加强对灌溉、排涝、水土保持工作的领导，促进农业生产发展；在容易发生盐碱化和渍害的地区，应当采取措施，控制和降低地下水的水位。

农村集体经济组织或者其成员依法在本集体经济组织所有的集体土地或者承包土地上投资兴建水工程设施的，按照谁投资建设谁管理和谁受益的原则，对水工程设施及其蓄水进行管理和合理使用。

农村集体经济组织修建水库应当经县级以上地方人民政府水行政主管部门批准。

第二十六条 国家鼓励开发、利用水能资源。在水能丰富的河流，应当有计划地进行多目标梯级开发。

建设水力发电站，应当保护生态环境，兼顾防洪、供水、灌溉、航运、竹木流放和渔业等方面的需要。

第二十七条 国家鼓励开发、利用水运资源。在水生生物洄游通道、通航或者竹木流放的河流上修建永久性拦河闸坝，建设单位应当同时修建过鱼、过船、过木设施，或者经国务院授权的部门批准采取其他补救措施，并妥善安排施工和蓄水期间的水生生物保护、航运和竹木流放，所需费用由建设单位承担。

在不通航的河流或者人工水道上修建闸坝后可以通航的，闸坝建设单位应当同时修建过船设施或者预留过船设施位置。

第二十八条 任何单位和个人引水、截（蓄）水、排水，不得损害公共利益和他人的合法权益。

第二十九条 国家对水工程建设移民实行开发性移民的方针，按照前期补偿、补助与后期扶持相结合的原则，妥善安排移民的生产和生活，保护移民的合法权益。

移民安置应当与工程建设同步进行。建设单位应当根据安置地区的环境容量和可持续发展的原则，因地制宜，编制移民安置规划，经依法批准后，由有关地方人民政府组织实施。所需移民经费列入工程建设投资计划。

第四章 水资源、水域和水工程的保护

第三十条 县级以上人民政府水行政主管部门、流域管理机构以及其他有关部门在制定水资源开发、利用规划和调度水资源时，应当注意维持江河的合理流量和湖泊、水库以及地下水的合理水位，维护水体的自然净化能力。

第三十一条 从事水资源开发、利用、节约、保护和防治水害等水事活动，

应当遵守经批准的规划；因违反规划造成江河和湖泊水域使用功能降低、地下水超采、地面沉降、水体污染的，应当承担治理责任。

开采矿藏或者建设地下工程，因疏干排水导致地下水水位下降、水源枯竭或者地面塌陷，采矿单位或者建设单位应当采取补救措施；对他人生活和生产造成损失的，依法给予补偿。

第三十二条 国务院水行政主管部门会同国务院环境保护行政主管部门、有关部门和有关省、自治区、直辖市人民政府，按照流域综合规划、水资源保护规划和经济社会发展要求，拟定国家确定的重要江河、湖泊的水功能区划，报国务院批准。跨省、自治区、直辖市的其他江河、湖泊的水功能区划，由有关流域管理机构会同江河、湖泊所在地的省、自治区、直辖市人民政府水行政主管部门、环境保护行政主管部门和其他有关部门拟定，分别经有关省、自治区、直辖市人民政府审查提出意见后，由国务院水行政主管部门会同国务院环境保护行政主管部门审核，报国务院或者其授权的部门批准。

前款规定以外的其他江河、湖泊的水功能区划，由县级以上地方人民政府水行政主管部门会同同级人民政府环境保护行政主管部门和有关部门拟定，报同级人民政府或者其授权的部门批准，并报上一级水行政主管部门和环境保护行政主管部门备案。

县级以上人民政府水行政主管部门或者流域管理机构应当按照水功能区对水质的要求和水体的自然净化能力，核定该水域的纳污能力，向环境保护行政主管部门提出该水域的限制排污总量意见。

县级以上地方人民政府水行政主管部门和流域管理机构应当对水功能区的水质状况进行监测，发现重点污染物排放总量超过控制指标的，或者水功能区的水质未达到水域使用功能对水质的要求的，应当及时报告有关人民政府采取治理措施，并向环境保护行政主管部门通报。

第三十三条 国家建立饮用水水源保护区制度。省、自治区、直辖市人民政府应当划定饮用水水源保护区，并采取措施，防止水源枯竭和水体污染，保证城乡居民饮用水安全。

第三十四条　禁止在饮用水水源保护区内设置排污口。

在江河、湖泊新建、改建或者扩大排污口，应当经过有管辖权的水行政主管部门或者流域管理机构同意，由环境保护行政主管部门负责对该建设项目的环境影响报告书进行审批。

第三十五条　从事工程建设，占用农业灌溉水源、灌排工程设施，或者对原有灌溉用水、供水水源有不利影响的，建设单位应当采取相应的补救措施；造成损失的，依法给予补偿。

第三十六条　在地下水超采地区，县级以上地方人民政府应当采取措施，严格控制开采地下水。在地下水严重超采地区，经省、自治区、直辖市人民政府批准，可以划定地下水禁止开采或者限制开采区。在沿海地区开采地下水，应当经过科学论证，并采取措施，防止地面沉降和海水入侵。

第三十七条　禁止在江河、湖泊、水库、运河、渠道内弃置、堆放阻碍行洪的物体和种植阻碍行洪的林木及高秆作物。

禁止在河道管理范围内建设妨碍行洪的建筑物、构筑物以及从事影响河势稳定、危害河岸堤防安全和其他妨碍河道行洪的活动。

第三十八条　在河道管理范围内建设桥梁、码头和其他拦河、跨河、临河建筑物、构筑物，铺设跨河管道、电缆，应当符合国家规定的防洪标准和其他有关的技术要求，工程建设方案应当依照防洪法的有关规定报经有关水行政主管部门审查同意。

因建设前款工程设施，需要扩建、改建、拆除或者损坏原有水工程设施的，建设单位应当负担扩建、改建的费用和损失补偿。但是，原有工程设施属于违法工程的除外。

第三十九条　国家实行河道采砂许可制度。河道采砂许可制度实施办法，由国务院规定。

在河道管理范围内采砂，影响河势稳定或者危及堤防安全的，有关县级以上人民政府水行政主管部门应当划定禁采区和规定禁采期，并予以公告。

第四十条　禁止围湖造地。已经围垦的，应当按照国家规定的防洪标准有计划地退地还湖。

禁止围垦河道。确需围垦的，应当经过科学论证，经省、自治区、直辖市人民政府水行政主管部门或者国务院水行政主管部门同意后，报本级人民政府批准。

第四十一条　单位和个人有保护水工程的义务，不得侵占、毁坏堤防、护岸、防汛、水文监测、水文地质监测等工程设施。

第四十二条　县级以上地方人民政府应当采取措施，保障本行政区域内水工程，特别是水坝和堤防的安全，限期消除险情。水行政主管部门应当加强对水工程安全的监督管理。

第四十三条　国家对水工程实施保护。国家所有的水工程应当按照国务院的规定划定工程管理和保护范围。

国务院水行政主管部门或者流域管理机构管理的水工程，由主管部门或者流域管理机构商有关省、自治区、直辖市人民政府划定工程管理和保护范围。

前款规定以外的其他水工程，应当按照省、自治区、直辖市人民政府的规定，划定工程保护范围和保护职责。

在水工程保护范围内，禁止从事影响水工程运行和危害水工程安全的爆破、打井、采石、取土等活动。

第五章　水资源配置和节约使用

第四十四条　国务院发展计划主管部门和国务院水行政主管部门负责全国水资源的宏观调配。全国的和跨省、自治区、直辖市的水中长期供求规划，由国务院水行政主管部门会同有关部门制订，经国务院发展计划主管部门审查批准后执行。地方的水中长期供求规划，由县级以上地方人民政府水行政主管部门会同同级有关部门依据上一级水中长期供求规划和本地区的实际情况制订，经本级人民政府发展计划主管部门审查批准后执行。

水中长期供求规划应当依据水的供求现状、国民经济和社会发展规划、流域规划、区域规划，按照水资源供需协调、综合平衡、保护生态、厉行节约、合理开源的原则制定。

第四十五条　调蓄径流和分配水量，应当依据流域规划和水中长期供求规划，以流域为单元制定水量分配方案。

跨省、自治区、直辖市的水量分配方案和旱情紧急情况下的水量调度预案，由流域管理机构商有关省、自治区、直辖市人民政府制订，报国务院或者其授权的部门批准后执行。其他跨行政区域的水量分配方案和旱情紧急情况下的水量调度预案，由共同的上一级人民政府水行政主管部门商有关地方人民政府制订，报本级人民政府批准后执行。

水量分配方案和旱情紧急情况下的水量调度预案经批准后，有关地方人民政府必须执行。

在不同行政区域之间的边界河流上建设水资源开发、利用项目，应当符合该流域经批准的水量分配方案，由有关县级以上地方人民政府报共同的上一级人民政府水行政主管部门或者有关流域管理机构批准。

第四十六条　县级以上地方人民政府水行政主管部门或者流域管理机构应当根据批准的水量分配方案和年度预测来水量，制定年度水量分配方案和调度计划，实施水量统一调度；有关地方人民政府必须服从。

国家确定的重要江河、湖泊的年度水量分配方案，应当纳入国家的国民经济和社会发展年度计划。

第四十七条　国家对用水实行总量控制和定额管理相结合的制度。

省、自治区、直辖市人民政府有关行业主管部门应当制订本行政区域内行业用水定额，报同级水行政主管部门和质量监督检验行政主管部门审核同意后，由省、自治区、直辖市人民政府公布，并报国务院水行政主管部门和国务院质量监督检验行政主管部门备案。

县级以上地方人民政府发展计划主管部门会同同级水行政主管部门，根据用水定额、经济技术条件以及水量分配方案确定的可供本行政区域使用的水量，制定年度用水计划，对本行政区域内的年度用水实行总量控制。

第四十八条　直接从江河、湖泊或者地下取用水资源的单位和个人，应当按照国家取水许可制度和水资源有偿使用制度的规定，向水行政主管部门或者流域管理机构申请领取取水许可证，并缴纳水资源费，取得取水权。但是，家庭生活和零星散养、圈养畜禽饮用等少量取水的除外。

实施取水许可制度和征收管理水资源费的具体办法，由国务院规定。

第四十九条　用水应当计量，并按照批准的用水计划用水。

用水实行计量收费和超定额累进加价制度。

第五十条　各级人民政府应当推行节水灌溉方式和节水技术，对农业蓄水、输水工程采取必要的防渗漏措施，提高农业用水效率。

第五十一条　工业用水应当采用先进技术、工艺和设备，增加循环用水次数，提高水的重复利用率。

国家逐步淘汰落后的、耗水量高的工艺、设备和产品，具体名录由国务院经济综合主管部门会同国务院水行政主管部门和有关部门制定并公布。生产者、销售者或者生产经营中的使用者应当在规定的时间内停止生产、销售或者使用列入名录的工艺、设备和产品。

第五十二条　城市人民政府应当因地制宜采取有效措施，推广节水型生活用水器具，降低城市供水管网漏失率，提高生活用水效率；加强城市污水集中处理，鼓励使用再生水，提高污水再生利用率。

第五十三条　新建、扩建、改建建设项目，应当制订节水措施方案，配套建设节水设施。节水设施应当与主体工程同时设计、同时施工、同时投产。

供水企业和自建供水设施的单位应当加强供水设施的维护管理，减少水的漏失。

第五十四条　各级人民政府应当积极采取措施，改善城乡居民的饮用水条件。

第五十五条　使用水工程供应的水，应当按照国家规定向供水单位缴纳水费。供水价格应当按照补偿成本、合理收益、优质优价、公平负担的原则确定。具体办法由省级以上人民政府价格主管部门会同同级水行政主管部门或者其他供水行政主管部门依据职权制定。

第六章　水事纠纷处理与执法监督检查

第五十六条　不同行政区域之间发生水事纠纷的，应当协商处理；协商不成的，由上一级人民政府裁决，有关各方必须遵照执行。在水事纠纷解决前，未经各方达成协议或者共同的上一级人民政府批准，在行政区域交界线两侧一定范围内，任何一方不得修建排水、阻水、取水和截（蓄）水工程，不得单方面改变水的现状。

第五十七条　单位之间、个人之间、单位与个人之间发生的水事纠纷，应当协商解决；当事人不愿协商或者协商不成的，可以申请县级以上地方人民政府或者其授权的部门调解，也可以直接向人民法院提起民事诉讼。县级以上地方人民政府或者其授权的部门调解不成的，当事人可以向人民法院提起民事诉讼。

在水事纠纷解决前，当事人不得单方面改变现状。

第五十八条　县级以上人民政府或者其授权的部门在处理水事纠纷时，有权采取临时处置措施，有关各方或者当事人必须服从。

第五十九条　县级以上人民政府水行政主管部门和流域管理机构应当对违反本法的行为加强监督检查并依法进行查处。

水政监督检查人员应当忠于职守，秉公执法。

第六十条　县级以上人民政府水行政主管部门、流域管理机构及其水政监督检查人员履行本法规定的监督检查职责时，有权采取下列措施：

（一）要求被检查单位提供有关文件、证照、资料；

（二）要求被检查单位就执行本法的有关问题作出说明；

（三）进入被检查单位的生产场所进行调查；

（四）责令被检查单位停止违反本法的行为，履行法定义务。

第六十一条　有关单位或者个人对水政监督检查人员的监督检查工作应当给予配合，不得拒绝或者阻碍水政监督检查人员依法执行职务。

第六十二条　水政监督检查人员在履行监督检查职责时，应当向被检查单位或者个人出示执法证件。

第六十三条　县级以上人民政府或者上级水行政主管部门发现本级或者下级水行政主管部门在监督检查工作中有违法或者失职行为的，应当责令其限期改正。

第七章　法律责任

第六十四条　水行政主管部门或者其他有关部门以及水工程管理单位及其工作人员，利用职务上的便利收取他人财物、其他好处或者玩忽职守，对不符合法定条件的单位或者个人核发许可证、签署审查同意意见，不按照水量分配方案分配水量，不按照国家有关规定收取水资源费，不履行监督职责，或者发现违法行为不予查处，造成严重后果，构成犯罪的，对负有责任的主管人员和其他直接责任人员依照刑法的有关规定追究刑事责任；尚不够刑事处罚的，依法给予行政处分。

第六十五条　在河道管理范围内建设妨碍行洪的建筑物、构筑物，或者从事影响河势稳定、危害河岸堤防安全和其他妨碍河道行洪的活动的，由县级以上人民政府水行政主管部门或者流域管理机构依据职权，责令停止违法行为，限期拆除违法建筑物、构筑物，恢复原状；逾期不拆除、不恢复原状的，强行拆除，所需费用由违法单位或者个人负担，并处一万元以上十万元以下的罚款。

未经水行政主管部门或者流域管理机构同意，擅自修建水工程，或者建设桥梁、码头和其他拦河、跨河、临河建筑物、构筑物，铺设跨河管道、电缆，且防洪法未作规定的，由县级以上人民政府水行政主管部门或者流域管理机构依据职权，责令停止违法行为，限期补办有关手续；逾期不补办或者补办未被批准的，责令限期拆除违法建筑物、构筑物；逾期不拆除的，强行拆除，所需费用由违法单位或者个人负担，并处一万元以上十万元以下的罚款。

虽经水行政主管部门或者流域管理机构同意，但未按照要求修建前款所列工程设施的，由县级以上人民政府水行政主管部门或者流域管理机构依据职权，责令限期改正，按照情节轻重，处一万元以上十万元以下的罚款。

第六十六条　有下列行为之一，且防洪法未作规定的，由县级以上人民政府水行政主管部门或者流域管理机构依据职权，责令停止违法行为，限期清除障碍或者采取其他补救措施，处一万元以上五万元以下的罚款：

（一）在江河、湖泊、水库、运河、渠道内弃置、堆放阻碍行洪的物体和种植阻碍行洪的林木及高秆作物的；

（二）围湖造地或者未经批准围垦河道的。

第六十七条　在饮用水水源保护区内设置排污口的，由县级以上地方人民政府责令限期拆除、恢复原状；逾期不拆除、不恢复原状的，强行拆除、恢复原状，并处五万元以上十万元以下的罚款。

未经水行政主管部门或者流域管理机构审查同意，擅自在江河、湖泊新建、改建或者扩大排污口的，由县级以上人民政府水行政主管部门或者流域管理机构依据职权，责令停止违法行为，限期恢复原状，处五万元以上十万元以下的罚款。

第六十八条　生产、销售或者在生产经营中使用国家明令淘汰的落后的、耗水量高的工艺、设备和产品的，由县级以上地方人民政府经济综合主管部门责令停止生产、销售或者使用，处二万元以上十万元以下的罚款。

第六十九条　有下列行为之一的，由县级以上人民政府水行政主管部门或者流域管理机构依据职权，责令停止违法行为，限期采取补救措施，处二万元以上十万元以下的罚款；情节严重的，吊销其取水许可证：

（一）未经批准擅自取水的；

（二）未依照批准的取水许可规定条件取水的。

第七十条　拒不缴纳、拖延缴纳或者拖欠水资源费的，由县级以上人民政府水行政主管部门或者流域管理机构依据职权，责令限期缴纳；逾期不缴纳的，从滞纳之日起按日加收滞纳部分2‰的滞纳金，并处应缴或者补缴水资源费一倍以上五倍以下的罚款。

第七十一条　建设项目的节水设施没有建成或者没有达到国家规定的要求，擅自投入使用的，由县级以上人民政府有关部门或者流域管理机构依据职权，责令停止使用，限期改正，处五万元以上十万元以下的罚款。

第七十二条　有下列行为之一，构成犯罪的，依照刑法的有关规定追究刑事责任；尚不够刑事处罚，且防洪法未作规定的，由县级以上地方人民政府水行政主管部门或者流域管理机构依据职权，责令停止违法行为，采取补救措施，处一万元以上五万元以下的罚款；违反治安管理处罚法的，由公安机关依法给予治安管理处罚；给他人造成损失的，依法承担赔偿责任：

（一）侵占、毁坏水工程及堤防、护岸等有关设施，毁坏防汛、水文监测、水文地质监测设施的；

（二）在水工程保护范围内，从事影响水工程运行和危害水工程安全的爆破、打井、采石、取土等活动的。

第七十三条　侵占、盗窃或者抢夺防汛物资，防洪排涝、农田水利、水文监测和测量以及其他水工程设备和器材，贪污或者挪用国家救灾、抢险、防汛、移民安置和补偿及其他水利建设款物，构成犯罪的，依照刑法的有关规定追究刑事责任。

第七十四条　在水事纠纷发生及其处理过程中煽动闹事、结伙斗殴、抢夺或者损坏公私财物、非法限制他人人身自由，构成犯罪的，依照刑法的有关规定追究刑事责任；尚不够刑事处罚的，由公安机关依法给予治安管理处罚。

第七十五条　不同行政区域之间发生水事纠纷，有下列行为之一的，对负有责任的主管人员和其他直接责任人员依法给予行政处分：

（一）拒不执行水量分配方案和水量调度预案的；

（二）拒不服从水量统一调度的；

（三）拒不执行上一级人民政府的裁决的；

（四）在水事纠纷解决前，未经各方达成协议或者上一级人民政府批准，单方面违反本法规定改变水的现状的。

第七十六条　引水、截（蓄）水、排水，损害公共利益或者他人合法权益的，依法承担民事责任。

第七十七条　对违反本法第三十九条有关河道采砂许可制度规定的行政处罚，由国务院规定。

第八章 附则

第七十八条 中华人民共和国缔结或者参加的与国际或者国境边界河流、湖泊有关的国际条约、协定与中华人民共和国法律有不同规定的，适用国际条约、协定的规定。但是，中华人民共和国声明保留的条款除外。

第七十九条 本法所称水工程，是指在江河、湖泊和地下水源上开发、利用、控制、调配和保护水资源的各类工程。

第八十条 海水的开发、利用、保护和管理，依照有关法律的规定执行。

第八十一条 从事防洪活动，依照防洪法的规定执行。

水污染防治，依照水污染防治法的规定执行。

第八十二条 本法自 2002 年 10 月 1 日起施行。

中华人民共和国环境保护税法

(2016 年 12 月 25 日第十二届全国人民代表大会常务委员会第二十五次会议通过)

目　录

第一章　总则

第一条 为了保护和改善环境，减少污染物排放，推进生态文明建设，制定本法。

第二条　在中华人民共和国领域和中华人民共和国管辖的其他海域，直接向环境排放应税污染物的企业事业单位和其他生产经营者为环境保护税的纳税人，应当依照本法规定缴纳环境保护税。

第三条　本法所称应税污染物，是指本法所附《环境保护税税目税额表》、《应税污染物和当量值表》规定的大气污染物、水污染物、固体废物和噪声。

第四条　有下列情形之一的，不属于直接向环境排放污染物，不缴纳相应污染物的环境保护税：

（一）企业事业单位和其他生产经营者向依法设立的污水集中处理、生活垃圾集中处理场所排放应税污染物的；

（二）企业事业单位和其他生产经营者在符合国家和地方环境保护标准的设施、场所贮存或者处置固体废物的。

第五条　依法设立的城乡污水集中处理、生活垃圾集中处理场所超过国家和地方规定的排放标准向环境排放应税污染物的，应当缴纳环境保护税。

企业事业单位和其他生产经营者贮存或者处置固体废物不符合国家和地方环境保护标准的，应当缴纳环境保护税。

第六条　环境保护税的税目、税额，依照本法所附《环境保护税税目税额表》执行。

应税大气污染物和水污染物的具体适用税额的确定和调整，由省、自治区、直辖市人民政府统筹考虑本地区环境承载能力、污染物排放现状和经济社会生态发展目标要求，在本法所附《环境保护税税目税额表》规定的税额幅度内提出，报同级人民代表大会常务委员会决定，并报全国人民代表大会常务委员会和国务院备案。

第二章　计税依据和应纳税额

第七条　应税污染物的计税依据，按照下列方法确定：

（一）应税大气污染物按照污染物排放量折合的污染当量数确定；

（二）应税水污染物按照污染物排放量折合的污染当量数确定；

（三）应税固体废物按照固体废物的排放量确定；

（四）应税噪声按照超过国家规定标准的分贝数确定。

第八条　应税大气污染物、水污染物的污染当量数，以该污染物的排放量除以该污染物的污染当量值计算。每种应税大气污染物、水污染物的具体污染当量值，依照本法所附《应税污染物和当量值表》执行。

第九条　每一排放口或者没有排放口的应税大气污染物，按照污染当量数从大到小排序，对前三项污染物征收环境保护税。

每一排放口的应税水污染物，按照本法所附《应税污染物和当量值表》，区分第一类水污染物和其他类水污染物，按照污染当量数从大到小排序，对第一类水污染物按照前五项征收环境保护税，对其他类水污染物按照前三项征收环境保护税。

省、自治区、直辖市人民政府根据本地区污染物减排的特殊需要，可以增加同一排放口征收环境保护税的应税污染物项目数，报同级人民代表大会常务委员会决定，并报全国人民代表大会常务委员会和国务院备案。

第十条　应税大气污染物、水污染物、固体废物的排放量和噪声的分贝数，按照下列方法和顺序计算：

（一）纳税人安装使用符合国家规定和监测规范的污染物自动监测设备的，按照污染物自动监测数据计算；

（二）纳税人未安装使用污染物自动监测设备的，按照监测机构出具的符合国家有关规定和监测规范的监测数据计算；

（三）因排放污染物种类多等原因不具备监测条件的，按照国务院环境保护主管部门规定的排污系数、物料衡算方法计算；

（四）不能按照本条第一项至第三项规定的方法计算的，按照省、自治区、直辖市人民政府环境保护主管部门规定的抽样测算的方法核定计算。

第十一条　环境保护税应纳税额按照下列方法计算：

（一）应税大气污染物的应纳税额为污染当量数乘以具体适用税额；

（二）应税水污染物的应纳税额为污染当量数乘以具体适用税额；

（三）应税固体废物的应纳税额为固体废物排放量乘以具体适用税额；

（四）应税噪声的应纳税额为超过国家规定标准的分贝数对应的具体适用税额。

第三章　税收减免

第十二条　下列情形，暂予免征环境保护税：

（一）农业生产（不包括规模化养殖）排放应税污染物的；

（二）机动车、铁路机车、非道路移动机械、船舶和航空器等流动污染源排放应税污染物的；

（三）依法设立的城乡污水集中处理、生活垃圾集中处理场所排放相应应税污染物，不超过国家和地方规定的排放标准的；

（四）纳税人综合利用的固体废物，符合国家和地方环境保护标准的；

（五）国务院批准免税的其他情形。

前款第五项免税规定，由国务院报全国人民代表大会常务委员会备案。

第十三条　纳税人排放应税大气污染物或者水污染物的浓度值低于国家和地方规定的污染物排放标准百分之三十的，减按百分之七十五征收环境保护税。纳税人排放应税大气污染物或者水污染物的浓度值低于国家和地方规定的污染物排放标准百分之五十的，减按百分之五十征收环境保护税。

第四章　征收管理

第十四条　环境保护税由税务机关依照《中华人民共和国税收征收管理法》和本法的有关规定征收管理。

环境保护主管部门依照本法和有关环境保护法律法规的规定负责对污染物的监测管理。

县级以上地方人民政府应当建立税务机关、环境保护主管部门和其他相关单位分工协作工作机制，加强环境保护税征收管理，保障税款及时足额入库。

第十五条　环境保护主管部门和税务机关应当建立涉税信息共享平台和工作配合机制。

环境保护主管部门应当将排污单位的排污许可、污染物排放数据、环境违法和受行政处罚情况等环境保护相关信息，定期交送税务机关。

税务机关应当将纳税人的纳税申报、税款入库、减免税额、欠缴税款以及风险疑点等环境保护税涉税信息，定期交送环境保护主管部门。

第十六条　纳税义务发生时间为纳税人排放应税污染物的当日。

第十七条　纳税人应当向应税污染物排放地的税务机关申报缴纳环境保护税。

第十八条　环境保护税按月计算，按季申报缴纳。不能按固定期限计算缴纳的，可以按次申报缴纳。

纳税人申报缴纳时，应当向税务机关报送所排放应税污染物的种类、数量，大气污染物、水污染物的浓度值，以及税务机关根据实际需要要求纳税人报送的其他纳税资料。

第十九条　纳税人按季申报缴纳的，应当自季度终了之日起十五日内，向税务机关办理纳税申报并缴纳税款。纳税人按次申报缴纳的，应当自纳税义务发生之日起十五日内，向税务机关办理纳税申报并缴纳税款。

纳税人应当依法如实办理纳税申报，对申报的真实性和完整性承担责任。

第二十条　税务机关应当将纳税人的纳税申报数据资料与环境保护主管部门交送的相关数据资料进行比对。

税务机关发现纳税人的纳税申报数据资料异常或者纳税人未按照规定期限办理纳税申报的，可以提请环境保护主管部门进行复核，环境保护主管部门应当自收到税务机关的数据资料之日起十五日内向税务机关出具复核意见。税务机关应当按照环境保护主管部门复核的数据资料调整纳税人的应纳税额。

第二十一条　依照本法第十条第四项的规定核定计算污染物排放量的，由税务机关会同环境保护主管部门核定污染物排放种类、数量和应纳税额。

第二十二条　纳税人从事海洋工程向中华人民共和国管辖海域排放应税大气污染物、水污染物或者固体废物，申报缴纳环境保护税的具体办法，由国务院税务主管部门会同国务院海洋主管部门规定。

第二十三条　纳税人和税务机关、环境保护主管部门及其工作人员违反本法规定的，依照《中华人民共和国税收征收管理法》、《中华人民共和国环境保护法》和有关法律法规的规定追究法律责任。

第二十四条 各级人民政府应当鼓励纳税人加大环境保护建设投入，对纳税人用于污染物自动监测设备的投资予以资金和政策支持。

第五章 附则

第二十五条 本法下列用语的含义：

（一）污染当量，是指根据污染物或者污染排放活动对环境的有害程度以及处理的技术经济性，衡量不同污染物对环境污染的综合性指标或者计量单位。同一介质相同污染当量的不同污染物，其污染程度基本相当。

（二）排污系数，是指在正常技术经济和管理条件下，生产单位产品所应排放的污染物量的统计平均值。

（三）物料衡算，是指根据物质质量守恒原理对生产过程中使用的原料、生产的产品和产生的废物等进行测算的一种方法。

第二十六条 直接向环境排放应税污染物的企业事业单位和其他生产经营者，除依照本法规定缴纳环境保护税外，应当对所造成的损害依法承担责任。

第二十七条 自本法施行之日起，依照本法规定征收环境保护税，不再征收排污费。

第二十八条 本法自 2018 年 1 月 1 日起施行。

取水许可和水资源费征收管理条例

（2006 年 2 月 21 日中华人民共和国国务院令第 460 号发布 根据 2017 年 3 月 1 日《国务院关于修改和废止部分行政法规的决定》修正）

第一章 总则

第一条 为加强水资源管理和保护，促进水资源的节约与合理开发利用，根据《中华人民共和国水法》，制定本条例。

第二条 本条例所称取水，是指利用取水工程或者设施直接从江河、湖泊或者地下取用水资源。

取用水资源的单位和个人，除本条例第四条规定的情形外，都应当申请领取取水许可证，并缴纳水资源费。

本条例所称取水工程或者设施，是指闸、坝、渠道、人工河道、虹吸管、水泵、水井以及水电站等。

第三条 县级以上人民政府水行政主管部门按照分级管理权限，负责取水许可制度的组织实施和监督管理。

国务院水行政主管部门在国家确定的重要江河、湖泊设立的流域管理机构（以下简称流域管理机构），依照本条例规定和国务院水行政主管部门授权，负责所管辖范围内取水许可制度的组织实施和监督管理。

县级以上人民政府水行政主管部门、财政部门和价格主管部门依照本条例规定和管理权限，负责水资源费的征收、管理和监督。

第四条 下列情形不需要申请领取取水许可证：

（一）农村集体经济组织及其成员使用本集体经济组织的水塘、水库中的水的；

（二）家庭生活和零星散养、圈养畜禽饮用等少量取水的；

（三）为保障矿井等地下工程施工安全和生产安全必须进行临时应急取（排）水的；

（四）为消除对公共安全或者公共利益的危害临时应急取水的；

（五）为农业抗旱和维护生态与环境必须临时应急取水的。

前款第（二）项规定的少量取水的限额，由省、自治区、直辖市人民政府规定；第（三）项、第（四）项规定的取水，应当及时报县级以上地方人民政府水行政主管部门或者流域管理机构备案；第（五）项规定的取水，应当经县级以上人民政府水行政主管部门或者流域管理机构同意。

第五条 取水许可应当首先满足城乡居民生活用水，并兼顾农业、工业、生态与环境用水以及航运等需要。

省、自治区、直辖市人民政府可以依照本条例规定的职责权限，在同一流域或者区域内，根据实际情况对前款各项用水规定具体的先后顺序。

第六条　实施取水许可必须符合水资源综合规划、流域综合规划、水中长期供求规划和水功能区划，遵守依照《中华人民共和国水法》规定批准的水量分配方案；尚未制定水量分配方案的，应当遵守有关地方人民政府间签订的协议。

第七条　实施取水许可应当坚持地表水与地下水统筹考虑，开源与节流相结合、节流优先的原则，实行总量控制与定额管理相结合。

流域内批准取水的总耗水量不得超过本流域水资源可利用量。

行政区域内批准取水的总水量，不得超过流域管理机构或者上一级水行政主管部门下达的可供本行政区域取用的水量；其中，批准取用地下水的总水量，不得超过本行政区域地下水可开采量，并应当符合地下水开发利用规划的要求。制定地下水开发利用规划应当征求国土资源主管部门的意见。

第八条　取水许可和水资源费征收管理制度的实施应当遵循公开、公平、公正、高效和便民的原则。

第九条　任何单位和个人都有节约和保护水资源的义务。

对节约和保护水资源有突出贡献的单位和个人，由县级以上人民政府给予表彰和奖励。

第二章　取水的申请和受理

第十条　申请取水的单位或者个人（以下简称申请人），应当向具有审批权限的审批机关提出申请。申请利用多种水源，且各种水源的取水许可审批机关不同的，应当向其中最高一级审批机关提出申请。

取水许可权限属于流域管理机构的，应当向取水口所在地的省、自治区、直辖市人民政府水行政主管部门提出申请。省、自治区、直辖市人民政府水行政主管部门，应当自收到申请之日起 20 个工作日内提出意见，并连同全部申请材料转报流域管理机构；流域管理机构收到后，应当依照本条例第十三条的规定作出处理。

第十一条　申请取水应当提交下列材料：

（一）申请书；

（二）与第三者利害关系的相关说明；

（三）属于备案项目的，提供有关备案材料；

（四）国务院水行政主管部门规定的其他材料。

建设项目需要取水的，申请人还应当提交建设项目水资源论证报告书。论证报告书应当包括取水水源、用水合理性以及对生态与环境的影响等内容。

第十二条　申请书应当包括下列事项：

（一）申请人的名称（姓名）、地址；

（二）申请理由；

（三）取水的起始时间及期限；

（四）取水目的、取水量、年内各月的用水量等；

（五）水源及取水地点；

（六）取水方式、计量方式和节水措施；

（七）退水地点和退水中所含主要污染物以及污水处理措施；

（八）国务院水行政主管部门规定的其他事项。

第十三条　县级以上地方人民政府水行政主管部门或者流域管理机构，应当自收到取水申请之日起5个工作日内对申请材料进行审查，并根据下列不同情形分别作出处理：

（一）申请材料齐全、符合法定形式、属于本机关受理范围的，予以受理；

（二）提交的材料不完备或者申请书内容填注不明的，通知申请人补正；

（三）不属于本机关受理范围的，告知申请人向有受理权限的机关提出申请。

第三章　取水许可的审查和决定

第十四条　取水许可实行分级审批。

下列取水由流域管理机构审批：

（一）长江、黄河、淮河、海河、滦河、珠江、松花江、辽河、金沙江、汉江的干流和太湖以及其他跨省、自治区、直辖市河流、湖泊的指定河段限额以上的取水；

　　（二）国际跨界河流的指定河段和国际边界河流限额以上的取水；

　　（三）省际边界河流、湖泊限额以上的取水；

　　（四）跨省、自治区、直辖市行政区域的取水；

　　（五）由国务院或者国务院投资主管部门审批、核准的大型建设项目的取水；

　　（六）流域管理机构直接管理的河道（河段）、湖泊内的取水。

　　前款所称的指定河段和限额以及流域管理机构直接管理的河道（河段）、湖泊，由国务院水行政主管部门规定。

　　其他取水由县级以上地方人民政府水行政主管部门按照省、自治区、直辖市人民政府规定的审批权限审批。

　　第十五条　批准的水量分配方案或者签订的协议是确定流域与行政区域取水许可总量控制的依据。

　　跨省、自治区、直辖市的江河、湖泊，尚未制定水量分配方案或者尚未签订协议的，有关省、自治区、直辖市的取水许可总量控制指标，由流域管理机构根据流域水资源条件，依据水资源综合规划、流域综合规划和水中长期供求规划，结合各省、自治区、直辖市取水现状及供需情况，商有关省、自治区、直辖市人民政府水行政主管部门提出，报国务院水行政主管部门批准；设区的市、县（市）行政区域的取水许可总量控制指标，由省、自治区、直辖市人民政府水行政主管部门依据本省、自治区、直辖市取水许可总量控制指标，结合各地取水现状及供需情况制定，并报流域管理机构备案。

　　第十六条　按照行业用水定额核定的用水量是取水量审批的主要依据。

　　省、自治区、直辖市人民政府水行政主管部门和质量监督检验管理部门对本行政区域行业用水定额的制定负责指导并组织实施。

　　尚未制定本行政区域行业用水定额的，可以参照国务院有关行业主管部门制定的行业用水定额执行。

　　第十七条　审批机关受理取水申请后，应当对取水申请材料进行全面审查，并综合考虑取水可能对水资源的节约保护和经济社会发展带来的影响，决定是否批准取水申请。

第十八条　审批机关认为取水涉及社会公共利益需要听证的，应当向社会公告，并举行听证。

取水涉及申请人与他人之间重大利害关系的，审批机关在作出是否批准取水申请的决定前，应当告知申请人、利害关系人。申请人、利害关系人要求听证的，审批机关应当组织听证。

因取水申请引起争议或者诉讼的，审批机关应当书面通知申请人中止审批程序；争议解决或者诉讼终止后，恢复审批程序。

第十九条　审批机关应当自受理取水申请之日起45个工作日内决定批准或者不批准。决定批准的，应当同时签发取水申请批准文件。

对取用城市规划区地下水的取水申请，审批机关应当征求城市建设主管部门的意见，城市建设主管部门应当自收到征求意见材料之日起5个工作日内提出意见并转送取水审批机关。

本条第一款规定的审批期限，不包括举行听证和征求有关部门意见所需的时间。

第二十条　有下列情形之一的，审批机关不予批准，并在作出不批准的决定时，书面告知申请人不批准的理由和依据：

（一）在地下水禁采区取用地下水的；

（二）在取水许可总量已经达到取水许可控制总量的地区增加取水量的；

（三）可能对水功能区水域使用功能造成重大损害的；

（四）取水、退水布局不合理的；

（五）城市公共供水管网能够满足用水需要时，建设项目自备取水设施取用地下水的；

（六）可能对第三者或者社会公共利益产生重大损害的；

（七）属于备案项目，未报送备案的；

（八）法律、行政法规规定的其他情形。

审批的取水量不得超过取水工程或者设施设计的取水量。

第二十一条 取水申请经审批机关批准，申请人方可兴建取水工程或者设施。

第二十二条 取水申请批准后3年内，取水工程或者设施未开工建设，或者需由国家审批、核准的建设项目未取得国家审批、核准的，取水申请批准文件自行失效。

建设项目中取水事项有较大变更的，建设单位应当重新进行建设项目水资源论证，并重新申请取水。

第二十三条 取水工程或者设施竣工后，申请人应当按照国务院水行政主管部门的规定，向取水审批机关报送取水工程或者设施试运行情况等相关材料；经验收合格的，由审批机关核发取水许可证。

直接利用已有的取水工程或者设施取水的，经审批机关审查合格，发给取水许可证。

审批机关应当将发放取水许可证的情况及时通知取水口所在地县级人民政府水行政主管部门，并定期对取水许可证的发放情况予以公告。

第二十四条 取水许可证应当包括下列内容：

（一）取水单位或者个人的名称（姓名）；

（二）取水期限；

（三）取水量和取水用途；

（四）水源类型；

（五）取水、退水地点及退水方式、退水量。

前款第（三）项规定的取水量是在江河、湖泊、地下水多年平均水量情况下允许的取水单位或者个人的最大取水量。

取水许可证由国务院水行政主管部门统一制作，审批机关核发取水许可证只能收取工本费。

第二十五条 取水许可证有效期限一般为5年，最长不超过10年。有效期届满，需要延续的，取水单位或者个人应当在有效期届满45日前向原审批机关提出申请，原审批机关应当在有效期届满前，作出是否延续的决定。

第二十六条　取水单位或者个人要求变更取水许可证载明的事项的，应当依照本条例的规定向原审批机关申请，经原审批机关批准，办理有关变更手续。

第二十七条　依法获得取水权的单位或者个人，通过调整产品和产业结构、改革工艺、节水等措施节约水资源的，在取水许可的有效期和取水限额内，经原审批机关批准，可以依法有偿转让其节约的水资源，并到原审批机关办理取水权变更手续。具体办法由国务院水行政主管部门制定。

第四章　水资源费的征收和使用管理

第二十八条　取水单位或者个人应当缴纳水资源费。

取水单位或者个人应当按照经批准的年度取水计划取水。超计划或者超定额取水的，对超计划或者超定额部分累进收取水资源费。

水资源费征收标准由省、自治区、直辖市人民政府价格主管部门会同同级财政部门、水行政主管部门制定，报本级人民政府批准，并报国务院价格主管部门、财政部门和水行政主管部门备案。其中，由流域管理机构审批取水的中央直属和跨省、自治区、直辖市水利工程的水资源费征收标准，由国务院价格主管部门会同国务院财政部门、水行政主管部门制定。

第二十九条　制定水资源费征收标准，应当遵循下列原则：

（一）促进水资源的合理开发、利用、节约和保护；

（二）与当地水资源条件和经济社会发展水平相适应；

（三）统筹地表水和地下水的合理开发利用，防止地下水过量开采；

（四）充分考虑不同产业和行业的差别。

第三十条　各级地方人民政府应当采取措施，提高农业用水效率，发展节水型农业。

农业生产取水的水资源费征收标准应当根据当地水资源条件、农村经济发展状况和促进农业节约用水需要制定。农业生产取水的水资源费征收标准应当低于其他用水的水资源费征收标准，粮食作物的水资源费征收标准应当低于经济作物的水资源费征收标准。农业生产取水的水资源费征收的步骤和范围由省、自治区、直辖市人民政府规定。

第三十一条 水资源费由取水审批机关负责征收；其中，流域管理机构审批的，水资源费由取水口所在地省、自治区、直辖市人民政府水行政主管部门代为征收。

第三十二条 水资源费缴纳数额根据取水口所在地水资源费征收标准和实际取水量确定。

水力发电用水和火力发电贯流式冷却用水可以根据取水口所在地水资源费征收标准和实际发电量确定缴纳数额。

第三十三条 取水审批机关确定水资源费缴纳数额后，应当向取水单位或者个人送达水资源费缴纳通知单，取水单位或者个人应当自收到缴纳通知单之日起7日内办理缴纳手续。

直接从江河、湖泊或者地下取用水资源从事农业生产的，对超过省、自治区、直辖市规定的农业生产用水限额部分的水资源，由取水单位或者个人根据取水口所在地水资源费征收标准和实际取水量缴纳水资源费；符合规定的农业生产用水限额的取水，不缴纳水资源费。取用供水工程的水从事农业生产的，由用水单位或者个人按照实际用水量向供水工程单位缴纳水费，由供水工程单位统一缴纳水资源费；水资源费计入供水成本。

为了公共利益需要，按照国家批准的跨行政区域水量分配方案实施的临时应急调水，由调入区域的取用水的单位或者个人，根据所在地水资源费征收标准和实际取水量缴纳水资源费。

第三十四条 取水单位或者个人因特殊困难不能按期缴纳水资源费的，可以自收到水资源费缴纳通知单之日起7日内向发出缴纳通知单的水行政主管部门申请缓缴；发出缴纳通知单的水行政主管部门应当自收到缓缴申请之日起5个工作日内作出书面决定并通知申请人；期满未作决定的，视为同意。水资源费的缓缴期限最长不得超过90日。

第三十五条 征收的水资源费应当按照国务院财政部门的规定分别解缴中央和地方国库。因筹集水利工程基金，国务院对水资源费的提取、解缴另有规定的，从其规定。

第三十六条　征收的水资源费应当全额纳入财政预算，由财政部门按照批准的部门财政预算统筹安排，主要用于水资源的节约、保护和管理，也可以用于水资源的合理开发。

第三十七条　任何单位和个人不得截留、侵占或者挪用水资源费。

审计机关应当加强对水资源费使用和管理的审计监督。

第五章　监督管理

第三十八条　县级以上人民政府水行政主管部门或者流域管理机构应当依照本条例规定，加强对取水许可制度实施的监督管理。

县级以上人民政府水行政主管部门、财政部门和价格主管部门应当加强对水资源费征收、使用情况的监督管理。

第三十九条　年度水量分配方案和年度取水计划是年度取水总量控制的依据，应当根据批准的水量分配方案或者签订的协议，结合实际用水状况、行业用水定额、下一年度预测来水量等制定。

国家确定的重要江河、湖泊的流域年度水量分配方案和年度取水计划，由流域管理机构会同有关省、自治区、直辖市人民政府水行政主管部门制定。

县级以上各地方行政区域的年度水量分配方案和年度取水计划，由县级以上地方人民政府水行政主管部门根据上一级地方人民政府水行政主管部门或者流域管理机构下达的年度水量分配方案和年度取水计划制定。

第四十条　取水审批机关依照本地区下一年度取水计划、取水单位或者个人提出的下一年度取水计划建议，按照统筹协调、综合平衡、留有余地的原则，向取水单位或者个人下达下一年度取水计划。

取水单位或者个人因特殊原因需要调整年度取水计划的，应当经原审批机关同意。

第四十一条　有下列情形之一的，审批机关可以对取水单位或者个人的年度取水量予以限制：

（一）因自然原因，水资源不能满足本地区正常供水的；

（二）取水、退水对水功能区水域使用功能、生态与环境造成严重影响的；

（三）地下水严重超采或者因地下水开采引起地面沉降等地质灾害的；

（四）出现需要限制取水量的其他特殊情况的。

发生重大旱情时，审批机关可以对取水单位或者个人的取水量予以紧急限制。

第四十二条　取水单位或者个人应当在每年的 12 月 31 日前向审批机关报送本年度的取水情况和下一年度取水计划建议。

审批机关应当按年度将取用地下水的情况抄送同级国土资源主管部门，将取用城市规划区地下水的情况抄送同级城市建设主管部门。

审批机关依照本条例第四十一条第一款的规定，需要对取水单位或者个人的年度取水量予以限制的，应当在采取限制措施前及时书面通知取水单位或者个人。

第四十三条　取水单位或者个人应当依照国家技术标准安装计量设施，保证计量设施正常运行，并按照规定填报取水统计报表。

第四十四条　连续停止取水满 2 年的，由原审批机关注销取水许可证。由于不可抗力或者进行重大技术改造等原因造成停止取水满 2 年的，经原审批机关同意，可以保留取水许可证。

第四十五条　县级以上人民政府水行政主管部门或者流域管理机构在进行监督检查时，有权采取下列措施：

（一）要求被检查单位或者个人提供有关文件、证照、资料；

（二）要求被检查单位或者个人就执行本条例的有关问题作出说明；

（三）进入被检查单位或者个人的生产场所进行调查；

（四）责令被检查单位或者个人停止违反本条例的行为，履行法定义务。

监督检查人员在进行监督检查时，应当出示合法有效的行政执法证件。有关单位和个人对监督检查工作应当给予配合，不得拒绝或者阻碍监督检查人员依法执行公务。

第四十六条　县级以上地方人民政府水行政主管部门应当按照国务院水行政主管部门的规定，及时向上一级水行政主管部门或者所在流域的流域管理机构报送本行政区域上一年度取水许可证发放情况。

流域管理机构应当按照国务院水行政主管部门的规定，及时向国务院水行政主管部门报送其上一年度取水许可证发放情况，并同时抄送取水口所在地省、自治区、直辖市人民政府水行政主管部门。

上一级水行政主管部门或者流域管理机构发现越权审批、取水许可证核准的总取水量超过水量分配方案或者协议规定的数量、年度实际取水总量超过下达的年度水量分配方案和年度取水计划的，应当及时要求有关水行政主管部门或者流域管理机构纠正。

第六章　法律责任

第四十七条　县级以上地方人民政府水行政主管部门、流域管理机构或者其他有关部门及其工作人员，有下列行为之一的，由其上级行政机关或者监察机关责令改正；情节严重的，对直接负责的主管人员和其他直接责任人员依法给予行政处分；构成犯罪的，依法追究刑事责任：

（一）对符合法定条件的取水申请不予受理或者不在法定期限内批准的；

（二）对不符合法定条件的申请人签发取水申请批准文件或者发放取水许可证的；

（三）违反审批权限签发取水申请批准文件或者发放取水许可证的；

（四）不按照规定征收水资源费，或者对不符合缓缴条件而批准缓缴水资源费的；

（五）侵占、截留、挪用水资源费的；

（六）不履行监督职责，发现违法行为不予查处的；

（七）其他滥用职权、玩忽职守、徇私舞弊的行为。

前款第（五）项规定的被侵占、截留、挪用的水资源费，应当依法予以追缴。

第四十八条 未经批准擅自取水，或者未依照批准的取水许可规定条件取水的，依照《中华人民共和国水法》第六十九条规定处罚；给他人造成妨碍或者损失的，应当排除妨碍、赔偿损失。

第四十九条 未取得取水申请批准文件擅自建设取水工程或者设施的，责令停止违法行为，限期补办有关手续；逾期不补办或者补办未被批准的，责令限期拆除或者封闭其取水工程或者设施；逾期不拆除或者不封闭其取水工程或者设施的，由县级以上地方人民政府水行政主管部门或者流域管理机构组织拆除或者封闭，所需费用由违法行为人承担，可以处 5 万元以下罚款。

第五十条 申请人隐瞒有关情况或者提供虚假材料骗取取水申请批准文件或者取水许可证的，取水申请批准文件或者取水许可证无效，对申请人给予警告，责令其限期补缴应当缴纳的水资源费，处 2 万元以上 10 万元以下罚款；构成犯罪的，依法追究刑事责任。

第五十一条 拒不执行审批机关作出的取水量限制决定，或者未经批准擅自转让取水权的，责令停止违法行为，限期改正，处 2 万元以上 10 万元以下罚款；逾期拒不改正或者情节严重的，吊销取水许可证。

第五十二条 有下列行为之一的，责令停止违法行为，限期改正，处 5000 元以上 2 万元以下罚款；情节严重的，吊销取水许可证：

（一）不按照规定报送年度取水情况的；

（二）拒绝接受监督检查或者弄虚作假的；

（三）退水水质达不到规定要求的。

第五十三条 未安装计量设施的，责令限期安装，并按照日最大取水能力计算的取水量和水资源费征收标准计征水资源费，处 5000 元以上 2 万元以下罚款；情节严重的，吊销取水许可证。

计量设施不合格或者运行不正常的，责令限期更换或者修复；逾期不更换或者不修复的，按照日最大取水能力计算的取水量和水资源费征收标准计征水资源费，可以处 1 万元以下罚款；情节严重的，吊销取水许可证。

第五十四条 取水单位或者个人拒不缴纳、拖延缴纳或者拖欠水资源费的，依照《中华人民共和国水法》第七十条规定处罚。

第五十五条 对违反规定征收水资源费、取水许可证照费的，由价格主管部门依法予以行政处罚。

第五十六条 伪造、涂改、冒用取水申请批准文件、取水许可证的，责令改正，没收违法所得和非法财物，并处 2 万元以上 10 万元以下罚款；构成犯罪的，依法追究刑事责任。

第五十七条 本条例规定的行政处罚，由县级以上人民政府水行政主管部门或者流域管理机构按照规定的权限决定。

第七章　附则

第五十八条 本条例自 2006 年 4 月 15 日起施行。1993 年 8 月 1 日国务院发布的《取水许可制度实施办法》同时废止。

地下水管理条例（2021 年）

（2021 年 9 月 15 日国务院第 149 次常务会议通过，2021 年 10 月 21 日国务院令第 748 号公布，自 2021 年 12 月 1 日起施行。）

第一章　总则

第一条 为了加强地下水管理，防治地下水超采和污染，保障地下水质量和可持续利用，推进生态文明建设，根据《中华人民共和国水法》和《中华人民共和国水污染防治法》等法律，制定本条例。

第二条 地下水调查与规划、节约与保护、超采治理、污染防治、监督管理等活动，适用本条例。

本条例所称地下水，是指赋存于地表以下的水。

第三条　地下水管理坚持统筹规划、节水优先、高效利用、系统治理的原则。

第四条　国务院水行政主管部门负责全国地下水统一监督管理工作。国务院生态环境主管部门负责全国地下水污染防治监督管理工作。国务院自然资源等主管部门按照职责分工做好地下水调查、监测等相关工作。

第五条　县级以上地方人民政府对本行政区域内的地下水管理负责，应当将地下水管理纳入本级国民经济和社会发展规划，并采取控制开采量、防治污染等措施，维持地下水合理水位，保护地下水水质。

县级以上地方人民政府水行政主管部门按照管理权限，负责本行政区域内地下水统一监督管理工作。地方人民政府生态环境主管部门负责本行政区域内地下水污染防治监督管理工作。县级以上地方人民政府自然资源等主管部门按照职责分工做好本行政区域内地下水调查、监测等相关工作。

第六条　利用地下水的单位和个人应当加强地下水取水工程管理，节约、保护地下水，防止地下水污染。

第七条　国务院对省、自治区、直辖市地下水管理和保护情况实行目标责任制和考核评价制度。国务院有关部门按照职责分工负责考核评价工作的具体组织实施。

第八条　任何单位和个人都有权对损害地下水的行为进行监督、检举。

对在节约、保护和管理地下水工作中作出突出贡献的单位和个人，按照国家有关规定给予表彰和奖励。

第九条　国家加强对地下水节约和保护的宣传教育，鼓励、支持地下水先进科学技术的研究、推广和应用。

第二章　调查与规划

第十条　国家定期组织开展地下水状况调查评价工作。地下水状况调查评价包括地下水资源调查评价、地下水污染调查评价和水文地质勘查评价等内容。

第十一条　县级以上人民政府应当组织水行政、自然资源、生态环境等主管部门开展地下水状况调查评价工作。调查评价成果是编制地下水保护利用和污染防治等规划以及管理地下水的重要依据。调查评价成果应当依法向社会公布。

第十二条　县级以上人民政府水行政、自然资源、生态环境等主管部门根据地下水状况调查评价成果，统筹考虑经济社会发展需要、地下水资源状况、污染防治等因素，编制本级地下水保护利用和污染防治等规划，依法履行征求意见、论证评估等程序后向社会公布。

地下水保护利用和污染防治等规划是节约、保护、利用、修复治理地下水的基本依据。地下水保护利用和污染防治等规划应当服从水资源综合规划和环境保护规划。

第十三条　国民经济和社会发展规划以及国土空间规划等相关规划的编制、重大建设项目的布局，应当与地下水资源条件和地下水保护要求相适应，并进行科学论证。

第十四条　编制工业、农业、市政、能源、矿产资源开发等专项规划，涉及地下水的内容，应当与地下水保护利用和污染防治等规划相衔接。

第十五条　国家建立地下水储备制度。国务院水行政主管部门应当会同国务院自然资源、发展改革等主管部门，对地下水储备工作进行指导、协调和监督检查。

县级以上地方人民政府水行政主管部门应当会同本级人民政府自然资源、发展改革等主管部门，根据本行政区域内地下水条件、气候状况和水资源储备需要，制定动用地下水储备预案并报本级人民政府批准。

除特殊干旱年份以及发生重大突发事件外，不得动用地下水储备。

第三章　节约与保护

第十六条　国家实行地下水取水总量控制制度。国务院水行政主管部门会同国务院自然资源主管部门，根据各省、自治区、直辖市地下水可开采量和地表水水资源状况，制定并下达各省、自治区、直辖市地下水取水总量控制指标。

第十七条　省、自治区、直辖市人民政府水行政主管部门应当会同本级人民政府有关部门，根据国家下达的地下水取水总量控制指标，制定本行政区域内县级以上行政区域的地下水取水总量控制指标和地下水水位控制指标，经省、自治区、直辖市人民政府批准后下达实施，并报国务院水行政主管部门或者其授权的流域管理机构备案。

第十八条　省、自治区、直辖市人民政府水行政主管部门制定本行政区域内地下水取水总量控制指标和地下水水位控制指标时，涉及省际边界区域且属于同一水文地质单元的，应当与相邻省、自治区、直辖市人民政府水行政主管部门协商确定。协商不成的，由国务院水行政主管部门会同国务院有关部门确定。

第十九条　县级以上地方人民政府应当根据地下水取水总量控制指标、地下水水位控制指标和国家相关技术标准，合理确定本行政区域内地下水取水工程布局。

第二十条　县级以上地方人民政府水行政主管部门应当根据本行政区域内地下水取水总量控制指标、地下水水位控制指标以及科学分析测算的地下水需求量和用水结构，制定地下水年度取水计划，对本行政区域内的年度取用地下水实行总量控制，并报上一级人民政府水行政主管部门备案。

第二十一条　取用地下水的单位和个人应当遵守取水总量控制和定额管理要求，使用先进节约用水技术、工艺和设备，采取循环用水、综合利用及废水处理回用等措施，实施技术改造，降低用水消耗。

对下列工艺、设备和产品，应当在规定的期限内停止生产、销售、进口或者使用：

（一）列入淘汰落后的、耗水量高的工艺、设备和产品名录的；

（二）列入限期禁止采用的严重污染水环境的工艺名录和限期禁止生产、销售、进口、使用的严重污染水环境的设备名录的。

第二十二条　新建、改建、扩建地下水取水工程，应当同时安装计量设施。已有地下水取水工程未安装计量设施的，应当按照县级以上地方人民政府水行政主管部门规定的期限安装。

单位和个人取用地下水量达到取水规模以上的，应当安装地下水取水在线计量设施，并将计量数据实时传输到有管理权限的水行政主管部门。取水规模由省、自治区、直辖市人民政府水行政主管部门制定、公布，并报国务院水行政主管部门备案。

第二十三条　以地下水为灌溉水源的地区，县级以上地方人民政府应当采取保障建设投入、加大对企业信贷支持力度、建立健全基层水利服务体系等措施，鼓励发展节水农业，推广应用喷灌、微灌、管道输水灌溉、渠道防渗输水灌溉等节水灌溉技术，以及先进的农机、农艺和生物技术等，提高农业用水效率，节约农业用水。

第二十四条　国务院根据国民经济和社会发展需要，对取用地下水的单位和个人试点征收水资源税。地下水水资源税根据当地地下水资源状况、取用水类型和经济发展等情况实行差别税率，合理提高征收标准。征收水资源税的，停止征收水资源费。

尚未试点征收水资源税的省、自治区、直辖市，对同一类型取用水，地下水的水资源费征收标准应当高于地表水的标准，地下水超采区的水资源费征收标准应当高于非超采区的标准，地下水严重超采区的水资源费征收标准应当大幅高于非超采区的标准。

第二十五条　有下列情形之一的，对取用地下水的取水许可申请不予批准：

（一）不符合地下水取水总量控制、地下水水位控制要求；

（二）不符合限制开采区取用水规定；

（三）不符合行业用水定额和节水规定；

（四）不符合强制性国家标准；

（五）水资源紧缺或者生态脆弱地区新建、改建、扩建高耗水项目；

（六）违反法律、法规的规定开垦种植而取用地下水。

第二十六条　建设单位和个人应当采取措施防止地下工程建设对地下水补给、径流、排泄等造成重大不利影响。对开挖达到一定深度或者达到一定排水规模的地下工程，建设单位和个人应当于工程开工前，将工程建设方案和防止对地下水产生不利影响的措施方案报有管理权限的水行政主管部门备案。开挖深度和排水规模由省、自治区、直辖市人民政府制定、公布。

第二十七条　除下列情形外，禁止开采难以更新的地下水：

（一）应急供水取水；

（二）无替代水源地区的居民生活用水；

（三）为开展地下水监测、勘探、试验少量取水。

已经开采的，除前款规定的情形外，有关县级以上地方人民政府应当采取禁止开采、限制开采措施，逐步实现全面禁止开采；前款规定的情形消除后，应当立即停止取用地下水。

第二十八条　县级以上地方人民政府应当加强地下水水源补给保护，充分利用自然条件补充地下水，有效涵养地下水水源。

城乡建设应当统筹地下水水源涵养和回补需要，按照海绵城市建设的要求，推广海绵型建筑、道路、广场、公园、绿地等，逐步完善滞渗蓄排等相结合的雨洪水收集利用系统。河流、湖泊整治应当兼顾地下水水源涵养，加强水体自然形态保护和修复。

城市人民政府应当因地制宜采取有效措施，推广节水型生活用水器具，鼓励使用再生水，提高用水效率。

第二十九条　县级以上地方人民政府应当根据地下水水源条件和需要，建设应急备用饮用水水源，制定应急预案，确保需要时正常使用。

应急备用地下水水源结束应急使用后，应当立即停止取水。

第三十条　有关县级以上地方人民政府水行政主管部门会同本级人民政府有关部门编制重要泉域保护方案，明确保护范围、保护措施，报本级人民政府批准后实施。

对已经干涸但具有重要历史文化和生态价值的泉域，具备条件的，应当采取措施予以恢复。

第四章　超采治理

第三十一条　国务院水行政主管部门应当会同国务院自然资源主管部门根据地下水状况调查评价成果，组织划定全国地下水超采区，并依法向社会公布。

第三十二条　省、自治区、直辖市人民政府水行政主管部门应当会同本级人民政府自然资源等主管部门，统筹考虑地下水超采区划定、地下水利用情况以及地质环境条件等因素，组织划定本行政区域内地下水禁止开采区、限制开采区，经省、自治区、直辖市人民政府批准后公布，并报国务院水行政主管部门备案。

地下水禁止开采区、限制开采区划定后，确需调整的，应当按照原划定程序进行调整。

第三十三条　有下列情形之一的，应当划为地下水禁止开采区：

（一）已发生严重的地面沉降、地裂缝、海（咸）水入侵、植被退化等地质灾害或者生态损害的区域；

（二）地下水超采区内公共供水管网覆盖或者通过替代水源已经解决供水需求的区域；

（三）法律、法规规定禁止开采地下水的其他区域。

第三十四条　有下列情形之一的，应当划为地下水限制开采区：

（一）地下水开采量接近可开采量的区域；

（二）开采地下水可能引发地质灾害或者生态损害的区域；

（三）法律、法规规定限制开采地下水的其他区域。

第三十五条　除下列情形外，在地下水禁止开采区内禁止取用地下水：

（一）为保障地下工程施工安全和生产安全必须进行临时应急取（排）水；

（二）为消除对公共安全或者公共利益的危害临时应急取水；

（三）为开展地下水监测、勘探、试验少量取水。

除前款规定的情形外，在地下水限制开采区内禁止新增取用地下水，并逐步削减地下水取水量；前款规定的情形消除后，应当立即停止取用地下水。

第三十六条　省、自治区、直辖市人民政府水行政主管部门应当会同本级人民政府有关部门，编制本行政区域地下水超采综合治理方案，经省、自治区、直辖市人民政府批准后，报国务院水行政主管部门备案。

地下水超采综合治理方案应当明确治理目标、治理措施、保障措施等内容。

第三十七条　地下水超采区的县级以上地方人民政府应当加强节水型社会建设，通过加大海绵城市建设力度、调整种植结构、推广节水农业、加强工业节水、实施河湖地下水回补等措施，逐步实现地下水采补平衡。

国家在替代水源供给、公共供水管网建设、产业结构调整等方面，加大对地下水超采区地方人民政府的支持力度。

第三十八条　有关县级以上地方人民政府水行政主管部门应当会同本级人民政府自然资源主管部门加强对海（咸）水入侵的监测和预防。已经出现海（咸）水入侵的地区，应当采取综合治理措施。

第五章　污染防治

第三十九条　国务院生态环境主管部门应当会同国务院水行政、自然资源等主管部门，指导全国地下水污染防治重点区划定工作。省、自治区、直辖市人民政府生态环境主管部门应当会同本级人民政府水行政、自然资源等主管部门，根据本行政区域内地下水污染防治需要，划定地下水污染防治重点区。

第四十条　禁止下列污染或者可能污染地下水的行为：

（一）利用渗井、渗坑、裂隙、溶洞以及私设暗管等逃避监管的方式排放水污染物；

（二）利用岩层孔隙、裂隙、溶洞、废弃矿坑等贮存石化原料及产品、农药、危险废物、城镇污水处理设施产生的污泥和处理后的污泥或者其他有毒有害物质；

（三）利用无防渗漏措施的沟渠、坑塘等输送或者贮存含有毒污染物的废水、含病原体的污水和其他废弃物；

（四）法律、法规禁止的其他污染或者可能污染地下水的行为。

第四十一条　企业事业单位和其他生产经营者应当采取下列措施，防止地下水污染：

（一）兴建地下工程设施或者进行地下勘探、采矿等活动，依法编制的环境影响评价文件中，应当包括地下水污染防治的内容，并采取防护性措施；

（二）化学品生产企业以及工业集聚区、矿山开采区、尾矿库、危险废物处置场、垃圾填埋场等的运营、管理单位，应当采取防渗漏等措施，并建设地下水水质监测井进行监测；

（三）加油站等的地下油罐应当使用双层罐或者采取建造防渗池等其他有效

措施，并进行防渗漏监测；

（四）存放可溶性剧毒废渣的场所，应当采取防水、防渗漏、防流失的措施；

（五）法律、法规规定应当采取的其他防止地下水污染的措施。

根据前款第二项规定的企业事业单位和其他生产经营者排放有毒有害物质情况，地方人民政府生态环境主管部门应当按照国务院生态环境主管部门的规定，商有关部门确定并公布地下水污染防治重点排污单位名录。地下水污染防治重点排污单位应当依法安装水污染物排放自动监测设备，与生态环境主管部门的监控设备联网，并保证监测设备正常运行。

第四十二条　在泉域保护范围以及岩溶强发育、存在较多落水洞和岩溶漏斗的区域内，不得新建、改建、扩建可能造成地下水污染的建设项目。

第四十三条　多层含水层开采、回灌地下水应当防止串层污染。

多层地下水的含水层水质差异大的，应当分层开采；对已受污染的潜水和承压水，不得混合开采。

已经造成地下水串层污染的，应当按照封填井技术要求限期回填串层开采井，并对造成的地下水污染进行治理和修复。

人工回灌补给地下水，应当符合相关的水质标准，不得使地下水水质恶化。

第四十四条　农业生产经营者等有关单位和个人应当科学、合理使用农药、肥料等农业投入品，农田灌溉用水应当符合相关水质标准，防止地下水污染。

县级以上地方人民政府及其有关部门应当加强农药、肥料等农业投入品使用指导和技术服务，鼓励和引导农业生产经营者等有关单位和个人合理使用农药、肥料等农业投入品，防止地下水污染。

第四十五条　依照《中华人民共和国土壤污染防治法》的有关规定，安全利用类和严格管控类农用地地块的土壤污染影响或者可能影响地下水安全的，制定防治污染的方案时，应当包括地下水污染防治的内容。

污染物含量超过土壤污染风险管控标准的建设用地地块，编制土壤污染风险评估报告时，应当包括地下水是否受到污染的内容；列入风险管控和修复名录的建设用地地块，采取的风险管控措施中应当包括地下水污染防治的内容。

对需要实施修复的农用地地块，以及列入风险管控和修复名录的建设用地地块，修复方案中应当包括地下水污染防治的内容。

第六章　监督管理

第四十六条　县级以上人民政府水行政、自然资源、生态环境等主管部门应当依照职责加强监督管理，完善协作配合机制。

国务院水行政、自然资源、生态环境等主管部门建立统一的国家地下水监测站网和地下水监测信息共享机制，对地下水进行动态监测。

县级以上地方人民政府水行政、自然资源、生态环境等主管部门根据需要完善地下水监测工作体系，加强地下水监测。

第四十七条　任何单位和个人不得侵占、毁坏或者擅自移动地下水监测设施设备及其标志。

新建、改建、扩建建设工程应当避开地下水监测设施设备；确实无法避开、需要拆除地下水监测设施设备的，应当由县级以上人民政府水行政、自然资源、生态环境等主管部门按照有关技术要求组织迁建，迁建费用由建设单位承担。

任何单位和个人不得篡改、伪造地下水监测数据。

第四十八条　建设地下水取水工程的单位和个人，应当在申请取水许可时附具地下水取水工程建设方案，并按照取水许可批准文件的要求，自行或者委托具有相应专业技术能力的单位进行施工。施工单位不得承揽应当取得但未取得取水许可的地下水取水工程。

以监测、勘探为目的的地下水取水工程，不需要申请取水许可，建设单位应当于施工前报有管辖权的水行政主管部门备案。

地下水取水工程的所有权人负责工程的安全管理。

第四十九条　县级以上地方人民政府水行政主管部门应当对本行政区域内的地下水取水工程登记造册，建立监督管理制度。

报废的矿井、钻井、地下水取水工程，或者未建成、已完成勘探任务、依法应当停止取水的地下水取水工程，应当由工程所有权人或者管理单位实施封井或者回填；所有权人或者管理单位应当将其封井或者回填情况告知县级以上地方人民政府水行政主管部门；无法确定所有权人或者管理单位的，由县级以上地方人民政府或者其授权的部门负责组织实施封井或者回填。

实施封井或者回填，应当符合国家有关技术标准。

第五十条　县级以上地方人民政府应当组织水行政、自然资源、生态环境等主管部门，划定集中式地下水饮用水水源地并公布名录，定期组织开展地下水饮用水水源地安全评估。

第五十一条　县级以上地方人民政府水行政主管部门应当会同本级人民政府自然资源等主管部门，根据水文地质条件和地下水保护要求，划定需要取水的地热能开发利用项目的禁止和限制取水范围。

禁止在集中式地下水饮用水水源地建设需要取水的地热能开发利用项目。禁止抽取难以更新的地下水用于需要取水的地热能开发利用项目。

建设需要取水的地热能开发利用项目，应当对取水和回灌进行计量，实行同一含水层等量取水和回灌，不得对地下水造成污染。达到取水规模以上的，应当安装取水和回灌在线计量设施，并将计量数据实时传输到有管理权限的水行政主管部门。取水规模由省、自治区、直辖市人民政府水行政主管部门制定、公布。

对不符合本条第一款、第二款、第三款规定的已建需要取水的地热能开发利用项目，取水单位和个人应当按照水行政主管部门的规定限期整改，整改不合格的，予以关闭。

第五十二条　矿产资源开采、地下工程建设疏干排水量达到规模的，应当依法申请取水许可，安装排水计量设施，定期向取水许可审批机关报送疏干排水量和地下水水位状况。疏干排水量规模由省、自治区、直辖市人民政府制定、公布。

为保障矿井等地下工程施工安全和生产安全必须进行临时应急取（排）水的，不需要申请取水许可。取（排）水单位和个人应当于临时应急取（排）水结束后5个工作日内，向有管理权限的县级以上地方人民政府水行政主管部门备案。

矿产资源开采、地下工程建设疏干排水应当优先利用，无法利用的应当达标排放。

第五十三条　县级以上人民政府水行政、生态环境等主管部门应当建立从事地下水节约、保护、利用活动的单位和个人的诚信档案，记录日常监督检查结果、违法行为查处等情况，并依法向社会公示。

第七章　法律责任

第五十四条　县级以上地方人民政府，县级以上人民政府水行政、生态环境、自然资源主管部门和其他负有地下水监督管理职责的部门有下列行为之一的，由上级机关责令改正，对负有责任的主管人员和其他直接责任人员依法给予处分：

（一）未采取有效措施导致本行政区域内地下水超采范围扩大，或者地下水污染状况未得到改善甚至恶化；

（二）未完成本行政区域内地下水取水总量控制指标和地下水水位控制指标；

（三）对地下水水位低于控制水位未采取相关措施；

（四）发现违法行为或者接到对违法行为的检举后未予查处；

（五）有其他滥用职权、玩忽职守、徇私舞弊等违法行为。

第五十五条　违反本条例规定，未经批准擅自取用地下水，或者利用渗井、渗坑、裂隙、溶洞以及私设暗管等逃避监管的方式排放水污染物等违法行为，依照《中华人民共和国水法》、《中华人民共和国水污染防治法》、《中华人民共和国土壤污染防治法》、《取水许可和水资源费征收管理条例》等法律、行政法规的规定处罚。

第五十六条　地下水取水工程未安装计量设施的，由县级以上地方人民政府水行政主管部门责令限期安装，并按照日最大取水能力计算的取水量计征相关费用，处10万元以上50万元以下罚款；情节严重的，吊销取水许可证。

计量设施不合格或者运行不正常的，由县级以上地方人民政府水行政主管部门责令限期更换或者修复；逾期不更换或者不修复的，按照日最大取水能力计算的取水量计征相关费用，处 10 万元以上 50 万元以下罚款；情节严重的，吊销取水许可证。

第五十七条　地下工程建设对地下水补给、径流、排泄等造成重大不利影响的，由县级以上地方人民政府水行政主管部门责令限期采取措施消除不利影响，处 10 万元以上 50 万元以下罚款；逾期不采取措施消除不利影响的，由县级以上地方人民政府水行政主管部门组织采取措施消除不利影响，所需费用由违法行为人承担。

地下工程建设应当于开工前将工程建设方案和防止对地下水产生不利影响的措施方案备案而未备案的，或者矿产资源开采、地下工程建设疏干排水应当定期报送疏干排水量和地下水水位状况而未报送的，由县级以上地方人民政府水行政主管部门责令限期补报；逾期不补报的，处 2 万元以上 10 万元以下罚款。

第五十八条　报废的矿井、钻井、地下水取水工程，或者未建成、已完成勘探任务、依法应当停止取水的地下水取水工程，未按照规定封井或者回填的，由县级以上地方人民政府或者其授权的部门责令封井或者回填，处 10 万元以上 50 万元以下罚款；不具备封井或者回填能力的，由县级以上地方人民政府或者其授权的部门组织封井或者回填，所需费用由违法行为人承担。

第五十九条　利用岩层孔隙、裂隙、溶洞、废弃矿坑等贮存石化原料及产品、农药、危险废物或者其他有毒有害物质的，由地方人民政府生态环境主管部门责令限期改正，处 10 万元以上 100 万元以下罚款。

利用岩层孔隙、裂隙、溶洞、废弃矿坑等贮存城镇污水处理设施产生的污泥和处理后的污泥的，由县级以上地方人民政府城镇排水主管部门责令限期改正，处 20 万元以上 200 万元以下罚款，对直接负责的主管人员和其他直接责任人员处 2 万元以上 10 万元以下罚款；造成严重后果的，处 200 万元以上 500 万元以下罚款，对直接负责的主管人员和其他直接责任人员处 5 万元以上 50 万元以下罚款。

在泉域保护范围以及岩溶强发育、存在较多落水洞和岩溶漏斗的区域内，新建、改建、扩建造成地下水污染的建设项目的，由地方人民政府生态环境主管部门处 10 万元以上 50 万元以下罚款,并报经有批准权的人民政府批准,责令拆除或者关闭。

第六十条 侵占、毁坏或者擅自移动地下水监测设施设备及其标志的,由县级以上地方人民政府水行政、自然资源、生态环境主管部门责令停止违法行为,限期采取补救措施,处 2 万元以上 10 万元以下罚款;逾期不采取补救措施的,由县级以上地方人民政府水行政、自然资源、生态环境主管部门组织补救,所需费用由违法行为人承担。

第六十一条 以监测、勘探为目的的地下水取水工程在施工前应当备案而未备案的,由县级以上地方人民政府水行政主管部门责令限期补办备案手续;逾期不补办备案手续的,责令限期封井或者回填,处 2 万元以上 10 万元以下罚款;逾期不封井或者回填的,由县级以上地方人民政府水行政主管部门组织封井或者回填,所需费用由违法行为人承担。

第六十二条 违反本条例规定,构成违反治安管理行为的,由公安机关依法给予治安管理处罚;构成犯罪的,依法追究刑事责任。

第八章 附则

第六十三条 本条例下列用语含义是:

地下水取水工程,是指地下水取水井及其配套设施,包括水井、集水廊道、集水池、渗渠、注水井以及需要取水的地热能开发利用项目的取水井和回灌井等。

地下水超采区,是指地下水实际开采量超过可开采量,引起地下水水位持续下降、引发生态损害和地质灾害的区域。

难以更新的地下水,是指与大气降水和地表水体没有密切水力联系,无法补给或者补给非常缓慢的地下水。

第六十四条 本条例自 2021 年 12 月 1 日起施行。

中华人民共和国环境保护税法实施条例

（中华人民共和国国务院令第 693 号）

第一章　总则

第一条　根据《中华人民共和国环境保护税法》（以下简称环境保护税法），制定本条例。

第二条　环境保护税法所附《环境保护税税目税额表》所称其他固体废物的具体范围，依照环境保护税法第六条第二款规定的程序确定。

第三条　环境保护税法第五条第一款、第十二条第一款第三项规定的城乡污水集中处理场所，是指为社会公众提供生活污水处理服务的场所，不包括为工业园区、开发区等工业聚集区域内的企业事业单位和其他生产经营者提供污水处理服务的场所，以及企业事业单位和其他生产经营者自建自用的污水处理场所。

第四条　达到省级人民政府确定的规模标准并且有污染物排放口的畜禽养殖场，应当依法缴纳环境保护税；依法对畜禽养殖废弃物进行综合利用和无害化处理的，不属于直接向环境排放污染物，不缴纳环境保护税。

第二章　计税依据

第五条　应税固体废物的计税依据，按照固体废物的排放量确定。固体废物的排放量为当期应税固体废物的产生量减去当期应税固体废物的贮存量、处置量、综合利用量的余额。

前款规定的固体废物的贮存量、处置量，是指在符合国家和地方环境保护标准的设施、场所贮存或者处置的固体废物数量；固体废物的综合利用量，是指按照国务院发展改革、工业和信息化主管部门关于资源综合利用要求以及国家和地方环境保护标准进行综合利用的固体废物数量。

第六条　纳税人有下列情形之一的，以其当期应税固体废物的产生量作为固体废物的排放量：

（一）非法倾倒应税固体废物；

（二）进行虚假纳税申报。

第七条　应税大气污染物、水污染物的计税依据，按照污染物排放量折合的污染当量数确定。

纳税人有下列情形之一的，以其当期应税大气污染物、水污染物的产生量作为污染物的排放量：

（一）未依法安装使用污染物自动监测设备或者未将污染物自动监测设备与环境保护主管部门的监控设备联网；

（二）损毁或者擅自移动、改变污染物自动监测设备；

（三）篡改、伪造污染物监测数据；

（四）通过暗管、渗井、渗坑、灌注或者稀释排放以及不正常运行防治污染设施等方式违法排放应税污染物；

（五）进行虚假纳税申报。

第八条　从两个以上排放口排放应税污染物的，对每一排放口排放的应税污染物分别计算征收环境保护税；纳税人持有排污许可证的，其污染物排放口按照排污许可证载明的污染物排放口确定。

第九条　属于环境保护税法第十条第二项规定情形的纳税人，自行对污染物进行监测所获取的监测数据，符合国家有关规定和监测规范的，视同环境保护税法第十条第二项规定的监测机构出具的监测数据。

第三章　税收减免

第十条　环境保护税法第十三条所称应税大气污染物或者水污染物的浓度值，是指纳税人安装使用的污染物自动监测设备当月自动监测的应税大气污染物浓度值的小时平均值再平均所得数值或者应税水污染物浓度值的日平均值再平均所得数值，或者监测机构当月监测的应税大气污染物、水污染物浓度值的平均值。

依照环境保护税法第十三条的规定减征环境保护税的，前款规定的应税大气污染物浓度值的小时平均值或者应税水污染物浓度值的日平均值，以及监测机构当月每次监测的应税大气污染物、水污染物的浓度值，均不得超过国家和地方规定的污染物排放标准。

第十一条　依照环境保护税法第十三条的规定减征环境保护税的，应当对每一排放口排放的不同应税污染物分别计算。

第四章　征收管理

第十二条　税务机关依法履行环境保护税纳税申报受理、涉税信息比对、组织税款入库等职责。

环境保护主管部门依法负责应税污染物监测管理，制定和完善污染物监测规范。

第十三条　县级以上地方人民政府应当加强对环境保护税征收管理工作的领导，及时协调、解决环境保护税征收管理工作中的重大问题。

第十四条　国务院税务、环境保护主管部门制定涉税信息共享平台技术标准以及数据采集、存储、传输、查询和使用规范。

第十五条　环境保护主管部门应当通过涉税信息共享平台向税务机关交送在环境保护监督管理中获取的下列信息：

（一）排污单位的名称、统一社会信用代码以及污染物排放口、排放污染物种类等基本信息；

（二）排污单位的污染物排放数据（包括污染物排放量以及大气污染物、水污染物的浓度值等数据）；

（三）排污单位环境违法和受行政处罚情况；

（四）对税务机关提请复核的纳税人的纳税申报数据资料异常或者纳税人未按照规定期限办理纳税申报的复核意见；

（五）与税务机关商定交送的其他信息。

第十六条　税务机关应当通过涉税信息共享平台向环境保护主管部门交送下

列环境保护税涉税信息：

（一）纳税人基本信息；

（二）纳税申报信息；

（三）税款入库、减免税额、欠缴税款以及风险疑点等信息；

（四）纳税人涉税违法和受行政处罚情况；

（五）纳税人的纳税申报数据资料异常或者纳税人未按照规定期限办理纳税申报的信息；

（六）与环境保护主管部门商定交送的其他信息。

第十七条　环境保护税法第十七条所称应税污染物排放地是指：

（一）应税大气污染物、水污染物排放口所在地；

（二）应税固体废物产生地；

（三）应税噪声产生地。

第十八条　纳税人跨区域排放应税污染物，税务机关对税收征收管辖有争议的，由争议各方按照有利于征收管理的原则协商解决；不能协商一致的，报请共同的上级税务机关决定。

第十九条　税务机关应当依据环境保护主管部门交送的排污单位信息进行纳税人识别。

在环境保护主管部门交送的排污单位信息中没有对应信息的纳税人，由税务机关在纳税人首次办理环境保护税纳税申报时进行纳税人识别，并将相关信息交送环境保护主管部门。

第二十条　环境保护主管部门发现纳税人申报的应税污染物排放信息或者适用的排污系数、物料衡算方法有误的，应当通知税务机关处理。

第二十一条　纳税人申报的污染物排放数据与环境保护主管部门交送的相关数据不一致的，按照环境保护主管部门交送的数据确定应税污染物的计税依据。

第二十二条　环境保护税法第二十条第二款所称纳税人的纳税申报数据资料异常，包括但不限于下列情形：

（一）纳税人当期申报的应税污染物排放量与上一年同期相比明显偏低，且

无正当理由;

（二）纳税人单位产品污染物排放量与同类型纳税人相比明显偏低，且无正当理由。

第二十三条　税务机关、环境保护主管部门应当无偿为纳税人提供与缴纳环境保护税有关的辅导、培训和咨询服务。

第二十四条　税务机关依法实施环境保护税的税务检查，环境保护主管部门予以配合。

第二十五条　纳税人应当按照税收征收管理的有关规定，妥善保管应税污染物监测和管理的有关资料。

第五章　附则

第二十六条　本条例自 2018 年 1 月 1 日起施行。2003 年 1 月 2 日国务院公布的《排污费征收使用管理条例》同时废止。

中共中央　国务院关于新时代推动中部地区高质量发展的意见

（2021 年 4 月 23 日）

促进中部地区崛起战略实施以来，特别是党的十八大以来，在以习近平同志为核心的党中央坚强领导下，中部地区经济社会发展取得重大成就，粮食生产基地、能源原材料基地、现代装备制造及高技术产业基地和综合交通运输枢纽地位更加巩固，经济总量占全国的比重进一步提高，科教实力显著增强，基础设施明显改善，社会事业全面发展，在国家经济社会发展中发挥了重要支撑作用。同时，中部地区发展不平衡不充分问题依然突出，内陆开放水平有待提高，制造业创新能力有待增强，生态绿色发展格局有待巩固，公共服务保障特别是应对公共卫生等重大突发事件能力有待提升。受新冠肺炎疫情等影响，中部地区特别是湖北省经济高质量发展和民生改善需要作出更大努力。顺应新时代新要求，为推动中部地区高质量发展，现提出如下意见。

一、总体要求

（一）指导思想。以习近平新时代中国特色社会主义思想为指导，全面贯彻党的十九大和十九届二中、三中、四中、五中全会精神，坚持稳中求进工作总基调，立足新发展阶段，贯彻新发展理念，构建新发展格局，坚持统筹发展和安全，以推动高质量发展为主题，以深化供给侧结构性改革为主线，以改革创新为根本动力，以满足人民日益增长的美好生活需要为根本目的，充分发挥中部地区承东启西、连南接北的区位优势和资源要素丰富、市场潜力巨大、文化底蕴深厚等比较优势，着力构建以先进制造业为支撑的现代产业体系，着力增强城乡区域发展协调性，着力建设绿色发展的美丽中部，着力推动内陆高水平开放，着力提升基本公共服务保障水平，着力改革完善体制机制，推动中部地区加快崛起，在全面建设社会主义现代化国家新征程中作出更大贡献。

（二）主要目标。到 2025 年，中部地区质量变革、效率变革、动力变革取得突破性进展，投入产出效益大幅提高，综合实力、内生动力和竞争力进一步增强。创新能力建设取得明显成效，科创产业融合发展体系基本建立，全社会研发经费投入占地区生产总值比重达到全国平均水平。常住人口城镇化率年均提高 1 个百分点以上，分工合理、优势互补、各具特色的协调发展格局基本形成，城乡区域发展协调性进一步增强。绿色发展深入推进，单位地区生产总值能耗降幅达到全国平均水平，单位地区生产总值二氧化碳排放进一步降低，资源节约型、环境友好型发展方式普遍建立。开放水平再上新台阶，内陆开放型经济新体制基本形成。共享发展达到新水平，居民人均可支配收入与经济增长基本同步，统筹应对公共卫生等重大突发事件能力显著提高，人民群众获得感、幸福感、安全感明显增强。

到 2035 年，中部地区现代化经济体系基本建成，产业整体迈向中高端，城乡区域协调发展达到较高水平，绿色低碳生产生活方式基本形成，开放型经济体制机制更加完善，人民生活更加幸福安康，基本实现社会主义现代化，共同富裕取得更为明显的实质性进展。

二、坚持创新发展，构建以先进制造业为支撑的现代产业体系

（三）做大做强先进制造业。统筹规划引导中部地区产业集群（基地）发展，在长江沿线建设中国（武汉）光谷、中国（合肥）声谷，在京广沿线建设郑州电子信息、长株潭装备制造产业集群，在京九沿线建设南昌、吉安电子信息产业集群，在大湛沿线建设太原新材料、洛阳装备制造产业集群。建设智能制造、新材料、新能源汽车、电子信息等产业基地。打造集研究开发、检验检测、成果推广等功能于一体的产业集群（基地）服务平台。深入实施制造业重大技术改造升级工程，重点促进河南食品轻纺、山西煤炭、江西有色金属、湖南冶金、湖北化工建材、安徽钢铁有色等传统产业向智能化、绿色化、服务化发展。加快推进山西国家资源型经济转型综合配套改革试验区建设和能源革命综合改革试点。

（四）积极承接制造业转移。推进皖江城市带、晋陕豫黄河金三角、湖北荆州、赣南、湘南湘西承接产业转移示范区和皖北承接产业转移集聚区建设，积极承接新兴产业转移，重点承接产业链关键环节。创新园区建设运营方式，支持与其他地区共建产业转移合作园区。依托园区搭建产业转移服务平台，加强信息沟通及区域产业合作，推动产业转移精准对接。加大中央预算内投资对产业转移合作园区基础设施建设支持力度。在坚持节约集约用地前提下，适当增加中部地区承接制造业转移项目新增建设用地计划指标。创新跨区域制造业转移利益分享机制，建立跨区域经济统计分成制度。

（五）提高关键领域自主创新能力。主动融入新一轮科技和产业革命，提高关键领域自主创新能力，以科技创新引领产业发展，将长板进一步拉长，不断缩小与东部地区尖端技术差距，加快数字化、网络化、智能化技术在各领域的应用。加快合肥综合性国家科学中心建设，探索国家实验室建设运行模式，推动重大科技基础设施集群化发展，开展关键共性技术、前沿引领技术攻关。选择武汉

等有条件城市布局一批重大科技基础设施。加快武汉信息光电子、株洲先进轨道交通装备、洛阳农机装备等国家制造业创新中心建设，新培育一批产业创新中心和制造业创新中心。支持建设一批众创空间、孵化器、加速器等创新创业孵化平台和双创示范基地，鼓励发展创业投资。联合区域创新资源，实施一批重要领域关键核心技术攻关。发挥企业在科技创新中的主体作用，支持领军企业组建创新联合体，带动中小企业创新活动。促进产学研融通创新，布局建设一批综合性中试基地，依托龙头企业建设一批专业中试基地。加强知识产权保护，更多鼓励原创技术创新，依托现有国家和省级技术转移中心、知识产权交易中心等，建设中部地区技术交易市场联盟，推动技术交易市场互联互通。完善科技成果转移转化机制，支持有条件地区创建国家科技成果转移转化示范区。

（六）推动先进制造业和现代服务业深度融合。依托产业集群（基地）建设一批工业设计中心和工业互联网平台，推动大数据、物联网、人工智能等新一代信息技术在制造业领域的应用创新，大力发展研发设计、金融服务、检验检测等现代服务业，积极发展服务型制造业，打造数字经济新优势。加强新型基础设施建设，发展新一代信息网络，拓展第五代移动通信应用。积极发展电商网购、在线服务等新业态，推动生活服务业线上线下融合，支持电商、快递进农村。加快郑州、长沙、太原、宜昌、赣州国家物流枢纽建设，支持建设一批生产服务型物流枢纽。增加郑州商品交易所上市产品，支持山西与现有期货交易所合作开展能源商品期现结合交易。推进江西省赣江新区绿色金融改革创新试验区建设。

三、坚持协调发展，增强城乡区域发展协同性

（七）主动融入区域重大战略。加强与京津冀协同发展、长江经济带发展、粤港澳大湾区建设、长三角一体化发展、黄河流域生态保护和高质量发展等区域重大战略互促共进，促进区域间融合互动、融通补充。支持安徽积极融入长三角一体化发展，打造具有重要影响力的科技创新策源地、新兴产业聚集地和绿色发展样板区。支持河南、山西深度参加黄河流域生态保护和高质量发展战略实施，共同抓好大保护，协同推进大治理。支持湖北、湖南、江西加强生态保护、推动绿色发展，在长江经济带建设中发挥更大作用。

（八）促进城乡融合发展。以基础设施互联互通、公共服务共建共享为重点，加强长江中游城市群、中原城市群内城市间合作。支持武汉、长株潭、郑州、合肥等都市圈及山西中部城市群建设，培育发展南昌都市圈。加快武汉、郑州国家中心城市建设，增强长沙、合肥、南昌、太原等区域中心城市辐射带动能力，促进洛阳、襄阳、阜阳、赣州、衡阳、大同等区域重点城市经济发展和人口集聚。推进以县城为重要载体的城镇化建设，以县域为单元统筹城乡发展。发展一批特色小镇，补齐县城和小城镇基础设施与公共服务短板。有条件地区推进城乡供水一体化、农村供水规模化建设和水利设施改造升级，加快推进引江济淮、长江和淮河干流治理、鄂北水资源配置、江西花桥水库、湖南椒花水库等重大水利工程建设。

（九）推进城市品质提升。实施城市更新行动，推进城市生态修复、功能完善工程，合理确定城市规模、人口密度，优化城市布局，推动城市基础设施体系化网络化建设，推进基于数字化的新型基础设施建设。加快补齐市政基础设施和公共服务设施短板，系统化全域化推进海绵城市建设，增强城市防洪排涝功能。推动地级及以上城市加快建立生活垃圾分类投放、分类收集、分类运输、分类处理系统。建设完整居住社区，开展城市居住社区建设补短板行动。加强建筑设计管理，优化城市空间和建筑布局，塑造城市时代特色风貌。

（十）加快农业农村现代化。大力发展粮食生产，支持河南等主产区建设粮食生产核心区，确保粮食种植面积和产量保持稳定，巩固提升全国粮食生产基地地位。实施大中型灌区续建配套节水改造和现代化建设，大力推进高标准农田建设，推广先进适用的农机化技术和装备，加强种质资源保护和利用，支持发展高效旱作农业。高质量推进粮食生产功能区、重要农产品生产保护区和特色农产品优势区建设，大力发展油料、生猪、水产品等优势农产品生产，打造一批绿色农产品生产加工供应基地。支持农产品加工业发展，加快农村产业融合发展示范园建设，推动农村一二三产业融合发展。加快培育农民合作社、家庭农场等新兴农业经营主体，大力培育高素质农民，健全农业社会化服务体系。加快农村公共基础设施建设，因地制宜推进农村改厕、生活垃圾处理和污水治理，改善农村人居环境，建设生态宜居的美丽乡村。

（十一）推动省际协作和交界地区协同发展。围绕对话交流、重大事项协商、规划衔接，建立健全中部地区省际合作机制。加快落实支持赣南等原中央苏区、大别山等革命老区振兴发展的政策措施。推动中部六省省际交界地区以及与东部、西部其他省份交界地区合作，务实推进晋陕豫黄河金三角区域合作，深化大别山、武陵山等区域旅游与经济协作。加强流域上下游产业园区合作共建，充分发挥长江流域园区合作联盟作用，建立淮河、汉江流域园区合作联盟，促进产业协同创新、有序转移、优化升级。加快重要流域上下游、左右岸地区融合发展，推动长株潭跨湘江、南昌跨赣江、太原跨汾河、荆州和芜湖等跨长江发展。

四、坚持绿色发展，打造人与自然和谐共生的美丽中部

（十二）共同构筑生态安全屏障。牢固树立绿水青山就是金山银山理念，统筹推进山水林田湖草沙系统治理。将生态保护红线、环境质量底线、资源利用上线的硬约束落实到环境管控单元，建立全覆盖的生态环境分区管控体系。坚持以水而定、量水而行，把水资源作为最大刚性约束，严格取用水管理。继续深化做实河长制湖长制。强化长江岸线分区管理与用途管制，保护自然岸线和水域生态环境，加强鄱阳湖、洞庭湖等湖泊保护和治理，实施好长江十年禁渔，保护长江珍稀濒危水生生物。加强黄河流域水土保持和生态修复，实施河道和滩区综合提升治理工程。加快解决中小河流、病险水库、重要蓄滞洪区和山洪灾害等防汛薄弱环节，增强城乡防洪能力。以河道生态整治和河道外两岸造林绿化为重点，建设淮河、汉江、湘江、赣江、汾河等河流生态廊道。构建以国家公园为主体的自然保护地体系，科学推进长江中下游、华北平原国土绿化行动，积极开展国家森林城市建设，推行林长制，大力推进森林质量精准提升工程，加强生物多样性系统保护，加大地下水超采治理力度。

（十三）加强生态环境共保联治。深入打好污染防治攻坚战，强化全民共治、源头防治，落实生态保护补偿和生态环境损害赔偿制度，共同解决区域环境突出问题。以城市群、都市圈为重点，协同开展大气污染联防联控，推进重点行业大气污染深度治理。强化移动源污染防治，全面治理面源扬尘污染。以长江、黄河等流域为重点，推动建立横向生态保护补偿机制，逐步完善流域生态保护补偿等标准体系，建立跨界断面水质目标责任体系，推动恢复水域生态环境。加快推进城镇污水收集处理设施建设和改造，推广污水资源化利用。推进土壤污染综合防治先行区建设。实施粮食主产区永久基本农田面源污染专项治理工程，加强畜禽养殖污染综合治理和资源化利用。加快实施矿山修复重点工程、尾矿库污染治理工程，推动矿业绿色发展。严格防控港口船舶污染。加强白色污染治理。强化噪声源头防控和监督管理，提高声环境功能区达标率。

（十四）加快形成绿色生产生活方式。加大园区循环化改造力度，推进资源循环利用基地建设，支持新建一批循环经济示范城市、示范园区。支持开展低碳城市试点，积极推进近零碳排放示范工程，开展节约型机关和绿色家庭、绿色学校、绿色社区、绿色建筑等创建行动，鼓励绿色消费和绿色出行，促进产业绿色转型发展，提升生态碳汇能力。因地制宜发展绿色小水电、分布式光伏发电，支持山西煤层气、鄂西页岩气开发转化，加快农村能源服务体系建设。进一步完善和落实资源有偿使用制度，依托规范的公共资源和产权交易平台开展排污权、用能权、用水权、碳排放权市场化交易。按照国家统一部署，扎实做好碳达峰、碳中和各项工作。健全有利于节约用水的价格机制，完善促进节能环保的电价机制。支持许昌、铜陵、瑞金等地深入推进"无废城市"建设试点。

五、坚持开放发展，形成内陆高水平开放新体制

（十五）加快内陆开放通道建设。全面开工呼南纵向高速铁路通道中部段，加快沿江、厦渝横向高速铁路通道中部段建设。实施汉江、湘江、赣江、淮河航道整治工程，研究推进水系沟通工程，形成水运大通道。加快推进长江干线过江通道建设，继续实施省际高速公路连通工程。加强武汉长江中游航运中心建设，发展沿江港口铁水联运功能，优化中转设施和集疏运网络。加快推进郑州国际物流中心、湖北鄂州货运枢纽机场和合肥国际航空货运集散中心建设，提升郑州、武汉区域航空枢纽功能，积极推动长沙、合肥、南昌、太原形成各具特色的区域枢纽，提高支线机场服务能力。完善国际航线网络，发展全货机航班，增强中部地区机场连接国际枢纽机场能力。发挥长江黄金水道和京广、京九、浩吉、沪昆、陇海-兰新交通干线作用，加强与长三角、粤港澳大湾区、海峡西岸等沿海地区及内蒙古、广西、云南、新疆等边境口岸合作，对接新亚欧大陆桥、中国-中南半岛、中国-中亚-西亚经济走廊、中蒙俄经济走廊及西部陆海新通道，全面融入共建"一带一路"。

（十六）打造内陆高水平开放平台。高标准建设安徽、河南、湖北、湖南自由贸易试验区，支持先行先试，形成可复制可推广的制度创新成果，进一步发挥辐射带动作用。支持湖南湘江新区、江西赣江新区建成对外开放重要平台。充分发挥郑州航空港经济综合实验区、长沙临空经济示范区在对外开放中的重要作用，鼓励武汉、南昌、合肥、太原等地建设临空经济区。加快郑州-卢森堡"空中丝绸之路"建设，推动江西内陆开放型经济试验区建设。支持建设服务外包示范城市。加快跨境电子商务综合试验区建设，构建区域性电子商务枢纽。支持有条件地区设立综合保税区、创建国家级开放口岸，深化与长江经济带其他地区、京津冀、长三角、粤港澳大湾区等地区通关合作，提升与"一带一路"沿线国家主要口岸互联互通水平。支持有条件地区加快建设具有国际先进水平的国际贸易"单一窗口"。

（十七）持续优化市场化法治化国际化营商环境。深化简政放权、放管结合、优化服务改革，全面推行政务服务"一网通办"，推进"一次办好"改革，做到企业开办全程网上办理。推进与企业发展、群众生活密切相关的高频事项"跨省通办"，实现更多事项异地办理。对标国际一流水平，建设与国际通行规则接轨的市场体系，促进国际国内要素有序自由流动、资源高效配置。加强事前事中事后全链条监管，加大反垄断和反不正当竞争执法司法力度，为各类所有制企业发展创造公平竞争环境。改善中小微企业发展生态，放宽小微企业、个体工商户登记经营场所限制，便利各类创业者注册经营、及时享受扶持政策，支持大中小企业融通发展。

六、坚持共享发展，提升公共服务保障水平

（十八）提高基本公共服务保障能力。认真总结新冠肺炎疫情防控经验模式，加强公共卫生体系建设，完善公共卫生服务项目，建立公共卫生事业稳定投入机制，完善突发公共卫生事件监测预警处置机制，防范化解重大疫情和突发公共卫生风险，着力补齐公共卫生风险防控和应急管理短板，重点支持早期监测预警能力、应急医疗救治体系、医疗物资储备设施及隔离设施等传染病防治项目建设，加快实施传染病医院、疾控中心标准化建设，提高城乡社区医疗服务能力。推动基本医疗保险信息互联共享，完善住院费用异地直接结算。建立统一的公共就业信息服务平台，加强对重点行业、重点群体就业支持，引导重点就业群体跨地区就业，促进多渠道灵活就业。支持农民工、高校毕业生和退役军人等人员返乡入乡就业创业。合理提高孤儿基本生活费、事实无人抚养儿童基本生活补贴标准，推动儿童福利机构优化提质和转型发展。完善农村留守老人关爱服务工作体系，健全农村养老服务设施。建立健全基本公共服务标准体系并适时进行动态调整。推动居住证制度覆盖全部未落户城镇常住人口，完善以居住证为载体的随迁子女就学、住房保障等公共服务政策。

（十九）增加高品质公共服务供给。加快推进世界一流大学和一流学科建设，支持国内一流科研机构在中部地区设立分支机构，鼓励国外著名高校在中部地区开展合作办学。大力开展职业技能培训，加快高水平高职学校和专业建设，打造一批示范性职业教育集团（联盟），支持中部省份共建共享一批产教融合实训基地。支持建设若干区域医疗中心，鼓励国内外大型综合性医疗机构依法依规在中部地区设立分支机构。支持县级医院与乡镇（社区）医疗机构建立医疗联合体，提升基层医疗机构服务水平。条件成熟时在中部地区设立药品、医疗器械审评分中心，加快创新药品、医疗器械审评审批进程。深入挖掘和利用地方特色文化资源，打响中原文化、楚文化、三晋文化品牌。传承和弘扬赣南等原中央苏区、井冈山、大别山等革命老区红色文化，打造爱国主义教育基地和红色旅游目的地。积极发展文化创意、广播影视、动漫游戏、数字出版等产业，推进国家文化与科技融合示范基地、国家级文化产业示范园区建设，加快建设景德镇国家陶瓷文化传承创新试验区。加大对足球场地等体育设施建设支持力度。

（二十）加强和创新社会治理。完善突发事件监测预警、应急响应平台和决策指挥系统，建设区域应急救援平台和区域保障中心，提高应急物资生产、储备和调配能力。依托社会管理信息化平台，推动政府部门业务数据互联共享，打造智慧城市、智慧社区。推进城市社区网格化管理，推动治理重心下移，实现社区服务规范化、全覆盖。完善村党组织领导乡村治理的体制机制，强化村级组织自治功能，全面实施村级事务阳光工程。全面推进"一区一警、一村一辅警"建设，打造平安社区、平安乡村。加强农村道路交通安全监督管理。加强农村普法教育和法律援助，依法解决农村社会矛盾。

（二十一）实现巩固拓展脱贫攻坚成果同乡村振兴有效衔接。聚焦赣南等原中央苏区、大别山区、太行山区、吕梁山区、罗霄山区、武陵山区等地区，健全防止返贫监测和帮扶机制，保持主要帮扶政策总体稳定，实施帮扶对象动态管理，防止已脱贫人口返贫。进一步改善基础设施和市场环境，因地制宜推动特色产业可持续发展。

七、完善促进中部地区高质量发展政策措施

（二十二）建立健全支持政策体系。确保支持湖北省经济社会发展的一揽子政策尽快落实到位，支持保就业、保民生、保运转，促进湖北经济社会秩序全面恢复。中部地区欠发达县（市、区）继续比照实施西部大开发有关政策，老工业基地城市继续比照实施振兴东北地区等老工业基地有关政策，并结合实际调整优化实施范围和有关政策内容。对重要改革开放平台建设用地实行计划指标倾斜，按照国家统筹、地方分担原则，优先保障先进制造业、跨区域基础设施等重大项目新增建设用地指标。鼓励人才自由流动，实行双向挂职、短期工作、项目合作等灵活多样的人才柔性流动政策，推进人力资源信息共享和服务政策有机衔接，吸引各类专业人才到中部地区就业创业。允许中央企事业单位专业技术人员和管理人才按有关规定在中部地区兼职并取得合法报酬，鼓励地方政府设立人才引进专项资金，实行专业技术人才落户"零门槛"。

（二十三）加大财税金融支持力度。中央财政继续加大对中部地区转移支付力度，支持中部地区提高基本公共服务保障水平，在风险可控前提下适当增加省级政府地方政府债券分配额度。全面实施工业企业技术改造综合奖补政策，对在投资总额内进口的自用设备按现行规定免征关税。积极培育区域性股权交易市场，支持鼓励类产业企业上市融资，支持符合条件的企业通过债券市场直接融资，引导各类金融机构加强对中部地区的支持，加大对重点领域和薄弱环节信贷支持力度，提升金融服务质效，增强金融普惠性。

八、认真抓好组织实施

（二十四）加强组织领导。坚持和加强党的全面领导，把党的领导贯穿推动中部地区加快崛起的全过程。山西、安徽、江西、河南、湖北、湖南等中部六省要增强"四个意识"、坚定"四个自信"、做到"两个维护"，落实主体责任，完善推进机制，加强工作协同，深化相互合作，确保党中央、国务院决策部署落地见效。

（二十五）强化协调指导。中央有关部门要按照职责分工，密切与中部六省沟通衔接，在规划编制和重大政策制定、项目安排、改革创新等方面予以积极支持。国家促进中部地区崛起工作办公室要加强统筹指导，协调解决本意见实施中面临的突出问题，强化督促和实施效果评估。本意见实施涉及的重要规划、重点政策、重大项目要按规定程序报批。重大事项及时向党中央、国务院请示报告。

中共中央办公厅　国务院办公厅印发
《关于全面推行河长制的意见》

（2016 年 12 月 11 日）

河湖管理保护是一项复杂的系统工程，涉及上下游、左右岸、不同行政区域和行业。近年来，一些地区积极探索河长制，由党政领导担任河长，依法依规落实地方主体责任，协调整合各方力量，有力促进了水资源保护、水域岸线管理、水污染防治、水环境治理等工作。全面推行河长制是落实绿色发展理念、推进生态文明建设的内在要求，是解决我国复杂水问题、维护河湖健康生命的有效举措，是完善水治理体系、保障国家水安全的制度创新。为进一步加强河湖管理保护工作，落实属地责任，健全长效机制，现就全面推行河长制提出以下意见。

一、总体要求

（一）指导思想。全面贯彻党的十八大和十八届三中、四中、五中、六中全会精神，深入学习贯彻习近平总书记系列重要讲话精神，紧紧围绕统筹推进"五位一体"总体布局和协调推进"四个全面"战略布局，牢固树立新发展理念，认真落实党中央、国务院决策部署，坚持节水优先、空间均衡、系统治理、两手发力，以保护水资源、防治水污染、改善水环境、修复水生态为主要任务，在全国江河湖泊全面推行河长制，构建责任明确、协调有序、监管严格、保护有力的河湖管理保护机制，为维护河湖健康生命、实现河湖功能永续利用提供制度保障。

（二）基本原则

——坚持生态优先、绿色发展。牢固树立尊重自然、顺应自然、保护自然的理念，处理好河湖管理保护与开发利用的关系，强化规划约束，促进河湖休养生息、维护河湖生态功能。

——坚持党政领导、部门联动。建立健全以党政领导负责制为核心的责任体系，明确各级河长职责，强化工作措施，协调各方力量，形成一级抓一级、层层抓落实的工作格局。

——坚持问题导向、因地制宜。立足不同地区不同河湖实际，统筹上下游、左右岸，实行一河一策、一湖一策，解决好河湖管理保护的突出问题。

——坚持强化监督、严格考核。依法治水管水，建立健全河湖管理保护监督考核和责任追究制度，拓展公众参与渠道，营造全社会共同关心和保护河湖的良好氛围。

（三）组织形式。全面建立省、市、县、乡四级河长体系。各省（自治区、直辖市）设立总河长，由党委或政府主要负责同志担任；各省（自治区、直辖市）行政区域内主要河湖设立河长，由省级负责同志担任；各河湖所在市、县、乡均分级分段设立河长，由同级负责同志担任。县级及以上河长设置相应的河长制办公室，具体组成由各地根据实际确定。

（四）工作职责。各级河长负责组织领导相应河湖的管理和保护工作，包括水资源保护、水域岸线管理、水污染防治、水环境治理等，牵头组织对侵占河道、围垦湖泊、超标排污、非法采砂、破坏航道、电毒炸鱼等突出问题依法进行清理整治，协调解决重大问题；对跨行政区域的河湖明晰管理责任，协调上下游、左右岸实行联防联控；对相关部门和下一级河长履职情况进行督导，对目标任务完成情况进行考核，强化激励问责。河长制办公室承担河长制组织实施具体工作，落实河长确定的事项。各有关部门和单位按照职责分工，协同推进各项工作。

二、主要任务

（五）加强水资源保护。落实最严格水资源管理制度，严守水资源开发利用控制、用水效率控制、水功能区限制纳污三条红线，强化地方各级政府责任，严格考核评估和监督。实行水资源消耗总量和强度双控行动，防止不合理新增取水，切实做到以水定需、量水而行、因水制宜。坚持节水优先，全面提高用水效率，水资源短缺地区、生态脆弱地区要严格限制发展高耗水项目，加快实施农业、工业和城乡节水技术改造，坚决遏制用水浪费。严格水功能区管理监督，根据水功能区划确定的河流水域纳污容量和限制排污总量，落实污染物达标排放要求，切实监管入河湖排污口，严格控制入河湖排污总量。

（六）加强河湖水域岸线管理保护。严格水域岸线等水生态空间管控，依法划定河湖管理范围。落实规划岸线分区管理要求，强化岸线保护和节约集约利用。严禁以各种名义侵占河道、围垦湖泊、非法采砂，对岸线乱占滥用、多占少用、占而不用等突出问题开展清理整治，恢复河湖水域岸线生态功能。

（七）加强水污染防治。落实《水污染防治行动计划》，明确河湖水污染防治目标和任务，统筹水上、岸上污染治理，完善入河湖排污管控机制和考核体系。排查入河湖污染源，加强综合防治，严格治理工矿企业污染、城镇生活污染、畜禽养殖污染、水产养殖污染、农业面源污染、船舶港口污染，改善水环境质量。优化入河湖排污口布局，实施入河湖排污口整治。

（八）加强水环境治理。强化水环境质量目标管理，按照水功能区确定各类水体的水质保护目标。切实保障饮用水水源安全，开展饮用水水源规范化建设，依法清理饮用水水源保护区内违法建筑和排污口。加强河湖水环境综合整治，推进水环境治理网格化和信息化建设，建立健全水环境风险评估排查、预警预报与响应机制。结合城市总体规划，因地制宜建设亲水生态岸线，加大黑臭水体治理力度，实现河湖环境整洁优美、水清岸绿。以生活污水处理、生活垃圾处理为重点，综合整治农村水环境，推进美丽乡村建设。

（九）加强水生态修复。推进河湖生态修复和保护，禁止侵占自然河湖、湿地等水源涵养空间。在规划的基础上稳步实施退田还湖还湿、退渔还湖，恢复河湖水系的自然连通，加强水生生物资源养护，提高水生生物多样性。开展河湖健康评估。强化山水林田湖系统治理，加大江河源头区、水源涵养区、生态敏感区保护力度，对三江源区、南水北调水源区等重要生态保护区实行更严格的保护。积极推进建立生态保护补偿机制，加强水土流失预防监督和综合整治，建设生态清洁型小流域，维护河湖生态环境。

（十）加强执法监管。建立健全法规制度，加大河湖管理保护监管力度，建立健全部门联合执法机制，完善行政执法与刑事司法衔接机制。建立河湖日常监管巡查制度，实行河湖动态监管。落实河湖管理保护执法监管责任主体、人员、设备和经费。严厉打击涉河湖违法行为，坚决清理整治非法排污、设障、捕捞、养殖、采砂、采矿、围垦、侵占水域岸线等活动。

三、保障措施

（十一）加强组织领导。地方各级党委和政府要把推行河长制作为推进生态文明建设的重要举措，切实加强组织领导，狠抓责任落实，抓紧制定出台工作方案，明确工作进度安排，到2018年年底前全面建立河长制。

（十二）健全工作机制。建立河长会议制度、信息共享制度、工作督察制度，协调解决河湖管理保护的重点难点问题，定期通报河湖管理保护情况，对河长制实施情况和河长履职情况进行督察。各级河长制办公室要加强组织协调，督促相关部门单位按照职责分工，落实责任，密切配合，协调联动，共同推进河湖管理保护工作。

（十三）强化考核问责。根据不同河湖存在的主要问题，实行差异化绩效评价考核，将领导干部自然资源资产离任审计结果及整改情况作为考核的重要参考。县级及以上河长负责组织对相应河湖下一级河长进行考核，考核结果作为地方党政领导干部综合考核评价的重要依据。实行生态环境损害责任终身追究制，对造成生态环境损害的，严格按照有关规定追究责任。

（十四）加强社会监督。建立河湖管理保护信息发布平台，通过主要媒体向社会公告河长名单，在河湖岸边显著位置竖立河长公示牌，标明河长职责、河湖概况、管护目标、监督电话等内容，接受社会监督。聘请社会监督员对河湖管理保护效果进行监督和评价。进一步做好宣传舆论引导，提高全社会对河湖保护工作的责任意识和参与意识。

各省（自治区、直辖市）党委和政府要在每年1月底前将上年度贯彻落实情况报党中央、国务院。

国务院关于印发水污染防治行动计划的通知

国发〔2015〕17号

各省、自治区、直辖市人民政府，国务院各部委、各直属机构：

现将《水污染防治行动计划》印发给你们，请认真贯彻执行。

国务院

2015年4月2日

（此件公开发布）

水污染防治行动计划

水环境保护事关人民群众切身利益，事关全面建成小康社会，事关实现中华民族伟大复兴中国梦。当前，我国一些地区水环境质量差、水生态受损重、环境隐患多等问题十分突出，影响和损害群众健康，不利于经济社会持续发展。为切实加大水污染防治力度，保障国家水安全，制定本行动计划。

总体要求：全面贯彻党的十八大和十八届二中、三中、四中全会精神，大力推进生态文明建设，以改善水环境质量为核心，按照"节水优先、空间均衡、系统治理、两手发力"原则，贯彻"安全、清洁、健康"方针，强化源头控制，水陆统筹、河海兼顾，对江河湖海实施分流域、分区域、分阶段科学治理，系统推进水污染防治、水生态保护和水资源管理。坚持政府市场协同，注重改革创新；坚持全面依法推进，实行最严格环保制度；坚持落实各方责任，严格考核问责；坚持全民参与，推动节水洁水人人有责，形成"政府统领、企业施治、市场驱动、公众参与"的水污染防治新机制，实现环境效益、经济效益与社会效益多赢，为建设"蓝天常在、青山常在、绿水常在"的美丽中国而奋斗。

工作目标：到 2020 年，全国水环境质量得到阶段性改善，污染严重水体较大幅度减少，饮用水安全保障水平持续提升，地下水超采得到严格控制，地下水污染加剧趋势得到初步遏制，近岸海域环境质量稳中趋好，京津冀、长三角、珠三角等区域水生态环境状况有所好转。到 2030 年，力争全国水环境质量总体改善，水生态系统功能初步恢复。到本世纪中叶，生态环境质量全面改善，生态系统实现良性循环。

主要指标：到 2020 年，长江、黄河、珠江、松花江、淮河、海河、辽河等七大重点流域水质优良（达到或优于Ⅲ类）比例总体达到 70% 以上，地级及以上城市建成区黑臭水体均控制在 10% 以内，地级及以上城市集中式饮用水水源水质达到或优于Ⅲ类比例总体高于 93%，全国地下水质量极差的比例控制在 15% 左右，近岸海域水质优良（一、二类）比例达到 70% 左右。京津冀区域丧失使用功能（劣于Ⅴ类）的水体断面比例下降 15 个百分点左右，长三角、珠三角区域力争消除丧失使用功能的水体。

到 2030 年，全国七大重点流域水质优良比例总体达到 75% 以上，城市建成区黑臭水体总体得到消除，城市集中式饮用水水源水质达到或优于Ⅲ类比例总体为 95% 左右。

一、全面控制污染物排放

（一）狠抓工业污染防治。取缔"十小"企业。全面排查装备水平低、环保设施差的小型工业企业。2016 年底前，按照水污染防治法律法规要求，全部取缔不符合国家产业政策的小型造纸、制革、印染、染料、炼焦、炼硫、炼砷、炼油、电镀、农药等严重污染水环境的生产项目。（环境保护部牵头，工业和信息化部、国土资源部、能源局等参与，地方各级人民政府负责落实。以下均需地方各级人民政府落实，不再列出）

专项整治十大重点行业。制定造纸、焦化、氮肥、有色金属、印染、农副食品加工、原料药制造、制革、农药、电镀等行业专项治理方案，实施清洁化改造。新建、改建、扩建上述行业建设项目实行主要污染物排放等量或减量置换。2017 年底前，造纸行业力争完成纸浆无元素氯漂白改造或采取其他低污染制浆技术，钢铁企业焦炉完成干熄焦技术改造，氮肥行业尿素生产完成工艺冷凝液水解解析技术改造，印染行业实施低排水染整工艺改造，制药（抗生素、维生素）行业实施绿色酶法生产技术改造，制革行业实施铬减量化和封闭循环利用技术改造。（环境保护部牵头，工业和信息化部等参与）

集中治理工业集聚区水污染。强化经济技术开发区、高新技术产业开发区、出口加工区等工业集聚区污染治理。集聚区内工业废水必须经预处理达到集中处理要求，方可进入污水集中处理设施。新建、升级工业集聚区应同步规划、建设污水、垃圾集中处理等污染治理设施。2017 年底前，工业集聚区应按规定建成污水集中处理设施，并安装自动在线监控装置，京津冀、长三角、珠三角等区域提前一年完成；逾期未完成的，一律暂停审批和核准其增加水污染物排放的建设项目，并依照有关规定撤销其园区资格。（环境保护部牵头，科技部、工业和信

息化部、商务部等参与）

（二）强化城镇生活污染治理。加快城镇污水处理设施建设与改造。现有城镇污水处理设施，要因地制宜进行改造，2020 年底前达到相应排放标准或再生利用要求。敏感区域（重点湖泊、重点水库、近岸海域汇水区域）城镇污水处理设施应于 2017 年底前全面达到一级 A 排放标准。建成区水体水质达不到地表水 Ⅳ 类标准的城市，新建城镇污水处理设施要执行一级 A 排放标准。按照国家新型城镇化规划要求，到 2020 年，全国所有县城和重点镇具备污水收集处理能力，县城、城市污水处理率分别达到 85%、95% 左右。京津冀、长三角、珠三角等区域提前一年完成。（住房城乡建设部牵头，发展改革委、环境保护部等参与）

全面加强配套管网建设。强化城中村、老旧城区和城乡结合部污水截流、收集。现有合流制排水系统应加快实施雨污分流改造，难以改造的，应采取截流、调蓄和治理等措施。新建污水处理设施的配套管网应同步设计、同步建设、同步投运。除干旱地区外，城镇新区建设均实行雨污分流，有条件的地区要推进初期雨水收集、处理和资源化利用。到 2017 年，直辖市、省会城市、计划单列市建成区污水基本实现全收集、全处理，其他地级城市建成区于 2020 年底前基本实现。（住房城乡建设部牵头，发展改革委、环境保护部等参与）

推进污泥处理处置。污水处理设施产生的污泥应进行稳定化、无害化和资源化处理处置，禁止处理处置不达标的污泥进入耕地。非法污泥堆放点一律予以取缔。现有污泥处理处置设施应于 2017 年底前基本完成达标改造，地级及以上城市污泥无害化处理处置率应于 2020 年底前达到 90% 以上。（住房城乡建设部牵头，发展改革委、工业和信息化部、环境保护部、农业部等参与）

（三）推进农业农村污染防治。防治畜禽养殖污染。科学划定畜禽养殖禁养区，2017 年底前，依法关闭或搬迁禁养区内的畜禽养殖场（小区）和养殖专业户，京津冀、长三角、珠三角等区域提前一年完成。现有规模化畜禽养殖场（小区）要根据污染防治需要，配套建设粪便污水贮存、处理、利用设施。散养密集区要实行畜禽粪便污水分户收集、集中处理利用。自 2016 年起，新建、改建、扩建规模化畜禽养殖场（小区）要实施雨污分流、粪便污水资源化利用。（农业

部牵头，环境保护部参与）

控制农业面源污染。制定实施全国农业面源污染综合防治方案。推广低毒、低残留农药使用补助试点经验，开展农作物病虫害绿色防控和统防统治。实行测土配方施肥，推广精准施肥技术和机具。完善高标准农田建设、土地开发整理等标准规范，明确环保要求，新建高标准农田要达到相关环保要求。敏感区域和大中型灌区，要利用现有沟、塘、窖等，配置水生植物群落、格栅和透水坝，建设生态沟渠、污水净化塘、地表径流集蓄池等设施，净化农田排水及地表径流。到2020年，测土配方施肥技术推广覆盖率达到90%以上，化肥利用率提高到40%以上，农作物病虫害统防统治覆盖率达到40%以上；京津冀、长三角、珠三角等区域提前一年完成。（农业部牵头，发展改革委、工业和信息化部、国土资源部、环境保护部、水利部、质检总局等参与）

调整种植业结构与布局。在缺水地区试行退地减水。地下水易受污染地区要优先种植需肥需药量低、环境效益突出的农作物。地表水过度开发和地下水超采问题较严重，且农业用水比重较大的甘肃、新疆（含新疆生产建设兵团）、河北、山东、河南等五省（区），要适当减少用水量较大的农作物种植面积，改种耐旱作物和经济林；2018年底前，对3300万亩灌溉面积实施综合治理，退减水量37亿立方米以上。（农业部、水利部牵头，发展改革委、国土资源部等参与）

加快农村环境综合整治。以县级行政区域为单元，实行农村污水处理统一规划、统一建设、统一管理，有条件的地区积极推进城镇污水处理设施和服务向农村延伸。深化"以奖促治"政策，实施农村清洁工程，开展河道清淤疏浚，推进农村环境连片整治。到2020年，新增完成环境综合整治的建制村13万个。（环境保护部牵头，住房城乡建设部、水利部、农业部等参与）

（四）加强船舶港口污染控制。积极治理船舶污染。依法强制报废超过使用年限的船舶。分类分级修订船舶及其设施、设备的相关环保标准。2018年起投入使用的沿海船舶、2021年起投入使用的内河船舶执行新的标准；其他船舶于2020年底前完成改造，经改造仍不能达到要求的，限期予以淘汰。航行于我国水域的国际航线船舶，要实施压载水交换或安装压载水灭活处理系统。规范拆船

行为，禁止冲滩拆解。（交通运输部牵头，工业和信息化部、环境保护部、农业部、质检总局等参与）

增强港口码头污染防治能力。编制实施全国港口、码头、装卸站污染防治方案。加快垃圾接收、转运及处理处置设施建设，提高含油污水、化学品洗舱水等接收处置能力及污染事故应急能力。位于沿海和内河的港口、码头、装卸站及船舶修造厂，分别于2017年底前和2020年底前达到建设要求。港口、码头、装卸站的经营人应制定防治船舶及其有关活动污染水环境的应急计划。（交通运输部牵头，工业和信息化部、住房城乡建设部、农业部等参与）

二、推动经济结构转型升级

（五）调整产业结构。依法淘汰落后产能。自2015年起，各地要依据部分工业行业淘汰落后生产工艺装备和产品指导目录、产业结构调整指导目录及相关行业污染物排放标准，结合水质改善要求及产业发展情况，制定并实施分年度的落后产能淘汰方案，报工业和信息化部、环境保护部备案。未完成淘汰任务的地区，暂停审批和核准其相关行业新建项目。（工业和信息化部牵头，发展改革委、环境保护部等参与）

严格环境准入。根据流域水质目标和主体功能区规划要求，明确区域环境准入条件，细化功能分区，实施差别化环境准入政策。建立水资源、水环境承载能力监测评价体系，实行承载能力监测预警，已超过承载能力的地区要实施水污染物削减方案，加快调整发展规划和产业结构。到2020年，组织完成市、县域水资源、水环境承载能力现状评价。（环境保护部牵头，住房城乡建设部、水利部、海洋局等参与）

（六）优化空间布局。合理确定发展布局、结构和规模。充分考虑水资源、水环境承载能力，以水定城、以水定地、以水定人、以水定产。重大项目原则上布局在优化开发区和重点开发区，并符合城乡规划和土地利用总体规划。鼓励发展节水高效现代农业、低耗水高新技术产业以及生态保护型旅游业，严格控制缺水地区、水污染严重地区和敏感区域高耗水、高污染行业发展，新建、改建、扩建重点行业建设项目实行主要污染物排放减量置换。七大重点流域干流沿岸，要严格控制石油加工、化学原料和化学制品制造、医药制造、化学纤维制造、有色金属冶炼、纺织印染等项目环境风险，合理布局生产装置及危险化学品仓储等设施。（发展改革委、工业和信息化部牵头，国土资源部、环境保护部、住房城乡建设部、水利部等参与）

推动污染企业退出。城市建成区内现有钢铁、有色金属、造纸、印染、原料药制造、化工等污染较重的企业应有序搬迁改造或依法关闭。（工业和信息化部牵头，环境保护部等参与）

积极保护生态空间。严格城市规划蓝线管理，城市规划区范围内应保留一定比例的水域面积。新建项目一律不得违规占用水域。严格水域岸线用途管制，土地开发利用应按照有关法律法规和技术标准要求，留足河道、湖泊和滨海地带的管理和保护范围，非法挤占的应限期退出。（国土资源部、住房城乡建设部牵头，环境保护部、水利部、海洋局等参与）

（七）推进循环发展。加强工业水循环利用。推进矿井水综合利用，煤炭矿区的补充用水、周边地区生产和生态用水应优先使用矿井水，加强洗煤废水循环利用。鼓励钢铁、纺织印染、造纸、石油石化、化工、制革等高耗水企业废水深度处理回用。（发展改革委、工业和信息化部牵头，水利部、能源局等参与）

促进再生水利用。以缺水及水污染严重地区城市为重点，完善再生水利用设施，工业生产、城市绿化、道路清扫、车辆冲洗、建筑施工以及生态景观等用水，要优先使用再生水。推进高速公路服务区污水处理和利用。具备使用再生水条件但未充分利用的钢铁、火电、化工、制浆造纸、印染等项目，不得批准其新增取水许可。自2018年起，单体建筑面积超过2万平方米的新建公共建筑，北京市2万平方米、天津市5万平方米、河北省10万平方米以上集中新建的保障性住房，应安装建筑中水设施。积极推动其他新建住房安装建筑中水设施。到2020年，缺水城市再生水利用率达到20%以上，京津冀区域达到30%以上。（住房城乡建设部牵头，发展改革委、工业和信息化部、环境保护部、交通运输部、水利部等参与）

推动海水利用。在沿海地区电力、化工、石化等行业，推行直接利用海水作为循环冷却等工业用水。在有条件的城市，加快推进淡化海水作为生活用水补充水源。（发展改革委牵头，工业和信息化部、住房城乡建设部、水利部、海洋局等参与）

三、着力节约保护水资源

（八）控制用水总量。实施最严格水资源管理。健全取用水总量控制指标体系。加强相关规划和项目建设布局水资源论证工作，国民经济和社会发展规划以及城市总体规划的编制、重大建设项目的布局，应充分考虑当地水资源条件和防洪要求。对取用水总量已达到或超过控制指标的地区，暂停审批其建设项目新增取水许可。对纳入取水许可管理的单位和其他用水大户实行计划用水管理。新建、改建、扩建项目用水要达到行业先进水平，节水设施应与主体工程同时设计、同时施工、同时投运。建立重点监控用水单位名录。到 2020 年，全国用水总量控制在 6700 亿立方米以内。（水利部牵头，发展改革委、工业和信息化部、住房城乡建设部、农业部等参与）

严控地下水超采。在地面沉降、地裂缝、岩溶塌陷等地质灾害易发区开发利用地下水，应进行地质灾害危险性评估。严格控制开采深层承压水，地热水、矿泉水开发应严格实行取水许可和采矿许可。依法规范机井建设管理，排查登记已建机井，未经批准的和公共供水管网覆盖范围内的自备水井，一律予以关闭。编制地面沉降区、海水入侵区等区域地下水压采方案。开展华北地下水超采区综合治理，超采区内禁止工农业生产及服务业新增取用地下水。京津冀区域实施土地整治、农业开发、扶贫等农业基础设施项目，不得以配套打井为条件。2017 年底前，完成地下水禁采区、限采区和地面沉降控制区范围划定工作，京津冀、长三角、珠三角等区域提前一年完成。（水利部、国土资源部牵头，发展改革委、工业和信息化部、财政部、住房城乡建设部、农业部等参与）

（九）提高用水效率。建立万元国内生产总值水耗指标等用水效率评估体系，把节水目标任务完成情况纳入地方政府政绩考核。将再生水、雨水和微咸水等非常规水源纳入水资源统一配置。到2020年，全国万元国内生产总值用水量、万元工业增加值用水量比2013年分别下降35%、30%以上。（水利部牵头，发展改革委、工业和信息化部、住房城乡建设部等参与）

抓好工业节水。制定国家鼓励和淘汰的用水技术、工艺、产品和设备目录，完善高耗水行业取用水定额标准。开展节水诊断、水平衡测试、用水效率评估，严格用水定额管理。到2020年，电力、钢铁、纺织、造纸、石油石化、化工、食品发酵等高耗水行业达到先进定额标准。（工业和信息化部、水利部牵头，发展改革委、住房城乡建设部、质检总局等参与）

加强城镇节水。禁止生产、销售不符合节水标准的产品、设备。公共建筑必须采用节水器具，限期淘汰公共建筑中不符合节水标准的水嘴、便器水箱等生活用水器具。鼓励居民家庭选用节水器具。对使用超过50年和材质落后的供水管网进行更新改造，到2017年，全国公共供水管网漏损率控制在12%以内；到2020年，控制在10%以内。积极推行低影响开发建设模式，建设滞、渗、蓄、用、排相结合的雨水收集利用设施。新建城区硬化地面，可渗透面积要达到40%以上。到2020年，地级及以上缺水城市全部达到国家节水型城市标准要求，京津冀、长三角、珠三角等区域提前一年完成。（住房城乡建设部牵头，发展改革委、工业和信息化部、水利部、质检总局等参与）

发展农业节水。推广渠道防渗、管道输水、喷灌、微灌等节水灌溉技术，完善灌溉用水计量设施。在东北、西北、黄淮海等区域，推进规模化高效节水灌溉，推广农作物节水抗旱技术。到2020年，大型灌区、重点中型灌区续建配套和节水改造任务基本完成，全国节水灌溉工程面积达到7亿亩左右，农田灌溉水有效利用系数达到0.55以上。（水利部、农业部牵头，发展改革委、财政部等参与）

（十）科学保护水资源。完善水资源保护考核评价体系。加强水功能区监督管理，从严核定水域纳污能力。（水利部牵头，发展改革委、环境保护部等参与）

加强江河湖库水量调度管理。完善水量调度方案。采取闸坝联合调度、生态补水等措施，合理安排闸坝下泄水量和泄流时段，维持河湖基本生态用水需求，

重点保障枯水期生态基流。加大水利工程建设力度，发挥好控制性水利工程在改善水质中的作用。（水利部牵头，环境保护部参与）

科学确定生态流量。在黄河、淮河等流域进行试点，分期分批确定生态流量（水位），作为流域水量调度的重要参考。（水利部牵头，环境保护部参与）

四、强化科技支撑

（十一）推广示范适用技术。加快技术成果推广应用，重点推广饮用水净化、节水、水污染治理及循环利用、城市雨水收集利用、再生水安全回用、水生态修复、畜禽养殖污染防治等适用技术。完善环保技术评价体系，加强国家环保科技成果共享平台建设，推动技术成果共享与转化。发挥企业的技术创新主体作用，推动水处理重点企业与科研院所、高等学校组建产学研技术创新战略联盟，示范推广控源减排和清洁生产先进技术。（科技部牵头，发展改革委、工业和信息化部、环境保护部、住房城乡建设部、水利部、农业部、海洋局等参与）

（十二）攻关研发前瞻技术。整合科技资源，通过相关国家科技计划（专项、基金）等，加快研发重点行业废水深度处理、生活污水低成本高标准处理、海水淡化和工业高盐废水脱盐、饮用水微量有毒污染物处理、地下水污染修复、危险化学品事故和水上溢油应急处置等技术。开展有机物和重金属等水环境基准、水污染对人体健康影响、新型污染物风险评价、水环境损害评估、高品质再生水补充饮用水水源等研究。加强水生态保护、农业面源污染防治、水环境监控预警、水处理工艺技术装备等领域的国际交流合作。（科技部牵头，发展改革委、工业和信息化部、国土资源部、环境保护部、住房城乡建设部、水利部、农业部、卫生计生委等参与）

（十三）大力发展环保产业。规范环保产业市场。对涉及环保市场准入、经营行为规范的法规、规章和规定进行全面梳理，废止妨碍形成全国统一环保市场和公平竞争的规定和做法。健全环保工程设计、建设、运营等领域招投标管理办法和技术标准。推进先进适用的节水、治污、修复技术和装备产业化发展。（发展改革委牵头，科技部、工业和信息化部、财政部、环境保护部、住房城乡建设

部、水利部、海洋局等参与）

加快发展环保服务业。明确监管部门、排污企业和环保服务公司的责任和义务，完善风险分担、履约保障等机制。鼓励发展包括系统设计、设备成套、工程施工、调试运行、维护管理的环保服务总承包模式、政府和社会资本合作模式等。以污水、垃圾处理和工业园区为重点，推行环境污染第三方治理。（发展改革委、财政部牵头，科技部、工业和信息化部、环境保护部、住房城乡建设部等参与）

五、充分发挥市场机制作用

（十四）理顺价格税费。加快水价改革。县级及以上城市应于2015年底前全面实行居民阶梯水价制度，具备条件的建制镇也要积极推进。2020年底前，全面实行非居民用水超定额、超计划累进加价制度。深入推进农业水价综合改革。（发展改革委牵头，财政部、住房城乡建设部、水利部、农业部等参与）

完善收费政策。修订城镇污水处理费、排污费、水资源费征收管理办法，合理提高征收标准，做到应收尽收。城镇污水处理收费标准不应低于污水处理和污泥处理处置成本。地下水水资源费征收标准应高于地表水，超采地区地下水水资源费征收标准应高于非超采地区。（发展改革委、财政部牵头，环境保护部、住房城乡建设部、水利部等参与）

健全税收政策。依法落实环境保护、节能节水、资源综合利用等方面税收优惠政策。对国内企业为生产国家支持发展的大型环保设备，必需进口的关键零部件及原材料，免征关税。加快推进环境保护税立法、资源税税费改革等工作。研究将部分高耗能、高污染产品纳入消费税征收范围。（财政部、税务总局牵头，发展改革委、工业和信息化部、商务部、海关总署、质检总局等参与）

（十五）促进多元融资。引导社会资本投入。积极推动设立融资担保基金，推进环保设备融资租赁业务发展。推广股权、项目收益权、特许经营权、排污权等质押融资担保。采取环境绩效合同服务、授予开发经营权益等方式，鼓励社会资本加大水环境保护投入。（人民银行、发展改革委、财政部牵头，环境保护部、

住房城乡建设部、银监会、证监会、保监会等参与）

增加政府资金投入。中央财政加大对属于中央事权的水环境保护项目支持力度，合理承担部分属于中央和地方共同事权的水环境保护项目，向欠发达地区和重点地区倾斜；研究采取专项转移支付等方式，实施"以奖代补"。地方各级人民政府要重点支持污水处理、污泥处理处置、河道整治、饮用水水源保护、畜禽养殖污染防治、水生态修复、应急清污等项目和工作。对环境监管能力建设及运行费用分级予以必要保障。（财政部牵头，发展改革委、环境保护部等参与）

（十六）建立激励机制。健全节水环保"领跑者"制度。鼓励节能减排先进企业、工业集聚区用水效率、排污强度等达到更高标准，支持开展清洁生产、节约用水和污染治理等示范。（发展改革委牵头，工业和信息化部、财政部、环境保护部、住房城乡建设部、水利部等参与）

推行绿色信贷。积极发挥政策性银行等金融机构在水环境保护中的作用，重点支持循环经济、污水处理、水资源节约、水生态环境保护、清洁及可再生能源利用等领域。严格限制环境违法企业贷款。加强环境信用体系建设，构建守信激励与失信惩戒机制，环保、银行、证券、保险等方面要加强协作联动，于2017年底前分级建立企业环境信用评价体系。鼓励涉重金属、石油化工、危险化学品运输等高环境风险行业投保环境污染责任保险。（人民银行牵头，工业和信息化部、环境保护部、水利部、银监会、证监会、保监会等参与）

实施跨界水环境补偿。探索采取横向资金补助、对口援助、产业转移等方式，建立跨界水环境补偿机制，开展补偿试点。深化排污权有偿使用和交易试点。（财政部牵头，发展改革委、环境保护部、水利部等参与）

六、严格环境执法监管

（十七）完善法规标准。健全法律法规。加快水污染防治、海洋环境保护、排污许可、化学品环境管理等法律法规制修订步伐，研究制定环境质量目标管理、环境功能区划、节水及循环利用、饮用水水源保护、污染责任保险、水功能区监督管理、地下水管理、环境监测、生态流量保障、船舶和陆源污染防治等法律法规。各地可结合实际，研究起草地方性水污染防治法规。（法制办牵头，发展改革委、工业和信息化部、国土资源部、环境保护部、住房城乡建设部、交通运输部、水利部、农业部、卫生计生委、保监会、海洋局等参与）

完善标准体系。制修订地下水、地表水和海洋等环境质量标准，城镇污水处理、污泥处理处置、农田退水等污染物排放标准。健全重点行业水污染物特别排放限值、污染防治技术政策和清洁生产评价指标体系。各地可制定严于国家标准的地方水污染物排放标准。（环境保护部牵头，发展改革委、工业和信息化部、国土资源部、住房城乡建设部、水利部、农业部、质检总局等参与）

（十八）加大执法力度。所有排污单位必须依法实现全面达标排放。逐一排查工业企业排污情况，达标企业应采取措施确保稳定达标；对超标和超总量的企业予以"黄牌"警示，一律限制生产或停产整治；对整治仍不能达到要求且情节严重的企业予以"红牌"处罚，一律停业、关闭。自2016年起，定期公布环保"黄牌"、"红牌"企业名单。定期抽查排污单位达标排放情况，结果向社会公布。（环境保护部负责）

完善国家督查、省级巡查、地市检查的环境监督执法机制，强化环保、公安、监察等部门和单位协作，健全行政执法与刑事司法衔接配合机制，完善案件移送、受理、立案、通报等规定。加强对地方人民政府和有关部门环保工作的监督，研究建立国家环境监察专员制度。（环境保护部牵头，工业和信息化部、公安部、中央编办等参与）

严厉打击环境违法行为。重点打击私设暗管或利用渗井、渗坑、溶洞排放、倾倒含有毒有害污染物废水、含病原体污水，监测数据弄虚作假，不正常使用水污染物处理设施，或者未经批准拆除、闲置水污染物处理设施等环境违法行为。对造成生态损害的责任者严格落实赔偿制度。严肃查处建设项目环境影响评价领域越权审批、未批先建、边批边建、久试不验等违法违规行为。对构成犯罪的，要依法追究刑事责任。（环境保护部牵头，公安部、住房城乡建设部等参与）

（十九）提升监管水平。完善流域协作机制。健全跨部门、区域、流域、海域水环境保护议事协调机制，发挥环境保护区域督查派出机构和流域水资源保护机构作用，探索建立陆海统筹的生态系统保护修复机制。流域上下游各级政府、各部门之间要加强协调配合、定期会商，实施联合监测、联合执法、应急联动、信息共享。京津冀、长三角、珠三角等区域要于 2015 年底前建立水污染防治联动协作机制。建立严格监管所有污染物排放的水环境保护管理制度。（环境保护部牵头，交通运输部、水利部、农业部、海洋局等参与）

完善水环境监测网络。统一规划设置监测断面（点位）。提升饮用水水源水质全指标监测、水生生物监测、地下水环境监测、化学物质监测及环境风险防控技术支撑能力。2017 年底前，京津冀、长三角、珠三角等区域、海域建成统一的水环境监测网。（环境保护部牵头，发展改革委、国土资源部、住房城乡建设部、交通运输部、水利部、农业部、海洋局等参与）

提高环境监管能力。加强环境监测、环境监察、环境应急等专业技术培训，严格落实执法、监测等人员持证上岗制度，加强基层环保执法力量，具备条件的乡镇（街道）及工业园区要配备必要的环境监管力量。各市、县应自 2016 年起实行环境监管网格化管理。（环境保护部负责）

七、切实加强水环境管理

（二十）强化环境质量目标管理。明确各类水体水质保护目标，逐一排查达标状况。未达到水质目标要求的地区要制定达标方案，将治污任务逐一落实到汇水范围内的排污单位，明确防治措施及达标时限，方案报上一级人民政府备案，自 2016 年起，定期向社会公布。对水质不达标的区域实施挂牌督办，必要时采取区域限批等措施。（环境保护部牵头，水利部参与）

（二十一）深化污染物排放总量控制。完善污染物统计监测体系，将工业、城镇生活、农业、移动源等各类污染源纳入调查范围。选择对水环境质量有突出影响的总氮、总磷、重金属等污染物，研究纳入流域、区域污染物排放总量控制约束性指标体系。（环境保护部牵头，发展改革委、工业和信息化部、住房城乡建设部、水利部、农业部等参与）

（二十二）严格环境风险控制。防范环境风险。定期评估沿江河湖库工业企业、工业集聚区环境和健康风险，落实防控措施。评估现有化学物质环境和健康风险，2017 年底前公布优先控制化学品名录，对高风险化学品生产、使用进行严格限制，并逐步淘汰替代。（环境保护部牵头，工业和信息化部、卫生计生委、安全监管总局等参与）

稳妥处置突发水环境污染事件。地方各级人民政府要制定和完善水污染事故处置应急预案，落实责任主体，明确预警预报与响应程序、应急处置及保障措施等内容，依法及时公布预警信息。（环境保护部牵头，住房城乡建设部、水利部、农业部、卫生计生委等参与）

（二十三）全面推行排污许可。依法核发排污许可证。2015 年底前，完成国控重点污染源及排污权有偿使用和交易试点地区污染源排污许可证的核发工作，其他污染源于 2017 年底前完成。（环境保护部负责）

加强许可证管理。以改善水质、防范环境风险为目标，将污染物排放种类、浓度、总量、排放去向等纳入许可证管理范围。禁止无证排污或不按许可证规定排污。强化海上排污监管，研究建立海上污染排放许可证制度。2017 年底前，完成全国排污许可证管理信息平台建设。（环境保护部牵头，海洋局参与）

八、全力保障水生态环境安全

（二十四）保障饮用水水源安全。从水源到水龙头全过程监管饮用水安全。地方各级人民政府及供水单位应定期监测、检测和评估本行政区域内饮用水水源、供水厂出水和用户水龙头水质等饮水安全状况，地级及以上城市自 2016 年起每季度向社会公开。自 2018 年起，所有县级及以上城市饮水安全状况信息都要向社会公开。（环境保护部牵头，发展改革委、财政部、住房城乡建设部、水利部、卫生计生委等参与）

强化饮用水水源环境保护。开展饮用水水源规范化建设，依法清理饮用水水源保护区内违法建筑和排污口。单一水源供水的地级及以上城市应于 2020 年底前基本完成备用水源或应急水源建设，有条件的地方可以适当提前。加强农村饮用水水源保护和水质检测。（环境保护部牵头，发展改革委、财政部、住房城乡

建设部、水利部、卫生计生委等参与）

防治地下水污染。定期调查评估集中式地下水型饮用水水源补给区等区域环境状况。石化生产存贮销售企业和工业园区、矿山开采区、垃圾填埋场等区域应进行必要的防渗处理。加油站地下油罐应于 2017 年底前全部更新为双层罐或完成防渗池设置。报废矿井、钻井、取水井应实施封井回填。公布京津冀等区域内环境风险大、严重影响公众健康的地下水污染场地清单，开展修复试点。（环境保护部牵头，财政部、国土资源部、住房城乡建设部、水利部、商务部等参与）

（二十五）深化重点流域污染防治。编制实施七大重点流域水污染防治规划。研究建立流域水生态环境功能分区管理体系。对化学需氧量、氨氮、总磷、重金属及其他影响人体健康的污染物采取针对性措施，加大整治力度。汇入富营养化湖库的河流应实施总氮排放控制。到 2020 年，长江、珠江总体水质达到优良，松花江、黄河、淮河、辽河在轻度污染基础上进一步改善，海河污染程度得到缓解。三峡库区水质保持良好，南水北调、引滦入津等调水工程确保水质安全。太湖、巢湖、滇池富营养化水平有所好转。白洋淀、乌梁素海、呼伦湖、艾比湖等湖泊污染程度减轻。环境容量较小、生态环境脆弱，环境风险高的地区，应执行水污染物特别排放限值。各地可根据水环境质量改善需要，扩大特别排放限值实施范围。（环境保护部牵头，发展改革委、工业和信息化部、财政部、住房城乡建设部、水利部等参与）

加强良好水体保护。对江河源头及现状水质达到或优于Ⅲ类的江河湖库开展生态环境安全评估，制定实施生态环境保护方案。东江、滦河、千岛湖、南四湖等流域于 2017 年底前完成。浙闽片河流、西南诸河、西北诸河及跨界水体水质保持稳定。（环境保护部牵头，外交部、发展改革委、财政部、水利部、林业局等参与）

（二十六）加强近岸海域环境保护。实施近岸海域污染防治方案。重点整治黄河口、长江口、闽江口、珠江口、辽东湾、渤海湾、胶州湾、杭州湾、北部湾等河口海湾污染。沿海地级及以上城市实施总氮排放总量控制。研究建立重点海域排污总量控制制度。规范入海排污口设置，2017 年底前全面清理非法或设置不合理的入海排污口。到 2020 年，沿海省（区、市）入海河流基本消除劣于 V 类的水体。提高涉海项目准入门槛。（环境保护部、海洋局牵头，发展改革委、工业和信息化部、财政部、住房城乡建设部、交通运输部、农业部等参与）

推进生态健康养殖。在重点河湖及近岸海域划定限制养殖区。实施水产养殖池塘、近海养殖网箱标准化改造，鼓励有条件的渔业企业开展海洋离岸养殖和集约化养殖。积极推广人工配合饲料，逐步减少冰鲜杂鱼饲料使用。加强养殖投入品管理，依法规范、限制使用抗生素等化学药品，开展专项整治。到 2015 年，海水养殖面积控制在 220 万公顷左右。（农业部负责）

严格控制环境激素类化学品污染。2017 年底前完成环境激素类化学品生产使用情况调查，监控评估水源地、农产品种植区及水产品集中养殖区风险，实施环境激素类化学品淘汰、限制、替代等措施。（环境保护部牵头，工业和信息化部、农业部等参与）

（二十七）整治城市黑臭水体。采取控源截污、垃圾清理、清淤疏浚、生态修复等措施，加大黑臭水体治理力度，每半年向社会公布治理情况。地级及以上城市建成区应于 2015 年底前完成水体排查，公布黑臭水体名称、责任人及达标期限；于 2017 年底前实现河面无大面积漂浮物，河岸无垃圾，无违法排污口；于 2020 年底前完成黑臭水体治理目标。直辖市、省会城市、计划单列市建成区要于 2017 年底前基本消除黑臭水体。（住房城乡建设部牵头，环境保护部、水利部、农业部等参与）

（二十八）保护水和湿地生态系统。加强河湖水生态保护，科学划定生态保护红线。禁止侵占自然湿地等水源涵养空间，已侵占的要限期予以恢复。强化水源涵养林建设与保护，开展湿地保护与修复，加大退耕还林、还草、还湿力度。加强滨河（湖）带生态建设，在河道两侧建设植被缓冲带和隔离带。加大水生野生动植物类自然保护区和水产种质资源保护区保护力度，开展珍稀濒危水生生物和重要水产种质资源的就地和迁地保护，提高水生生物多样性。2017 年底前，制定实施七大重点流域水生生物多样性保护方案。（环境保护

部、林业局牵头，财政部、国土资源部、住房城乡建设部、水利部、农业部等参与）

保护海洋生态。加大红树林、珊瑚礁、海草床等滨海湿地、河口和海湾典型生态系统，以及产卵场、索饵场、越冬场、洄游通道等重要渔业水域的保护力度，实施增殖放流，建设人工鱼礁。开展海洋生态补偿及赔偿等研究，实施海洋生态修复。认真执行围填海管制计划，严格围填海管理和监督，重点海湾、海洋自然保护区的核心区及缓冲区、海洋特别保护区的重点保护区及预留区、重点河口区域、重要滨海湿地区域、重要砂质岸线及沙源保护海域、特殊保护海岛及重要渔业海域禁止实施围填海，生态脆弱敏感区、自净能力差的海域严格限制围填海。严肃查处违法围填海行为，追究相关人员责任。将自然海岸线保护纳入沿海地方政府政绩考核。到2020年，全国自然岸线保有率不低于35%（不包括海岛岸线）。（环境保护部、海洋局牵头，发展改革委、财政部、农业部、林业局等参与）

九、明确和落实各方责任

（二十九）强化地方政府水环境保护责任。各级地方人民政府是实施本行动计划的主体，要于2015年底前分别制定并公布水污染防治工作方案，逐年确定分流域、分区域、分行业的重点任务和年度目标。要不断完善政策措施，加大资金投入，统筹城乡水污染治理，强化监管，确保各项任务全面完成。各省（区、市）工作方案报国务院备案。（环境保护部牵头，发展改革委、财政部、住房城乡建设部、水利部等参与）

（三十）加强部门协调联动。建立全国水污染防治工作协作机制，定期研究解决重大问题。各有关部门要认真按照职责分工，切实做好水污染防治相关工作。环境保护部要加强统一指导、协调和监督，工作进展及时向国务院报告。（环境保护部牵头，发展改革委、科技部、工业和信息化部、财政部、住房城乡建设部、水利部、农业部、海洋局等参与）

（三十一）落实排污单位主体责任。各类排污单位要严格执行环保法律法规和制度，加强污染治理设施建设和运行管理，开展自行监测，落实治污减排、环境风险防范等责任。中央企业和国有企业要带头落实，工业集聚区内的企业要探索建立环保自律机制。（环境保护部牵头，国资委参与）

（三十二）严格目标任务考核。国务院与各省（区、市）人民政府签订水污染防治目标责任书，分解落实目标任务，切实落实"一岗双责"。每年分流域、分区域、分海域对行动计划实施情况进行考核，考核结果向社会公布，并作为对领导班子和领导干部综合考核评价的重要依据。（环境保护部牵头，中央组织部参与）

将考核结果作为水污染防治相关资金分配的参考依据。（财政部、发展改革委牵头，环境保护部参与）

对未通过年度考核的，要约谈省级人民政府及其相关部门有关负责人，提出整改意见，予以督促；对有关地区和企业实施建设项目环评限批。对因工作不力、履职缺位等导致未能有效应对水环境污染事件的，以及干预、伪造数据和没有完成年度目标任务的，要依法依纪追究有关单位和人员责任。对不顾生态环境盲目决策，导致水环境质量恶化，造成严重后果的领导干部，要记录在案，视情节轻重，给予组织处理或党纪政纪处分，已经离任的也要终身追究责任。（环境保护部牵头，监察部参与）

十、强化公众参与和社会监督

（三十三）依法公开环境信息。综合考虑水环境质量及达标情况等因素，国家每年公布最差、最好的 10 个城市名单和各省（区、市）水环境状况。对水环境状况差的城市，经整改后仍达不到要求的，取消其环境保护模范城市、生态文明建设示范区、节水型城市、园林城市、卫生城市等荣誉称号，并向社会公告。（环境保护部牵头，发展改革委、住房城乡建设部、水利部、卫生计生委、海洋局等参与）

各省（区、市）人民政府要定期公布本行政区域内各地级市（州、盟）水环境质量状况。国家确定的重点排污单位应依法向社会公开其产生的主要污染物名称、排放方式、排放浓度和总量、超标排放情况，以及污染防治设施的建设和运行情况，主动接受监督。研究发布工业集聚区环境友好指数、重点行业污染物排放强度、城市环境友好指数等信息。（环境保护部牵头，发展改革委、工业和信息化部等参与）

（三十四）加强社会监督。为公众、社会组织提供水污染防治法规培训和咨询，邀请其全程参与重要环保执法行动和重大水污染事件调查。公开曝光环境违法典型案件。健全举报制度，充分发挥"12369"环保举报热线和网络平台作用。限期办理群众举报投诉的环境问题，一经查实，可给予举报人奖励。通过公开听证、网络征集等形式，充分听取公众对重大决策和建设项目的意见。积极推行环境公益诉讼。（环境保护部负责）

（三十五）构建全民行动格局。树立"节水洁水，人人有责"的行为准则。加强宣传教育，把水资源、水环境保护和水情知识纳入国民教育体系，提高公众对经济社会发展和环境保护客观规律的认识。依托全国中小学节水教育、水土保持教育、环境教育等社会实践基地，开展环保社会实践活动。支持民间环保机构、志愿者开展工作。倡导绿色消费新风尚，开展环保社区、学校、家庭等群众性创建活动，推动节约用水，鼓励购买使用节水产品和环境标志产品。（环境保护部牵头，教育部、住房城乡建设部、水利部等参与）

我国正处于新型工业化、信息化、城镇化和农业现代化快速发展阶段，水污染防治任务繁重艰巨。各地区、各有关部门要切实处理好经济社会发展和生态文明建设的关系，按照"地方履行属地责任、部门强化行业管理"的要求，明确执法主体和责任主体，做到各司其职，恪尽职守，突出重点，综合整治，务求实效，以抓铁有痕、踏石留印的精神，依法依规狠抓贯彻落实，确保全国水环境治理与保护目标如期实现，为实现"两个一百年"奋斗目标和中华民族伟大复兴中国梦作出贡献。

国务院关于实行最严格水资源管理制度的意见

国发〔2012〕3号

各省、自治区、直辖市人民政府，国务院各部委、各直属机构：

水是生命之源、生产之要、生态之基，人多水少、水资源时空分布不均是我国的基本国情和水情。当前我国水资源面临的形势十分严峻，水资源短缺、水污染严重、水生态环境恶化等问题日益突出，已成为制约经济社会可持续发展的主要瓶颈。为贯彻落实好中央水利工作会议和《中共中央　国务院关于加快水利改革发展的决定》（中发〔2011〕1号）的要求，现就实行最严格水资源管理制度提出以下意见：

一、总体要求

（一）指导思想。深入贯彻落实科学发展观，以水资源配置、节约和保护为重点，强化用水需求和用水过程管理，通过健全制度、落实责任、提高能力、强化监管，严格控制用水总量，全面提高用水效率，严格控制入河湖排污总量，加快节水型社会建设，促进水资源可持续利用和经济发展方式转变，推动经济社会发展与水资源水环境承载能力相协调，保障经济社会长期平稳较快发展。

（二）基本原则。坚持以人为本，着力解决人民群众最关心最直接最现实的水资源问题，保障饮水安全、供水安全和生态安全；坚持人水和谐，尊重自然规律和经济社会发展规律，处理好水资源开发与保护关系，以水定需、量水而行、因水制宜；坚持统筹兼顾，协调好生活、生产和生态用水，协调好上下游、左右岸、干支流、地表水和地下水关系；坚持改革创新，完善水资源管理体制和机制，改进管理方式和方法；坚持因地制宜，实行分类指导，注重制度实施的可行性和有效性。

（三）主要目标。

确立水资源开发利用控制红线，到 2030 年全国用水总量控制在 7000 亿立方米以内；确立用水效率控制红线，到 2030 年用水效率达到或接近世界先进水平，万元工业增加值用水量（以 2000 年不变价计，下同）降低到 40 立方米以下，农田灌溉水有效利用系数提高到 0.6 以上；确立水功能区限制纳污红线，到 2030 年主要污染物入河湖总量控制在水功能区纳污能力范围之内，水功能区水质达标率提高到 95% 以上。

为实现上述目标，到 2015 年，全国用水总量力争控制在 6350 亿立方米以内；万元工业增加值用水量比 2010 年下降 30% 以上；农田灌溉水有效利用系数提高到 0.53 以上；重要江河湖泊水功能区水质达标率提高到 60% 以上。到 2020 年，全国用水总量力争控制在 6700 亿立方米以内；万元工业增加值用水量降低到 65 立方米以下，农田灌溉水有效利用系数提高到 0.55 以上；重要江河湖泊水功能区水质达标率提高到 80% 以上，城镇供水水源地水质全面达标。

二、加强水资源开发利用控制红线管理，严格实行用水总量控制

（四）严格规划管理和水资源论证。开发利用水资源，应当符合主体功能区的要求，按照流域和区域统一制定规划，充分发挥水资源的多种功能和综合效益。建设水工程，必须符合流域综合规划和防洪规划，由有关水行政主管部门或流域管理机构按照管理权限进行审查并签署意见。加强相关规划和项目建设布局水资源论证工作，国民经济和社会发展规划以及城市总体规划的编制、重大建设项目的布局，应当与当地水资源条件和防洪要求相适应。严格执行建设项目水资源论证制度，对未依法完成水资源论证工作的建设项目，审批机关不予批准，建设单位不得擅自开工建设和投产使用，对违反规定的，一律责令停止。

（五）严格控制流域和区域取用水总量。加快制定主要江河流域水量分配方案，建立覆盖流域和省市县三级行政区域的取用水总量控制指标体系，实施流域和区域取用水总量控制。各省、自治区、直辖市要按照江河流域水量分配方案或取用水总量控制指标，制定年度用水计划，依法对本行政区域内的年度用水实行总量管理。建立健全水权制度，积极培育水市场，鼓励开展水权交易，运用市场机制合理配置水资源。

（六）严格实施取水许可。严格规范取水许可审批管理，对取用水总量已达到或超过控制指标的地区，暂停审批建设项目新增取水；对取用水总量接近控制指标的地区，限制审批建设项目新增取水。对不符合国家产业政策或列入国家产业结构调整指导目录中淘汰类的，产品不符合行业用水定额标准的，在城市公共供水管网能够满足用水需要却通过自备取水设施取用地下水的，以及地下水已严重超采的地区取用地下水的建设项目取水申请，审批机关不予批准。

（七）严格水资源有偿使用。合理调整水资源费征收标准，扩大征收范围，严格水资源费征收、使用和管理。各省、自治区、直辖市要抓紧完善水资源费征收、使用和管理的规章制度，严格按照规定的征收范围、对象、标准和程序征收，确保应收尽收，任何单位和个人不得擅自减免、缓征或停征水资源费。水资源费主要用于水资源节约、保护和管理，严格依法查处挤占挪用水资源费的行为。

（八）严格地下水管理和保护。加强地下水动态监测，实行地下水取用水总量控制和水位控制。各省、自治区、直辖市人民政府要尽快核定并公布地下水禁采和限采范围。在地下水超采区，禁止农业、工业建设项目和服务业新增取用地下水，并逐步削减超采量，实现地下水采补平衡。深层承压地下水原则上只能作为应急和战略储备水源。依法规范机井建设审批管理，限期关闭在城市公共供水管网覆盖范围内的自备水井。抓紧编制并实施全国地下水利用与保护规划以及南水北调东中线受水区、地面沉降区、海水入侵区地下水压采方案，逐步削减开采量。

（九）强化水资源统一调度。流域管理机构和县级以上地方人民政府水行政主管部门要依法制订和完善水资源调度方案、应急调度预案和调度计划，对水资源实行统一调度。区域水资源调度应当服从流域水资源统一调度，水力发电、供水、航运等调度应当服从流域水资源统一调度。水资源调度方案、应急调度预案和调度计划一经批准，有关地方人民政府和部门等必须服从。

三、加强用水效率控制红线管理，全面推进节水型社会建设

（十）全面加强节约用水管理。各级人民政府要切实履行推进节水型社会建设的责任，把节约用水贯穿于经济社会发展和群众生活生产全过程，建立健全有利于节约用水的体制和机制。稳步推进水价改革。各项引水、调水、取水、供用水工程建设必须首先考虑节水要求。水资源短缺、生态脆弱地区要严格控制城市规模过度扩张，限制高耗水工业项目建设和高耗水服务业发展，遏制农业粗放用水。

（十一）强化用水定额管理。加快制定高耗水工业和服务业用水定额国家标准。各省、自治区、直辖市人民政府要根据用水效率控制红线确定的目标，及时组织修订本行政区域内各行业用水定额。对纳入取水许可管理的单位和其他用水大户实行计划用水管理，建立用水单位重点监控名录，强化用水监控管理。新建、扩建和改建建设项目应制订节水措施方案，保证节水设施与主体工程同时设计、同时施工、同时投产（即"三同时"制度），对违反"三同时"制度的，由县级以上地方人民政府有关部门或流域管理机构责令停止取用水并限期整改。

（十二）加快推进节水技术改造。制定节水强制性标准，逐步实行用水产品用水效率标识管理，禁止生产和销售不符合节水强制性标准的产品。加大农业节水力度，完善和落实节水灌溉的产业支持、技术服务、财政补贴等政策措施，大力发展管道输水、喷灌、微灌等高效节水灌溉。加大工业节水技术改造，建设工业节水示范工程。充分考虑不同工业行业和工业企业的用水状况和节水潜力，合理确定节水目标。有关部门要抓紧制定并公布落后的、耗水量高的用水工艺、设备和产品淘汰名录。加大城市生活节水工作力度，开展节水示范工作，逐步淘汰公共建筑中不符合节水标准的用水设备及产品，大力推广使用生活节水器具，着力降低供水管网漏损率。鼓励并积极发展污水处理回用、雨水和微咸水开发利用、海水淡化和直接利用等非常规水源开发利用。加快城市污水处理回用管网建设，逐步提高城市污水处理回用比例。非常规水源开发利用纳入水资源统一配置。

四、加强水功能区限制纳污红线管理，严格控制入河湖排污总量

（十三）严格水功能区监督管理。完善水功能区监督管理制度，建立水功能区水质达标评价体系，加强水功能区动态监测和科学管理。水功能区布局要服从和服务于所在区域的主体功能定位，符合主体功能区的发展方向和开发原则。从严核定水域纳污容量，严格控制入河湖排污总量。各级人民政府要把限制排污总量作为水污染防治和污染减排工作的重要依据。切实加强水污染防控，加强工业污染源控制，加大主要污染物减排力度，提高城市污水处理率，改善重点流域水环境质量，防治江河湖库富营养化。流域管理机构要加强重要江河湖泊的省界水质水量监测。严格入河湖排污口监督管理，对排污量超出水功能区限排总量的地区，限制审批新增取水和入河湖排污口。

（十四）加强饮用水水源保护。各省、自治区、直辖市人民政府要依法划定饮用水水源保护区，开展重要饮用水水源地安全保障达标建设。禁止在饮用水水源保护区内设置排污口，对已设置的，由县级以上地方人民政府责令限期拆除。县级以上地方人民政府要完善饮用水水源地核准和安全评估制度，公布重要饮用水水源地名录。加快实施全国城市饮用水水源地安全保障规划和农村饮水安全工程规划。加强水土流失治理，防治面源污染，禁止破坏水源涵养林。强化饮用水水源应急管理，完善饮用水水源地突发事件应急预案，建立备用水源。

（十五）推进水生态系统保护与修复。开发利用水资源应维持河流合理流量和湖泊、水库以及地下水的合理水位，充分考虑基本生态用水需求，维护河湖健康生态。编制全国水生态系统保护与修复规划，加强重要生态保护区、水源涵养区、江河源头区和湿地的保护，开展内源污染整治，推进生态脆弱河流和地区水生态修复。研究建立生态用水及河流生态评价指标体系，定期组织开展全国重要河湖健康评估，建立健全水生态补偿机制。

五、保障措施

（十六）建立水资源管理责任和考核制度。要将水资源开发、利用、节约和保护的主要指标纳入地方经济社会发展综合评价体系，县级以上地方人民政府主要负责人对本行政区域水资源管理和保护工作负总责。国务院对各省、自治区、直辖市的主要指标落实情况进行考核，水利部会同有关部门具体组织实施，考核结果交由干部主管部门，作为地方人民政府相关领导干部和相关企业负责人综合考核评价的重要依据。具体考核办法由水利部会同有关部门制订，报国务院批准后实施。有关部门要加强沟通协调，水行政主管部门负责实施水资源的统一监督管理，发展改革、财政、国土资源、环境保护、住房城乡建设、监察、法制等部门按照职责分工，各司其职，密切配合，形成合力，共同做好最严格水资源管理制度的实施工作。

（十七）健全水资源监控体系。抓紧制定水资源监测、用水计量与统计等管理办法，健全相关技术标准体系。加强省界等重要控制断面、水功能区和地下水的水质水量监测能力建设。流域管理机构对省界水量的监测核定数据作为考核有关省、自治区、直辖市用水总量的依据之一，对省界水质的监测核定数据作为考核有关省、自治区、直辖市重点流域水污染防治专项规划实施情况的依据之一。加强取水、排水、入河湖排污口计量监控设施建设，加快建设国家水资源管理系统，逐步建立中央、流域和地方水资源监控管理平台，加快应急机动监测能力建设，全面提高监控、预警和管理能力。及时发布水资源公报等信息。

（十八）完善水资源管理体制。进一步完善流域管理与行政区域管理相结合的水资源管理体制，切实加强流域水资源的统一规划、统一管理和统一调度。强化城乡水资源统一管理，对城乡供水、水资源综合利用、水环境治理和防洪排涝等实行统筹规划、协调实施，促进水资源优化配置。

（十九）完善水资源管理投入机制。各级人民政府要拓宽投资渠道，建立长效、稳定的水资源管理投入机制，保障水资源节约、保护和管理工作经费，对水资源管理系统建设、节水技术推广与应用、地下水超采区治理、水生态系统保护与修复等给予重点支持。中央财政加大对水资源节约、保护和管理的支持力度。

（二十）健全政策法规和社会监督机制。抓紧完善水资源配置、节约、保护和管理等方面的政策法规体系。广泛深入开展基本水情宣传教育，强化社会舆论监督，进一步增强全社会水忧患意识和水资源节约保护意识，形成节约用水、合理用水的良好风尚。大力推进水资源管理科学决策和民主决策，完善公众参与机制，采取多种方式听取各方面意见，进一步提高决策透明度。对在水资源节约、保护和管理中取得显著成绩的单位和个人给予表彰奖励。

国务院

二〇一二年一月十二日

财政部 税务总局 水利部关于印发
《扩大水资源税改革试点实施办法》的通知

财税〔2017〕80号

北京市、天津市、山西省、内蒙古自治区、山东省、河南省、四川省、陕西省、宁夏回族自治区人民政府：

为全面贯彻落实党的十九大精神，推进资源全面节约和循环利用，推动形成绿色发展方式和生活方式，按照党中央、国务院决策部署，自2017年12月1日起在北京、天津、山西、内蒙古、山东、河南、四川、陕西、宁夏等9个省（自治区、直辖市）扩大水资源税改革试点。现将《扩大水资源税改革试点实施办法》印发给你们，请遵照执行。

请你们加强对水资源税改革试点工作的领导，结合实际及时制定具体实施方案，落实工作任务和责任，精心组织、周密安排，确保试点工作顺利进行。要积极探索创新，研究重大政策问题，及时向财政部、税务总局、水利部报告试点工作进展情况。

附件：扩大水资源税改革试点实施办法

财政部 税务总局 水利部

2017年11月24日

附件：

扩大水资源税改革试点实施办法

第一条　为全面贯彻落实党的十九大精神，按照党中央、国务院决策部署，加强水资源管理和保护，促进水资源节约与合理开发利用，制定本办法。

第二条　本办法适用于北京市、天津市、山西省、内蒙古自治区、河南省、山东省、四川省、陕西省、宁夏回族自治区（以下简称试点省份）的水资源税征收管理。

第三条　除本办法第四条规定的情形外，其他直接取用地表水、地下水的单位和个人，为水资源税纳税人，应当按照本办法规定缴纳水资源税。

相关纳税人应当按照《中华人民共和国水法》《取水许可和水资源费征收管理条例》等规定申领取水许可证。

第四条　下列情形，不缴纳水资源税：

（一）农村集体经济组织及其成员从本集体经济组织的水塘、水库中取用水的；

（二）家庭生活和零星散养、圈养畜禽饮用等少量取用水的；

（三）水利工程管理单位为配置或者调度水资源取水的；

（四）为保障矿井等地下工程施工安全和生产安全必须进行临时应急取用（排）水的；

（五）为消除对公共安全或者公共利益的危害临时应急取水的；

（六）为农业抗旱和维护生态与环境必须临时应急取水的。

第五条　水资源税的征税对象为地表水和地下水。

地表水是陆地表面上动态水和静态水的总称，包括江、河、湖泊（含水库）等水资源。

地下水是埋藏在地表以下各种形式的水资源。

第六条　水资源税实行从量计征，除本办法第七条规定的情形外，应纳税额的计算公式为：

应纳税额＝实际取用水量×适用税额

城镇公共供水企业实际取用水量应当考虑合理损耗因素。

疏干排水的实际取用水量按照排水量确定。疏干排水是指在采矿和工程建设过程中破坏地下水层、发生地下涌水的活动。

第七条　水力发电和火力发电贯流式（不含循环式）冷却取用水应纳税额的计算公式为：

应纳税额＝实际发电量×适用税额

火力发电贯流式冷却取用水，是指火力发电企业从江河、湖泊（含水库）等水源取水，并对机组冷却后将水直接排入水源的取用水方式。火力发电循环式冷却取用水，是指火力发电企业从江河、湖泊（含水库）、地下等水源取水并引入自建冷却水塔，对机组冷却后返回冷却水塔循环利用的取用水方式。

第八条　本办法第六条、第七条所称适用税额，是指取水口所在地的适用税额。

第九条　除中央直属和跨省（区、市）水力发电取用水外，由试点省份省级人民政府统筹考虑本地区水资源状况、经济社会发展水平和水资源节约保护要求，在本办法所附《试点省份水资源税最低平均税额表》规定的最低平均税额基础上，分类确定具体适用税额。

试点省份的中央直属和跨省（区、市）水力发电取用水税额为每千瓦时0.005元。跨省（区、市）界河水电站水力发电取用水水资源税税额，与涉及的非试点省份水资源费征收标准不一致的，按较高一方标准执行。

第十条　严格控制地下水过量开采。对取用地下水从高确定税额，同一类型取用水，地下水税额要高于地表水，水资源紧缺地区地下水税额要大幅高于地表水。

超采地区的地下水税额要高于非超采地区，严重超采地区的地下水税额要大幅高于非超采地区。在超采地区和严重超采地区取用地下水的具体适用税额，由试点省份省级人民政府按照非超采地区税额的2—5倍确定。

在城镇公共供水管网覆盖地区取用地下水的，其税额要高于城镇公共供水管网未覆盖地区，原则上要高于当地同类用途的城镇公共供水价格。

除特种行业和农业生产取用水外，对其他取用地下水的纳税人，原则上应当统一税额。试点省份可根据实际情况分步实施到位。

第十一条 对特种行业取用水，从高确定税额。特种行业取用水，是指洗车、洗浴、高尔夫球场、滑雪场等取用水。

第十二条 对超计划（定额）取用水，从高确定税额。

纳税人超过水行政主管部门规定的计划（定额）取用水量，在原税额基础上加征 1—3 倍，具体办法由试点省份省级人民政府确定。

第十三条 对超过规定限额的农业生产取用水，以及主要供农村人口生活用水的集中式饮水工程取用水，从低确定税额。

农业生产取用水，是指种植业、畜牧业、水产养殖业、林业等取用水。

供农村人口生活用水的集中式饮水工程，是指供水规模在 1000 立方米/天或者供水对象 1 万人以上，并由企事业单位运营的农村人口生活用水供水工程。

第十四条 对回收利用的疏干排水和地源热泵取用水，从低确定税额。

第十五条 下列情形，予以免征或者减征水资源税：

（一）规定限额内的农业生产取用水，免征水资源税；

（二）取用污水处理再生水，免征水资源税；

（三）除接入城镇公共供水管网以外，军队、武警部队通过其他方式取用水的，免征水资源税；

（四）抽水蓄能发电取用水，免征水资源税；

（五）采油排水经分离净化后在封闭管道回注的，免征水资源税；

（六）财政部、税务总局规定的其他免征或者减征水资源税情形。

第十六条 水资源税由税务机关依照《中华人民共和国税收征收管理法》和本办法有关规定征收管理。

第十七条 水资源税的纳税义务发生时间为纳税人取用水资源的当日。

第十八条 除农业生产取用水外，水资源税按季或者按月征收，由主管税务机关根据实际情况确定。对超过规定限额的农业生产取用水水资源税可按年征收。不能按固定期限计算纳税的，可以按次申报纳税。

纳税人应当自纳税期满或者纳税义务发生之日起 15 日内申报纳税。

第十九条　除本办法第二十一条规定的情形外，纳税人应当向生产经营所在地的税务机关申报缴纳水资源税。

在试点省份内取用水，其纳税地点需要调整的，由省级财政、税务部门决定。

第二十条　跨省（区、市）调度的水资源，由调入区域所在地的税务机关征收水资源税。

第二十一条　跨省（区、市）水力发电取用水的水资源税在相关省份之间的分配比例，比照《财政部关于跨省区水电项目税收分配的指导意见》（财预〔2008〕84 号）明确的增值税、企业所得税等税收分配办法确定。

试点省份主管税务机关应当按照前款规定比例分配的水力发电量和税额，分别向跨省（区、市）水电站征收水资源税。

跨省（区、市）水力发电取用水涉及非试点省份水资源费征收和分配的，比照试点省份水资源税管理办法执行。

第二十二条　建立税务机关与水行政主管部门协作征税机制。

水行政主管部门应当将取用水单位和个人的取水许可、实际取用水量、超计划（定额）取用水量、违法取水处罚等水资源管理相关信息，定期送交税务机关。

纳税人根据水行政主管部门核定的实际取用水量向税务机关申报纳税。税务机关应当按照核定的实际取用水量征收水资源税，并将纳税人的申报纳税等信息定期送交水行政主管部门。

税务机关定期将纳税人申报信息与水行政主管部门送交的信息进行分析比对。征管过程中发现问题的，由税务机关与水行政主管部门联合进行核查。

第二十三条　纳税人应当安装取用水计量设施。纳税人未按规定安装取用水计量设施或者计量设施不能准确计量取用水量的，按照最大取水（排水）能力或者省级财政、税务、水行政主管部门确定的其他方法核定取用水量。

第二十四条　纳税人和税务机关、水行政主管部门及其工作人员违反本办法规定的，依照《中华人民共和国税收征收管理法》《中华人民共和国水法》等有关法律法规规定追究法律责任。

第二十五条　试点省份开征水资源税后，应当将水资源费征收标准降为零。

第二十六条　水资源税改革试点期间，可按税费平移原则对城镇公共供水征收水资源税，不增加居民生活用水和城镇公共供水企业负担。

第二十七条　水资源税改革试点期间，水资源税收入全部归属试点省份。

第二十八条　水资源税改革试点期间，水行政主管部门相关经费支出由同级财政预算统筹安排和保障。对原有水资源费征管人员，由地方人民政府统筹做好安排。

第二十九条　试点省份省级人民政府根据本办法制定具体实施办法，报财政部、税务总局和水利部备案。

第三十条　水资源税改革试点期间涉及的有关政策，由财政部会同税务总局、水利部等部门研究确定。

第三十一条　本办法自 2017 年 12 月 1 日起实施。

附：试点省份水资源税最低平均税额表

试点省份水资源税最低平均税额表　　　　单位：元／立方米

省（区、市）	地表水最低平均税额	地下水最低平均税额
北京	1.6	4
天津	0.8	4
山西	0.5	2
内蒙古	0.5	2
山东	0.4	1.5
河南	0.4	1.5
四川	0.1	0.2
陕西	0.3	0.7
宁夏	0.3	0.7

发展改革委　水利部关于印发《国家节水行动方案》的通知

发改环资规〔2019〕695号

各省、自治区、直辖市人民政府，中央和国家机关有关部门：

《国家节水行动方案》已经中央全面深化改革委员会审议通过，现印发实施。

发展改革委

水利部

2019年4月15日

国家节水行动方案

为贯彻落实党的十九大精神，大力推动全社会节水，全面提升水资源利用效率，形成节水型生产生活方式，保障国家水安全，促进高质量发展，制定本行动方案。

一、重大意义

水是事关国计民生的基础性自然资源和战略性经济资源，是生态环境的控制性要素。我国人多水少，水资源时空分布不均，供需矛盾突出，全社会节水意识不强、用水粗放、浪费严重，水资源利用效率与国际先进水平存在较大差距，水资源短缺已经成为生态文明建设和经济社会可持续发展的瓶颈制约。要从实现中华民族永续发展和加快生态文明建设的战略高度认识节水的重要性，大力推进农业、工业、城镇等领域节水，深入推动缺水地区节水，提高水资源利用效率，形成全社会节水的良好风尚，以水资源的可持续利用支撑经济社会持续健康发展。

二、总体要求

（一）指导思想。以习近平新时代中国特色社会主义思想为指导，全面贯彻党的十九大和十九届二中、三中全会精神，认真落实党中央、国务院决策部署，统筹推进"五位一体"总体布局和协调推进"四个全面"战略布局，牢固树立和贯彻落实新发展理念，坚持节水优先方针，把节水作为解决我国水资源短缺问题的重要举措，贯穿到经济社会发展全过程和各领域，强化水资源承载能力刚性约束，实行水资源消耗总量和强度双控，落实目标责任，聚焦重点领域和缺水地区，实施重大节水工程，加强监督管理，增强全社会节水意识，大力推动节水制度、政策、技术、机制创新，加快推进用水方式由粗放向节约集约转变，提高用水效率，为建设生态文明和美丽中国、实现"两个一百年"奋斗目标奠定坚实基础。

（二）基本原则

整体推进、重点突破。优化用水结构，多措并举，在各领域、各地区全面推进水资源高效利用，在地下水超采地区、缺水地区、沿海地区率先突破。

技术引领、产业培育。强化科技支撑，推广先进适用节水技术与工艺，加快成果转化，推进节水技术装备产品研发及产业化，大力培育节水产业。

政策引导、两手发力。建立健全节水政策法规体系，完善市场机制，使市场在资源配置中起决定性作用和更好发挥政府作用，激发全社会节水内生动力。

加强领导、凝聚合力。加强党和政府对节水工作的领导，建立水资源督察和责任追究制度，加大节水宣传教育力度，全面建设节水型社会。

（三）主要目标

到 2020 年，节水政策法规、市场机制、标准体系趋于完善，技术支撑能力不断增强，管理机制逐步健全，节水效果初步显现。万元国内生产总值用水量、万元工业增加值用水量较 2015 年分别降低 23% 和 20%，规模以上工业用水重复利用率达到 91% 以上，农田灌溉水有效利用系数提高到 0.55 以上，全国公共供水管网漏损率控制在 10% 以内。

到 2022 年，节水型生产和生活方式初步建立，节水产业初具规模，非常规水利用占比进一步增大，用水效率和效益显著提高，全社会节水意识明显增强。万元国内生产总值用水量、万元工业增加值用水量较 2015 年分别降低 30% 和 28%，农田灌溉水有效利用系数提高到 0.56 以上，全国用水总量控制在 6700 亿立方米以内。

到 2035 年，形成健全的节水政策法规体系和标准体系、完善的市场调节机制、先进的技术支撑体系，节水护水惜水成为全社会自觉行动，全国用水总量控制在 7000 亿立方米以内，水资源节约和循环利用达到世界先进水平，形成水资源利用与发展规模、产业结构和空间布局等协调发展的现代化新格局。

三、重点行动

（一）总量强度双控

1. 强化指标刚性约束。严格实行区域流域用水总量和强度控制。健全省、市、县三级行政区域用水总量、用水强度控制指标体系，强化节水约束性指标管理，加快落实主要领域用水指标。划定水资源承载能力地区分类，实施差别化管控措施，建立监测预警机制。水资源超载地区要制定并实施用水总量削减计划。到 2020 年，建立覆盖主要农作物、工业产品和生活服务业的先进用水定额体系。

2. 严格用水全过程管理。严控水资源开发利用强度，完善规划和建设项目水资源论证制度，以水定城、以水定产，合理确定经济布局、结构和规模。2019 年底，出台重大规划水资源论证管理办法。严格实行取水许可制度。加强对重点用水户、特殊用水行业用水户的监督管理。以县域为单元，全面开展节水型社会达标建设，到 2022 年，北方 50% 以上、南方 30% 以上县（区）级行政区达到节水型社会标准。

3. 强化节水监督考核。逐步建立节水目标责任制，将水资源节约和保护的主要指标纳入经济社会发展综合评价体系，实行最严格水资源管理制度考核。完善监督考核工作机制，强化部门协作，严格节水责任追究。严重缺水地区要将节水作为约束性指标纳入政绩考核。到 2020 年，建立国家和省级水资源督察和责任追究制度。

（二）农业节水增效

4. 大力推进节水灌溉。加快灌区续建配套和现代化改造，分区域规模化推进高效节水灌溉。结合高标准农田建设，加大田间节水设施建设力度。开展农业用水精细化管理，科学合理确定灌溉定额，推进灌溉试验及成果转化。推广喷灌、微灌、滴灌、低压管道输水灌溉、集雨补灌、水肥一体化、覆盖保墒等技术。加强农田土壤墒情监测，实现测墒灌溉。2020 年前，每年发展高效节水灌溉面积 2000 万亩、水肥一体化面积 2000 万亩。到 2022 年，创建 150 个节水型灌区和 100 个节水农业示范区。

5. 优化调整作物种植结构。根据水资源条件，推进适水种植、量水生产。加快发展旱作农业，实现以旱补水。在干旱缺水地区，适度压减高耗水作物，扩大低耗水和耐旱作物种植比例，选育推广耐旱农作物新品种；在地下水严重超采地区，实施轮作休耕，适度退减灌溉面积，积极发展集雨节灌，增强蓄水保墒能力，严格限制开采深层地下水用于农业灌溉。到 2022 年，创建一批旱作农业示范区。

6. 推广畜牧渔业节水方式。实施规模养殖场节水改造和建设，推行先进适用的节水型畜禽养殖方式，推广节水型饲喂设备、机械干清粪等技术和工艺。发展节水渔业、牧业，大力推进稻渔综合种养，加强牧区草原节水，推广应用海淡水工厂化循环水和池塘工程化循环水等养殖技术。到 2022 年，建设一批畜牧节水示范工程。

7. 加快推进农村生活节水。在实施农村集中供水、污水处理工程和保障饮用水安全基础上，加强农村生活用水设施改造，在有条件的地区推动计量收费。加快村镇生活供水设施及配套管网建设与改造。推进农村"厕所革命"，推广使用节水器具，创造良好节水条件。

（三）工业节水减排

8. 大力推进工业节水改造。完善供用水计量体系和在线监测系统，强化生产用水管理。大力推广高效冷却、洗涤、循环用水、废污水再生利用、高耗水生产工艺替代等节水工艺和技术。支持企业开展节水技术改造及再生水回用改造，重点企业要定期开展水平衡测试、用水审计及水效对标。对超过取水定额标准的企业分类分步限期实施节水改造。到 2020 年，水资源超载地区年用水量 1 万立方米及以上的工业企业用水计划管理实现全覆盖。

9. 推动高耗水行业节水增效。实施节水管理和改造升级，采用差别水价以及树立节水标杆等措施，促进高耗水企业加强废水深度处理和达标再利用。严格落实主体功能区规划，在生态脆弱、严重缺水和地下水超采地区，严格控制高耗水新建、改建、扩建项目，推进高耗水企业向水资源条件允许的工业园区集中。对采用列入淘汰目录工艺、技术和装备的项目，不予批准取水许可；未按期淘汰的，有关部门和地方政府要依法严格查处。到 2022 年，在火力发电、钢铁、纺织、造纸、石化和化工、食品和发酵等高耗水行业建成一批节水型企业。

10. 积极推行水循环梯级利用。推进现有企业和园区开展以节水为重点内容的绿色高质量转型升级和循环化改造，加快节水及水循环利用设施建设，促进企业间串联用水、分质用水，一水多用和循环利用。新建企业和园区要在规划布局时，统筹供排水、水处理及循环利用设施建设，推动企业间的用水系统集成优化。到 2022 年，创建 100 家节水标杆企业、50 家节水标杆园区。

（四）城镇节水降损

11. 全面推进节水型城市建设。提高城市节水工作系统性，将节水落实到城市规划、建设、管理各环节，实现优水优用、循环循序利用。落实城市节水各项基础管理制度，推进城镇节水改造；结合海绵城市建设，提高雨水资源利用水平；重点抓好污水再生利用设施建设与改造，城市生态景观、工业生产、城市绿化、道路清扫、车辆冲洗和建筑施工等，应当优先使用再生水，提升再生水利用水平，鼓励构建城镇良性水循环系统。到 2020 年，地级及以上缺水城市全部达到国家节水型城市标准。

12. 大幅降低供水管网漏损。加快制定和实施供水管网改造建设实施方案，完善供水管网检漏制度。加强公共供水系统运行监督管理，推进城镇供水管网分区计量管理，建立精细化管理平台和漏损管控体系，协同推进二次供水设施改造和专业化管理。重点推动东北等管网高漏损地区的节水改造。到 2020 年，在 100

个城市开展城市供水管网分区计量管理。

13. 深入开展公共领域节水。缺水城市园林绿化宜选用适合本地区的节水耐旱型植被，采用喷灌、微灌等节水灌溉方式。公共机构要开展供水管网、绿化浇灌系统等节水诊断，推广应用节水新技术、新工艺和新产品，提高节水器具使用率。大力推广绿色建筑，新建公共建筑必须安装节水器具。推动城镇居民家庭节水，普及推广节水型用水器具。到 2022 年，中央国家机关及其所属在京公共机构、省直机关及 50% 以上的省属事业单位建成节水型单位，建成一批具有典型示范意义的节水型高校。

14. 严控高耗水服务业用水。从严控制洗浴、洗车、高尔夫球场、人工滑雪场、洗涤、宾馆等行业用水定额。洗车、高尔夫球场、人工滑雪场等特种行业积极推广循环用水技术、设备与工艺，优先利用再生水、雨水等非常规水源。

（五）重点地区节水开源

15. 在超采地区削减地下水开采量。以华北地区为重点，加快推进地下水超采区综合治理。加快实施新型窖池高效集雨。严格机电井管理，限期关闭未经批准和公共供水管网覆盖范围内的自备水井。完善地下水监测网络，超采区内禁止工农业及服务业新增取用地下水。采取强化节水、置换水源、禁采限采、关井压田等措施，压减地下水开采量。到 2022 年，京津冀地区城镇力争全面实现采补平衡。

16. 在缺水地区加强非常规水利用。加强再生水、海水、雨水、矿井水和苦咸水等非常规水多元、梯级和安全利用。强制推动非常规水纳入水资源统一配置，逐年提高非常规水利用比例，并严格考核。统筹利用好再生水、雨水、微咸水等用于农业灌溉和生态景观。新建小区、城市道路、公共绿地等因地制宜配套建设雨水集蓄利用设施。严禁盲目扩大景观、娱乐水域面积，生态用水优先使用非常规水，具备使用非常规水条件但未充分利用的建设项目不得批准其新增取水许可。到 2020 年，缺水城市再生水利用率达到 20% 以上。到 2022 年，缺水城市非常规水利用占比平均提高 2 个百分点。

17. 在沿海地区充分利用海水。高耗水行业和工业园区用水要优先利用海水，在离岸有居民海岛实施海水淡化工程。加大海水淡化工程自主技术和装备的推广应用，逐步提高装备国产化率。沿海严重缺水城市可将海水淡化水作为市政新增供水及应急备用的重要水源。

（六）科技创新引领

18. 加快关键技术装备研发。推动节水技术与工艺创新，瞄准世界先进技术，加大节水产品和技术研发，加强大数据、人工智能、区块链等新一代信息技术与节水技术、管理及产品的深度融合。重点支持用水精准计量、水资源高效循环利用、精准节水灌溉控制、管网漏损监测智能化、非常规水利用等先进技术及适用设备研发。

19. 促进节水技术转化推广。建立"政产学研用"深度融合的节水技术创新体系，加快节水科技成果转化，推进节水技术、产品、设备使用示范基地、国家海水利用创新示范基地和节水型社会创新试点建设。鼓励通过信息化手段推广节水产品和技术，拓展节水科技成果及先进节水技术工艺推广渠道，逐步推动节水技术成果市场化。

20. 推动技术成果产业化。鼓励企业加大节水装备及产品研发、设计和生产投入，降低节水技术工艺与装备产品成本，提高节水装备与产品质量，提升中高端品牌的差异化竞争力，构建节水装备及产品的多元化供给体系。发展具有竞争力的第三方节水服务企业，提供社会化、专业化、规范化节水服务，培育节水产业。到 2022 年，培育一批技术水平高、带动能力强的节水服务企业。

四、深化体制机制改革

（一）政策制度推动

1. 全面深化水价改革。深入推进农业水价综合改革，同步建立农业用水精准补贴。建立健全充分反映供水成本、激励提升供水质量、促进节约用水的城镇供水价格形成机制和动态调整机制，适时完善居民阶梯水价制度，全面推行城镇非居民用水超定额累进加价制度，进一步拉大特种用水与非居民用水的价差。

2. 推动水资源税改革。与水价改革协同推进，探索建立合理的水资源税制度体系，及时总结评估水资源税扩大试点改革经验，科学设置差别化税率体系，加大水资源税改革力度，发挥促进水资源节约的调节作用。

3. 加强用水计量统计。推进取用水计量统计，提高农业灌溉、工业和市政用水计量率。完善农业用水计量设施，配备工业及服务业取用水计量器具，全面实施城镇居民"一户一表"改造。建立节水统计调查和基层用水统计管理制度，加强对农业、工业、生活、生态环境补水四类用水户涉水信息管理。对全国规模以上工业企业用水情况进行统计监测。到2022年，大中型灌区渠首和干支渠口门实现取水计量。

4. 强化节水监督管理。严格实行计划用水监督管理。对重点地区、领域、行业、产品进行专项监督检查。实行用水报告制度，鼓励年用水总量超过10万立方米的企业或园区设立水务经理。建立倒逼机制，将用水户违规记录纳入全国统一的信用信息共享平台。到2020年，建立国家、省、市三级重点监控用水单位名录。到2022年，将年用水量50万立方米以上的工业和服务业用水单位全部纳入重点监控用水单位名录。

5. 健全节水标准体系。加快农业、工业、城镇以及非常规水利用等各方面节水标准制修订工作。建立健全国家和省级用水定额标准体系。逐步建立节水标准实时跟踪、评估和监督机制。到2022年，节水标准达到200项以上，基本覆盖取水定额、节水型公共机构、节水型企业、产品水效、水利用与处理设备、非常规水利用、水回用等方面。

（二）市场机制创新

6. 推进水权水市场改革。推进水资源使用权确权，明确行政区域取用水权益，科学核定取用水户许可水量。探索流域内、地区间、行业间、用水户间等多种形式的水权交易。在满足自身用水情况下，对节约出的水量进行有偿转让。建立农业水权制度。对用水总量达到或超过区域总量控制指标或江河水量分配指标的地区，可通过水权交易解决新增用水需求。加强水权交易监管，规范交易平台建设和运营。

7. 推行水效标识建设。对节水潜力大、适用面广的用水产品施行水效标识管理。开展产品水效检测，确定水效等级，分批发布产品水效标识实施规则，强化市场监督管理，加大专项检查抽查力度，逐步淘汰水效等级较低产品。到2022年，基本建立坐便器、水嘴、淋浴器等生活用水产品水效标识制度，并扩展到农业、工业和商用设备等领域。

8. 推动合同节水管理。创新节水服务模式，建立节水装备及产品的质量评级和市场准入制度，完善工业水循环利用设施、集中建筑中水设施委托运营服务机制，在公共机构、公共建筑、高耗水工业、高耗水服务业、农业灌溉、供水管网漏损控制等领域，引导和推动合同节水管理。开展节水设计、改造、计量和咨询等服务，提供整体解决方案。拓展投融资渠道，整合市场资源要素，为节水改造和管理提供服务。

9. 实施水效领跑和节水认证。在用水产品、用水企业、灌区、公共机构和节水型城市开展水效领跑者引领行动。制定水效领跑者指标，发布水效领跑者名单，树立节水先进标杆，鼓励开展水效对标达标活动。持续推动节水认证工作，促进节水产品认证逐步向绿色产品认证过渡，完善相关认证结果采信机制。到2022 年，遴选出 50 家水效领跑者工业企业、50 个水效领跑者用水产品型号、20 个水效领跑者灌区以及一批水效领跑者公共机构和水效领跑者城市。

五、保障措施

（一）加强组织领导。加强党对节水工作的领导，统筹推动节水工作。国务院有关部门按照职责分工做好相关节水工作。水利部牵头，会同发展改革委、住房城乡建设部、农业农村部等部门建立节约用水工作部际协调机制，协调解决节水工作中的重大问题。地方各级党委和政府对本辖区节水工作负总责，制定节水行动实施方案，确保节水行动各项任务完成。

（二）推动法治建设。完善节水法律法规，规范全社会用水行为。开展节约用水立法前期研究。加快制订和出台节约用水条例，到 2020 年力争颁布施行。各省（自治区、直辖市）要加快制定地方性法规，完善节水管理。

（三）完善财税政策。积极发挥财政职能作用，重点支持农业节水灌溉、地下水超采区综合治理、水资源节约保护、城市供水管网漏损控制、节水标准制修定、节水宣传教育等。完善助力节水产业发展的价格、投资等政策，落实节水税收优惠政策，充分发挥相关税收优惠政策对节水技术研发、企业节水、水资源保护和再利用等方面的支持作用。

（四）拓展融资模式。完善金融和社会资本进入节水领域的相关政策，积极发挥银行等金融机构作用，依法合规支持节水工程建设、节水技术改造、非常规水源利用等项目。采用直接投资、投资补助、运营补贴等方式，规范支持政府和社会资本合作项目，鼓励和引导社会资本参与有一定收益的节水项目建设和运营。鼓励金融机构对符合贷款条件的节水项目优先给予支持。

（五）提升节水意识。加强国情水情教育，逐步将节水纳入国家宣传、国民素质教育和中小学教育活动，向全民普及节水知识。加强高校节水相关专业人才培养。开展世界水日、中国水周、全国城市节水宣传周等形式多样的主题宣传活动，倡导简约适度的消费模式，提高全民节水意识。鼓励各相关领域开展节水型社会、节水型单位等创建活动。

（六）开展国际合作。建立交流合作机制，推进国家间、城市间、企业和社团间节水合作与交流。对标国际节水先进水平，加强节水政策、管理、装备和产品制造、技术研发应用、水效标准标识及节水认证结果互认等方面的合作，开展节水项目国际合作示范。

水利部关于加快推进水生态文明建设工作的意见

水资源〔2013〕1号

各流域机构，各省、自治区、直辖市水利（水务）厅（局），各计划单列市水利（水务）局，新疆生产建设兵团水利局：

为贯彻落实党的十八大关于加强生态文明建设的重要精神，加快推进水生态文明建设，促进经济社会发展与水资源水环境承载能力相协调，不断提升我国生态文明水平，努力建设美丽中国，提出意见如下：

一、充分认识加快推进水生态文明建设的重要意义

水是生命之源、生产之要、生态之基，水生态文明是生态文明的重要组成和基础保障。长期以来，我国经济社会发展付出的水资源、水环境代价过大，导致一些地方出现水资源短缺、水污染严重、水生态退化等问题。加快推进水生态文明建设，从源头上扭转水生态环境恶化趋势，是在更深层次、更广范围、更高水平上推动民生水利新发展的重要任务，是促进人水和谐、推动生态文明建设的重要实践，是实现"四化同步发展"、建设美丽中国的重要基础和支撑，也是各级水行政主管部门的重要职责。

各流域机构、各级水行政主管部门必须深刻领会党的十八大精神，从保障国家可持续发展和水生态安全的战略高度，加强学习、提高认识，增强紧迫感和责任感，把水生态文明建设工作放在更加突出的位置，加大推进力度，落实保障措施，加快实现从供水管理向需水管理转变，从水资源开发利用为主向开发保护并重转变，从局部水生态治理向全面建设水生态文明转变，切实把水生态文明建设工作抓实抓好。

二、水生态文明建设的指导思想、基本原则和目标

水生态文明建设的指导思想是：以科学发展观为指导，全面贯彻党的十八大关于生态文明建设战略部署，把生态文明理念融入到水资源开发、利用、治理、配置、节约、保护的各方面和水利规划、建设、管理的各环节，坚持节约优先、保护优先和自然恢复为主的方针，以落实最严格水资源管理制度为核心，通过优化水资源配置、加强水资源节约保护、实施水生态综合治理、加强制度建设等措施，大力推进水生态文明建设，完善水生态保护格局，实现水资源可持续利用，提高生态文明水平。

水生态文明建设的基本原则是：

——坚持人水和谐，科学发展。牢固树立人与自然和谐相处理念，尊重自然规律和经济社会发展规律，充分发挥生态系统的自我修复能力，以水定需、量水

而行、因水制宜，推动经济社会发展与水资源和水环境承载力相协调。

——坚持保护为主，防治结合。规范各类涉水生产建设活动，落实各项监管措施，着力实现从事后治理向事前保护转变。在维护河湖生态系统的自然属性，满足居民基本水资源需求基础上，突出重点，推进生态脆弱河流和地区水生态修复，适度建设水景观，避免借生态建设名义浪费和破坏水资源。

——坚持统筹兼顾，合理安排。科学谋划水生态文明建设布局，统筹考虑水的资源功能、环境功能、生态功能，合理安排生活、生产和生态用水，协调好上下游、左右岸、干支流、地表水和地下水关系，实现水资源的优化配置和高效利用。

——坚持因地制宜，以点带面。根据各地水资源禀赋、水环境条件和经济社会发展状况，形成各具特色的水生态文明建设模式。选择条件相对成熟、积极性较高的城市或区域，开展试点和创建工作，探索水生态文明建设经验，辐射带动流域、区域水生态的改善和提升。

水生态文明建设的目标是：最严格水资源管理制度有效落实，"三条红线"和"四项制度"全面建立；节水型社会基本建成，用水总量得到有效控制，用水效率和效益显著提高；科学合理的水资源配置格局基本形成，防洪保安能力、供水保障能力、水资源承载能力显著增强；水资源保护与河湖健康保障体系基本建成，水功能区水质明显改善，城镇供水水源地水质全面达标，生态脆弱河流和地区水生态得到有效修复；水资源管理与保护体制基本理顺，水生态文明理念深入人心。

三、水生态文明建设的主要工作内容

（一）落实最严格水资源管理制度

把落实最严格水资源管理制度作为水生态文明建设工作的核心，抓紧确立水资源开发利用控制、用水效率控制、水功能区限制纳污"三条红线"，建立和完善覆盖流域和省、市、县三级行政区域的水资源管理控制指标，纳入各地经济社会发展综合评价体系。全面落实取水许可和水资源有偿使用、水资源论证等管理

制度；加快制定区域、行业和用水产品的用水效率指标体系，加强用水定额和计划用水管理，实施建设项目节水设施与主体工程"三同时"制度；充分发挥水功能区的基础性和约束性作用，建立和完善水功能区分类管理制度，严格入河湖排污口设置审批，进一步完善饮用水水源地核准和安全评估制度；健全水资源管理责任与考核制度，建立目标考核、干部问责和监督检查机制。充分发挥"三条红线"的约束作用，加快促进经济发展方式转变。

（二）优化水资源配置

严格实行用水总量控制，制定主要江河流域水量分配和调度方案，强化水资源统一调度。着力构建我国"四横三纵、南北调配、东西互济、区域互补"的水资源宏观配置格局。在保护生态前提下，建设一批骨干水源工程和河湖水系连通工程，加快形成布局合理、生态良好，引排得当、循环通畅，蓄泄兼筹、丰枯调剂，多源互补、调控自如的江河湖库水系连通体系，提高防洪保安能力、供水保障能力、水资源与水环境承载能力。大力推进污水处理回用，鼓励和积极发展海水淡化和直接利用，高度重视雨水和微咸水利用，将非常规水源纳入水资源统一配置。

（三）强化节约用水管理

建设节水型社会，把节约用水贯穿于经济社会发展和群众生产生活全过程，进一步优化用水结构，切实转变用水方式。大力推进农业节水，加快大中型灌区节水改造，推广管道输水、喷灌和微灌等高效节水灌溉技术。严格控制水资源短缺和生态脆弱地区高用水、高污染行业发展规模。加快企业节水改造，重点抓好高用水行业节水减排技改以及重复用水工程建设，提高工业用水的循环利用率。加大城市生活节水工作力度，逐步淘汰不符合节水标准的用水设备和产品，大力推广生活节水器具，降低供水管网漏损率。建立用水单位重点监控名录，强化用水监控管理。

（四）严格水资源保护

编制水资源保护规划，做好水资源保护顶层设计。全面落实《全国重要江河湖泊水功能区划》，严格监督管理，建立水功能区水质达标评价体系，加强水功能区动态监测和科学管理。从严核定水域纳污容量，制定限制排污总量意见，把限制排污总量作为水污染防治和污染减排工作的重要依据。加强水资源保护和水污染防治力度，严格入河湖排污口监督管理和入河排污总量控制，对排污量超出水功能区限排总量的地区，限制审批新增取水和入河湖排污口，改善重点流域水环境质量。严格饮用水水源地保护，划定饮用水水源保护区，按照"水量保证、水质合格、监控完备、制度健全"要求，大力开展重要饮用水水源地安全保障达标建设，进一步强化饮用水水源应急管理。

（五）推进水生态系统保护与修复

确定并维持河流合理流量和湖泊、水库以及地下水的合理水位，保障生态用水基本需求，定期开展河湖健康评估。加强对重要生态保护区、水源涵养区、江河源头区和湿地的保护，综合运用调水引流、截污治污、河湖清淤、生物控制等措施，推进生态脆弱河湖和地区的水生态修复。加快生态河道建设和农村沟塘综合整治，改善水生态环境。严格控制地下水开采，尽快建立地下水监测网络，划定限采区和禁采区范围，加强地下水超采区和海水入侵区治理。深入推进水土保持生态建设，加大重点区域水土流失治理力度，加快坡耕地综合整治步伐，积极开展生态清洁小流域建设，禁止破坏水源涵养林。合理开发农村水电，促进可再生能源应用。建设亲水景观，促进生活空间宜居适度。

（六）加强水利建设中的生态保护

在水利工程前期工作、建设实施、运行调度等各个环节，都要高度重视对生态环境的保护，着力维护河湖健康。在河湖整治中，要处理好防洪除涝与生态保护的关系，科学编制河湖治理、岸线利用与保护规划，按照规划治导线实施，积极采用生物技术护岸护坡，防止过度"硬化、白化、渠化"，注重加强江河湖库水系连通，促进水体流动和水量交换。同时要防止以城市建设、河湖治理等名义盲目裁弯取直、围垦水面和侵占河道滩地；要严格涉河湖建设项目管理，坚决查处未批先建和不按批准建设方案实施的行为。在水库建设中，要优化工程建设方案，科学制定调度方案，合理配置河道生态基流，最大程度地降低工程对水生态环境的不利影响。

（七）提高保障和支撑能力

充分发挥政府在水生态文明建设中的领导作用，建立部门间联动工作机制，形成工作合力。进一步强化水资源统一管理，推进城乡水务一体化。建立政府引导、市场推动、多元投入、社会参与的投入机制，鼓励和引导社会资金参与水生态文明建设。完善水价形成机制和节奖超罚的节水财税政策，鼓励开展水权交易，运用经济手段促进水资源的节约与保护，探索建立以重点功能区为核心的水生态共建与利益共享的水生态补偿长效机制。注重科技创新，加强水生态保护与修复技术的研究、开发和推广应用。制定水生态文明建设工作评价标准和评估体系，完善有利于水生态文明建设的法制、体制及机制，逐步实现水生态文明建设工作的规范化、制度化、法制化。

（八）广泛开展宣传教育

开展水生态文明宣传教育，提升公众对于水生态文明建设的认知和认可，倡导先进的水生态伦理价值观和适应水生态文明要求的生产生活方式。建立公众对于水生态环境意见和建议的反映渠道，通过典型示范、专题活动、展览展示、岗位创建、合理化建议等方式，鼓励社会公众广泛参与，提高珍惜水资源、保护水生态的自觉性。大力加强水文化建设，采取人民群众喜闻乐见、容易接受的形式，传播水文化，加强节水、爱水、护水、亲水等方面的水文化教育，建设一批水生态文明示范教育基地，创作一批水生态文化作品。

四、开展水生态文明建设试点和创建活动

为加快推进水生态文明建设，充分吸收节水型社会建设、水生态系统保护与修复、水土保持和水利风景区建设等工作经验，我部拟选择一批基础条件较好、代表性和典型性较强的市，开展水生态文明建设试点工作，探索符合我国水资源、水生态条件的水生态文明建设模式。在此基础上，尽快启动全国水生态文明市创建活动，在更大范围、更高层面上推进水生态文明建设工作。通过水生态文明建设试点和创建活动，树立典型，发挥示范带动效应。各省（自治区、直辖市）水行政主管部门可结合当地工作实际，组织开展本省（自治区、直辖市）

水生态文明建设试点或创建活动。水生态文明建设试点和创建工作相关要求另行制定。

加强水生态文明建设是一项长期而复杂的系统工程，各流域机构和各级水行政主管部门主要负责同志要亲自抓，积极安排部署，认真督促检查，及时研究解决工作中的重大问题，确保各项工作落到实处。要按照本意见的要求，抓紧制定具体工作方案，加快推进水生态文明建设工作，及时将有关情况报我部。

水利部

2013 年 1 月 4 日

关于印发《生态环境部约谈办法》的通知

机关各部门，各派出机构：

为深入贯彻落实习近平生态文明思想，加强和规范生态环境问题约谈工作，推动解决突出生态环境问题，不断夯实生态环境保护责任，我部对《环境保护部约谈暂行办法》进行了修订，形成《生态环境部约谈办法》，现印发给你们，请遵照执行。

生态环境部

2020 年 8 月 24 日

（此件社会公开）

抄送：各省、自治区、直辖市生态环境厅（局），新疆生产建设兵团生态环境局。

生态环境部办公厅 2020 年 8 月 25 日印发

生态环境部约谈办法

第一章　总则

第一条　为规范生态环境部约谈工作，推动解决突出生态环境问题，夯实生态环境保护责任，根据《中华人民共和国环境保护法》《中华人民共和国水污染防治法》《中华人民共和国大气污染防治法》《中华人民共和国土壤污染防治法》《中华人民共和国固体废物污染环境防治法》《中华人民共和国放射性污染防治法》《中共中央　国务院关于全面加强生态环境保护　坚决打好污染防治攻坚战的意见》《关于构建现代环境治理体系的指导意见》等法律法规和政策规定，制定本办法。

第二条　本办法所称约谈，是指生态环境部约见未依法依规履行生态环境保护职责或履行职责不到位的地方人民政府及其相关部门负责人，或未落实生态环境保护主体责任的相关企业负责人，指出相关问题、听取情况说明、开展提醒谈话、提出整改建议的一种行政措施。

第三条　生态环境问题约谈工作，坚持依法依规，严格程序规范；坚持问题导向，强化责任落实；坚持实事求是，做到精准有效；坚持综合研判，服务工作大局；坚持信息公开，强化警示教育。

第四条　生态环境部督察办（以下简称督察办）负责约谈工作的组织实施，相关司局按照职责分工参与约谈工作。

各区域督察局、核与辐射安全监督站和流域海域生态环境监督管理局受生态环境部委托可组织实施约谈。

第二章　约谈情形和对象

第五条　经生态环境部组织核查或核实，存在下列情形之一的，视情进行约谈：

（一）对习近平总书记及其他中央领导同志作出重要指示批示的生态环境问

题整改不力和对党中央、国务院交办事项落实不力的；

（二）超过国家重点污染物排放总量控制指标，或未完成国家下达的环境质量改善、碳排放强度控制、土壤安全利用目标任务的；

（三）污染防治、生态保护、核与辐射安全工作推进不力，行政区域内生态环境质量明显恶化、生态破坏严重或核与辐射安全问题突出的；

（四）行政区域内建设项目、固定污染源等环境违法问题突出，或发生重大恶意环境违法案件并造成恶劣影响的；

（五）因工作不力或履职不到位导致发生重特大生态环境突发事件或引发群体性事件的；

（六）指使生态环境质量监测数据弄虚作假或干预生态环境行政执法监管，造成恶劣影响的；

（七）有关督察检查发现问题整改不力，且造成不良影响的；

（八）生态环境保护平时不作为、急时"一刀切"问题突出，群众反映强烈的；

（九）法律法规或政策明确的其他需要约谈的情形。

第六条　根据生态环境保护主体责任和监管责任情况，约谈对象一般为市（地、州、盟）人民政府主要负责同志，并可邀请省级生态环境部门负责同志等参加。被约谈地区为副省级城市的，可以约谈市人民政府分管负责同志。

约谈事项涉及省级人民政府有关职能部门责任的，可以同步约谈有关职能部门主要负责同志。

第七条　存在本办法第五条第一项、第二项情形的，依照有关法规政策可以约谈省级人民政府有关负责同志。

第八条　约谈事项涉及污染防治攻坚战重点区域、重要生态功能区，或大气污染传输通道的，可以下沉约谈县（市、区、旗）人民政府主要负责同志。

第九条　对生态环境问题突出并造成不良影响的相关企业，可以约谈其董事长或总经理，并同步约谈企业所在市（地、州、盟）人民政府负责同志。

第三章　约谈准备

第十条　符合下列情形之一的，及时启动约谈程序：

（一）生态环境部党组会、部务会、部常务会研究决定实施约谈的；

（二）督察办提出约谈建议并按程序报生态环境部主要领导同意的；

（三）相关司局和各区域督察局提出约谈建议，商督察办形成一致意见后，按程序报生态环境部主要领导同意的；

（四）各核与辐射安全监督站、流域海域生态环境监督管理局提出约谈建议，经归口联系司局和相关业务司局同意并商督察办形成一致意见后，按程序报生态环境部主要领导同意的。

约谈建议应当包括约谈对象、约谈事由、约谈依据，以及被约谈方存在的主要问题及支撑材料等内容。

第十一条　为确保约谈工作客观、精准、有效，针对拟约谈事项具体情况，生态环境部视情组织或委托相关督察局组织开展现场核查，进一步核实情况和问题，分析原因和责任。

第十二条　根据生态环境部主要领导审核同意的约谈建议，以及现场核查情况等，由督察办组织拟订约谈方案和约谈稿，报生态环境部领导批准后组织实施。

约谈方案应当包括约谈事由、时间、对象、程序、参加人员、公开要求等。

约谈稿应当包括约谈的依据背景、约谈事项涉及的具体问题情况和约谈整改意见建议等。

第十三条　约谈事项对外公开的，应当提前准备约谈通稿，按程序报生态环境部领导审定。

第四章　约谈实施

第十四条　约谈方案经生态环境部领导批准同意后，应当适时印发约谈通知，告知被约谈方并抄送被约谈方所在省（自治区、直辖市）党委组织部、人民政府办公厅和生态环境厅（局）。

约谈通知应当明确约谈事由、时间、地点、参加人员、联系方式等。

第十五条　约谈一般采取会议形式，基本程序如下：

（一）督察办主持约谈，说明约谈事由，通报主要问题，提出整改建议；

（二）相关司局、派出机构等补充通报有关情况和问题，提出整改意见建议；

（三）约谈对象说明情况，明确下一步拟采取的整改措施；

（四）签署约谈纪要。

第十六条　根据约谈工作需要，为保障约谈效果，可以采取集中约谈和个别约谈方式。

需要同时约谈多个主体的，应当实施集中约谈。

第十七条　需要约谈省级人民政府负责同志的，一般由生态环境部分管部领导组织约谈，督察办会同有关司局负责做好约谈准备和有关协调工作。

法律法规或政策明确需报国务院批准的，报经国务院批准后实施约谈。

第十八条　约谈事项比较具体且仅涉及个别地方的，根据需要可委托有关派出机构组织实施约谈。

委托派出机构组织实施的约谈，应当严格执行本办法明确的约谈准备、审批等相关要求，并及时向生态环境部报送有关档案材料。

第十九条　除涉及国家秘密、商业秘密和个人隐私外，约谈应当对外公布相关信息，并可邀请媒体记者参加约谈会议。

媒体记者邀请及信息发布等工作由宣传教育司负责。

第二十条　督察办应当做好约谈材料的立卷归档工作。

第五章　约谈整改

第二十一条　约谈时应当明确约谈整改方案的编制要求，提醒被约谈方在规定时间内组织完成整改方案编制并组织抓好落实。整改方案应当抄送生态环境部和所在地省级人民政府。

生态环境部发现约谈整改方案敷衍应对、不严不实的，应当督促被约谈方限期修改完善或组织重新编制。

第二十二条 公开实施约谈的，生态环境部应当组织督促被约谈方在门户网站明显位置公开约谈整改方案，回应社会关切，接受社会监督。

第二十三条 生态环境部应当组织对约谈整改落实情况开展调度分析，视情组织现场抽查。

对约谈整改重视不够、推进不力并造成恶劣影响的，视情采取函告、通报、专项督察等措施。

第六章 附则

第二十四条 中央生态环境保护督察进驻期间，对有关党政领导干部实施的约见、约谈，根据中央生态环境保护督察有关规定执行。

第二十五条 生态环境部约谈不取代立案处罚、区域限批、责任追究、刑事处理等相关措施。

第二十六条 对新疆生产建设兵团辖区有关生态环境问题的约谈，参照本办法实施。

第二十七条 本办法自印发之日起施行，《环境保护部约谈暂行办法》（环发〔2014〕67 号）同时废止。

水权交易管理暂行办法

水政法〔2016〕156 号

水利部

2016 年 4 月 19 日

第一章 总则

第一条 为贯彻落实党中央、国务院关于建立完善水权制度、推行水权交易、培育水权交易市场的决策部署，鼓励开展多种形式的水权交易，促进水资源的节约、保护和优化配置，根据有关法律法规和政策文件，制定本办法。

第二条 水权包括水资源的所有权和使用权。本办法所称水权交易，是指在合理界定和分配水资源使用权基础上，通过市场机制实现水资源使用权在地区间、流域间、流域上下游、行业间、用水户间流转的行为。

第三条 按照确权类型、交易主体和范围划分，水权交易主要包括以下形式：

（一）区域水权交易：以县级以上地方人民政府或者其授权的部门、单位为主体，以用水总量控制指标和江河水量分配指标范围内结余水量为标的，在位于同一流域或者位于不同流域但具备调水条件的行政区域之间开展的水权交易。

（二）取水权交易：获得取水权的单位或者个人（包括除城镇公共供水企业外的工业、农业、服务业取水权人），通过调整产品和产业结构、改革工艺、节水等措施节约水资源的，在取水许可有效期和取水限额内向符合条件的其他单位或者个人有偿转让相应取水权的水权交易。

（三）灌溉用水户水权交易：已明确用水权益的灌溉用水户或者用水组织之间的水权交易。

通过交易转让水权的一方称转让方，取得水权的一方称受让方。

第四条 国务院水行政主管部门负责全国水权交易的监督管理，其所属流域管理机构依照法律法规和国务院水行政主管部门授权，负责所管辖范围内水权交易的监督管理。

县级以上地方人民政府水行政主管部门负责本行政区域内水权交易的监督管理。

第五条 水权交易应当坚持积极稳妥、因地制宜、公正有序，实行政府调控与市场调节相结合，符合最严格水资源管理制度要求，有利于水资源高效利用与节约保护，不得影响公共利益或者利害关系人合法权益。

第六条 开展水权交易，用以交易的水权应当已经通过水量分配方案、取水许可、县级以上地方人民政府或者其授权的水行政主管部门确认，并具备相应的工程条件和计量监测能力。

第七条　水权交易一般应当通过水权交易平台进行，也可以在转让方与受让方之间直接进行。区域水权交易或者交易量较大的取水权交易，应当通过水权交易平台进行。

本办法所称水权交易平台，是指依法设立，为水权交易各方提供相关交易服务的场所或者机构。

第二章　区域水权交易

第八条　区域水权交易在县级以上地方人民政府或者其授权的部门、单位之间进行。

第九条　开展区域水权交易，应当通过水权交易平台公告其转让、受让意向，寻求确定交易对象，明确可交易水量、交易期限、交易价格等事项。

第十条　交易各方一般应当以水权交易平台或者其他具备相应能力的机构评估价为基准价格，进行协商定价或者竞价；也可以直接协商定价。

第十一条　转让方与受让方达成协议后，应当将协议报共同的上一级地方人民政府水行政主管部门备案；跨省交易但属同一流域管理机构管辖范围的，报该流域管理机构备案；不属同一流域管理机构管辖范围的，报国务院水行政主管部门备案。

第十二条　在交易期限内，区域水权交易转让方转让水量占用本行政区域用水总量控制指标和江河水量分配指标，受让方实收水量不占用本行政区域用水总量控制指标和江河水量分配指标。

第三章　取水权交易

第十三条　取水权交易在取水权人之间进行，或者在取水权人与符合申请领取取水许可证条件的单位或者个人之间进行。

第十四条　取水权交易转让方应当向其原取水审批机关提出申请。申请材料应当包括取水许可证副本、交易水量、交易期限、转让方采取措施节约水资源情况、已有和拟建计量监测设施、对公共利益和利害关系人合法权益的影响及其补偿措施。

第十五条　原取水审批机关应当及时对转让方提出的转让申请报告进行审查，组织对转让方节水措施的真实性和有效性进行现场检查，在20个工作日内决定是否批准，并书面告知申请人。

第十六条　转让申请经原取水审批机关批准后，转让方可以与受让方通过水权交易平台或者直接签订取水权交易协议，交易量较大的应当通过水权交易平台签订协议。协议内容应当包括交易量、交易期限、受让方取水地点和取水用途、交易价格、违约责任、争议解决办法等。

交易价格根据补偿节约水资源成本、合理收益的原则，综合考虑节水投资、计量监测设施费用等因素确定。

第十七条　交易完成后，转让方和受让方依法办理取水许可证或者取水许可变更手续。

第十八条　转让方与受让方约定的交易期限超出取水许可证有效期的，审批受让方取水申请的取水审批机关应当会同原取水审批机关予以核定，并在批准文件中载明。在核定的交易期限内，对受让方取水许可证优先予以延续，但受让方未依法提出延续申请的除外。

第十九条　县级以上地方人民政府或者其授权的部门、单位，可以通过政府投资节水形式回购取水权，也可以回购取水单位和个人投资节约的取水权。回购的取水权，应当优先保证生活用水和生态用水；尚有余量的，可以通过市场竞争方式进行配置。

第四章　灌溉用水户水权交易

第二十条　灌溉用水户水权交易在灌区内部用水户或者用水组织之间进行。

第二十一条　县级以上地方人民政府或者其授权的水行政主管部门通过水权证等形式将用水权益明确到灌溉用水户或者用水组织之后，可以开展交易。

第二十二条　灌溉用水户水权交易期限不超过一年的，不需审批，由转让方与受让方平等协商，自主开展；交易期限超过一年的，事前报灌区管理单位或者县级以上地方人民政府水行政主管部门备案。

第二十三条　灌区管理单位应当为开展灌溉用水户水权交易创造条件，并将依法确定的用水权益及其变动情况予以公布。

第二十四条　县级以上地方人民政府或其授权的水行政主管部门、灌区管理单位可以回购灌溉用水户或者用水组织水权，回购的水权可以用于灌区水权的重新配置，也可以用于水权交易。

第五章　监督检查

第二十五条　交易各方应当建设计量监测设施，完善计量监测措施，将水权交易实施后水资源水环境变化情况及时报送有关地方人民政府水行政主管部门。

省级人民政府水行政主管部门应当于每年1月31日前向国务院水行政主管部门和有关流域管理机构报送本行政区域上一年度水权交易情况。

流域管理机构应当于每年1月31日前向国务院水行政主管部门报送其批准的上一年度水权交易情况，并同时抄送有关省级人民政府水行政主管部门。

第二十六条　县级以上地方人民政府水行政主管部门或者流域管理机构应当加强对水权交易实施情况的跟踪检查，完善计量监测设施，适时组织水权交易后评估工作。

第二十七条　县级以上地方人民政府水行政主管部门、流域管理机构或者其他有关部门及其工作人员在水权交易监管工作中滥用职权、玩忽职守、徇私舞弊的，由其上级行政机关或者监察机关责令改正；情节严重的，依法追究责任。

第二十八条　取水审批机关违反本办法规定批准取水权交易的；转让方或者受让方违反本办法规定，隐瞒有关情况或者提供虚假材料骗取取水权交易批准文件的；未经原取水审批机关批准擅自转让取水权的，依照《取水许可和水资源费征收管理条例》有关规定处理。

第二十九条　水权交易平台应当依照有关法律法规完善交易规则，加强内部管理。水权交易平台违法违规运营的，依据有关法律法规和交易场所管理办法处罚。

第六章 附则

第三十条 各省、自治区、直辖市可以根据本办法和本行政区域实际情况制定具体实施办法。

第三十一条 本办法由国务院水行政主管部门负责解释。

第三十二条 本办法自印发之日起施行。

后 记

　　本书的撰写得到了国家自然科学基金项目（项目编号：72363022）；江西省自然科学基金重点项目（项目编号：20232ACB203024）；江西省社会科学基金项目（项目编号：22GL56D、21JL08D）；江西省高校人文社科项目（项目编号：JJ21212）和南昌工程学院水经济与管理研究中心的资助，从内容安排、写作、修改至定稿，都是在南昌工程学院各位领导和同事悉心指导帮助下完成的，经济管理出版社在本书出版过程中付出了热切的关注和努力，在此一并郑重致谢。

　　我还要特别感谢我的家人，尤其是我的父亲，他的身体不好。身为人子，我只有更努力地学习和工作，才能报答父亲。感谢妻子和儿子，长路相随，所有的支持和鼓励、欢欣和期盼，将永存我心。

　　最后，由于本人学识、能力有限，书稿中依然有不少不足之处，也恳请各位专家学者批评指正，以便我在今后的工作和研究中进一步完善。

阙大学

2023 年 9 月 1 日